# 마이크로 스트립라인 실습

조용송 · 양기덕 공저

KIHANJAE 도서출판 기한재

■배경

- 마이크로파공학에 대한 이론교육이 난해하고 복잡하여 이를 뒷받침하는 실무교육이 필요함
- 마이크로파 분야에서 마이크로스트립선로에 대한 실습은 필수적인 것이지만 지금까지 대부분의 실습은 도파관에 집중되어 있음

■ 목적

- 전송선로로 주로 사용되는 마이크로스트립선로 실습장치를 통하여 마이크로파에 대한 실무를 익히고 무선통신시스템을 이해한다.

■ 특징

- 복잡한 수식을 이해하지 못해도 실습을 통하여 마이크로파의 개념을 익히는 유용한 장비임
- 회로이론과 전자회로 등의 기초 관련과목을 수강한 학생들이 혼자서 실습 가능함
- 전자기학, 전자장론, 안테나공학, 마이크로파공학, 초고주파공학 등의 고급이론 강의를 수강하지 않은 학생들은 1장, 2장 및 부록의 내용을 익히는 것만으로 실습이 가능함

■ 특허출원

- 평면형 전송선로의 정재파비 측정기 및 측정방법
  (출원일 : 2000. 12. 04, 출원번호 : 00-2000-73102)

본 교재의 출판을 위해 힘써주신 주식회사 ED의 강윤식부사장님과 박정석 선임연구원께 감사드리며, 원고정리에 많은 시간을 할애해 준 지도학생들에게 감사의 마음을 전합니다.

저자 씀

# 차 례

## <실험에 필요한 장비>

| 모듈명 | 품 명 | 실 험 | | | | | | | | | | | | | |
|---|---|---|---|---|---|---|---|---|---|---|---|---|---|---|---|
| | | 3-1-1 | 3-1-2 | 3-2-1 | 3-2-2 | 3-2-3 | 3-3-1 | 3-3-2 | 3-3-3 | 3-4-1 | 3-4-2 | 3-5-1 | 3-5-2 | 3-6-1 | 3-6-2 |
| ED-3300A | VCO | o | o | o | o | o | o | o | o | o | o | o | o | o | o |
| ED-3300B | Detector | o | o | o | o | o | o | o | o | o | o | o | o | o | o |
| ED-3300C | Circulator | | o | o | | | | o | o | | o | o | o | o | o |
| ED-3300D | Directional Coupler | | | o | | | | o | | | | | | | |
| ED-3300E | Unmatched Load | | | | | | | o | o | | | | | | |
| ED-3300F | Matched Load | | | | | | | o | o | | | | | | |
| ED-3300G | Attenuator | | | | | | o | | | | | | | | |
| ED-3300H | Wilkinson Power Divider | | | | | | | | | | o | | | | |
| ED-3300J | Hybrid Ring Coupler | | | | | o | | | | | | | | | |
| ED-3300K | PIN Diode Switch | | | | | | | | | o | | | | | |
| ED-3300L | Low Pass Filter | | | | | | | | | | | | o | | |
| ED-3300M | Band Pass Filter | | | | | | | | | | | | o | | |
| ED-3300N | MMIC Amplifier | | | | | | | | | | | | | o | o |
| ED-3300P | Patch Antenna | | | | | | | | | | | | | | o |
| ED-3300Q | Bias1 | | | | | | | | | | | | | | |
| ED-3300R | Bias2(Pad) | | | | | | | | | | | | | | |
| ED-3300S | Bias3(Butterfly) | | | | | | o | | | | | | | | |
| ED-3300T | PIN Modulator | | | | | | | | | | | | | | o |
| ED-3300U | Branch Line Coupler | | | | o | | | | | | | | | | |
| ED-3300W | Ring Resonator | | | | | | | | | | | o | | | |
| ED-3300V | Standing Wave Detector | | | | | | | | o | | | | | | |
| Accessory1 | 10dB Attenuator | | | | | | o | | | | | | | o | |
| Accessory2 | 20dB Attenuator | | | | | | o | | | | | | | o | |
| Accessory3 | SMA Plug to Plug | | o | o | o | o | o | o | o | o | o | o | o | o | o |
| Accessory4 | SMA Jack to Jack | | | | | | | | | | | | | | |
| Accessory5 | SMA Open | | | | | | | | o | | | | | | |
| Accessory6 | SMA Short | | | | | | | | o | | | | | | |
| Accessory7 | SMA 50Ω Load | | o | o | o | o | o | o | o | o | o | o | o | o | o |

# 제1장 개요

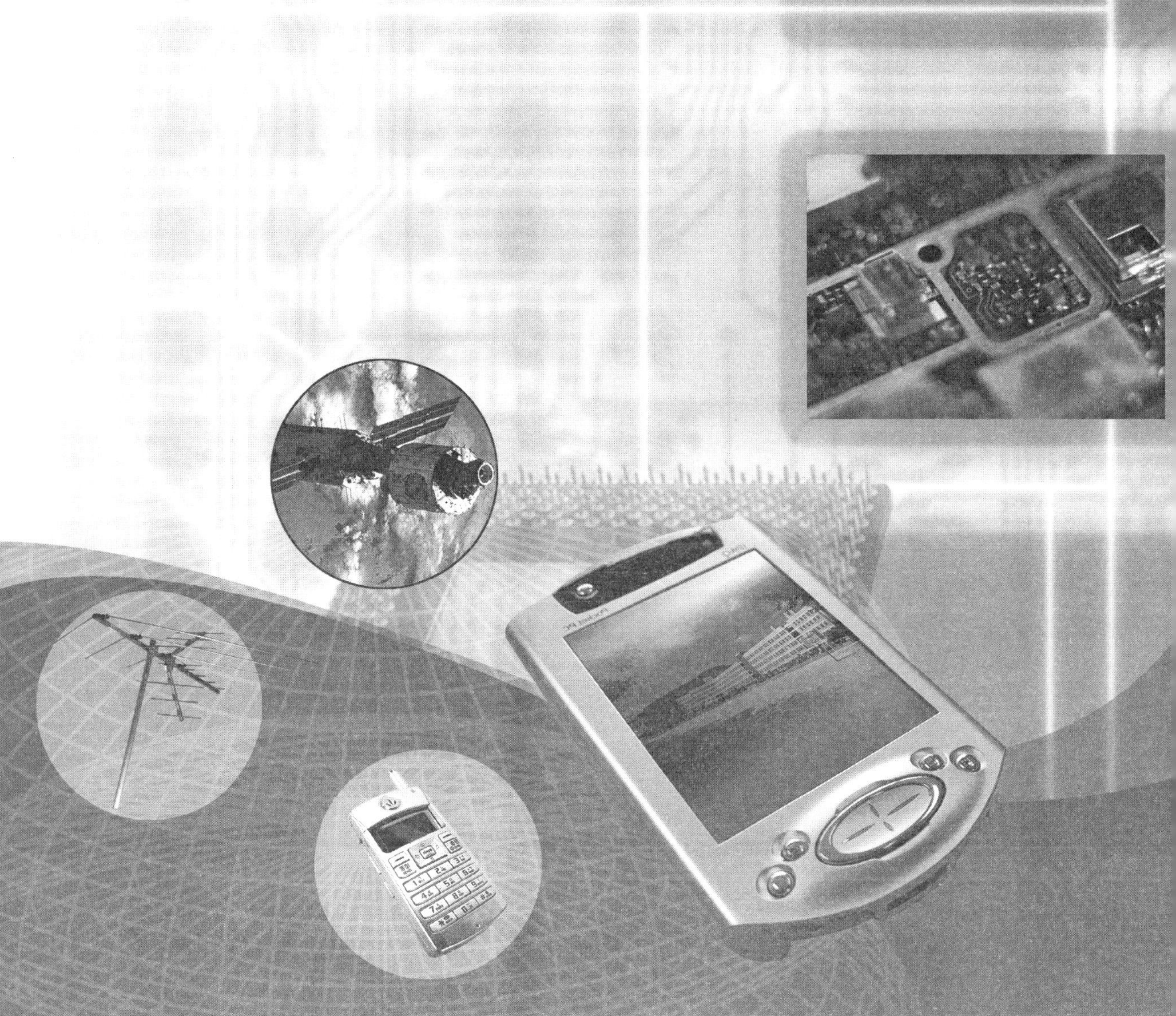

## 1.1 Microstrip Line Trainer(ED-3300)의 개요

ED-3300(Microstrip Line Trainer)은 마이크로스트립 선로 이론과 마이크로파소자의 설계 이론을 적용하여 제작한 교육용 장비로서 마이크로스트립 선로와 여러 소자를 사용하여 마이크로웨이브 회로를 모듈방식으로 구성하였다. 본 실습 장비를 통하여 마이크로스트립 이론을 수립하고 마이크로파를 이용한 VCO, Coupler, Divider, Circulator, Attenuator, Filter 등의 동작 원리를 쉽게 파악할 수 있다.

ED-3300(Microstrip Line Trainer)은 22종의 모듈로 구성되어 있으며 교육의 실효성을 위해 마이크로스트립 회로의 구성을 확인할 수 있도록 각 모듈에 투명 아크릴을 사용하여 회로 내부를 육안으로 확인할 수 있도록 제작하였다.

본 매뉴얼은 각 단원 별로 실험을 하기위해 필요한 마이크로스트립 기본 이론과 실험 실습 항목으로 구성되어 있다. 그러므로 이론을 바탕으로 본 실험 실습을 통해 좀 더 나은 교육 효과를 얻을 수 있을 것이다.

## 1.2 모듈의 주요사양

| 항목 | 공통 사양 |
|---|---|
| 전송선로 | 마이크로스트립 선로 |
| 특성 임피던스 | 50[Ω] |
| 주파수 대역 | 1.4~2.2[GHz] |
| 중심 주파수 | 1.8[GHz] |
| 커넥터 | SMA Type |

| 모듈명 | 품명 | 사양 | 특징 |
|---|---|---|---|
| ED-3300A | VCO | 주파수대역 : 1.4~2.4[GHz]<br>출력전력 : 8~12[dBm]<br>제어전압 : 1~16[V] | 전압 제어 발진 소자로 Vtune 전압을 조절하여 출력주파수를 1.4~2.4[GHz] 범위까지 조정 가능한 Oscillator |
| ED-3300B | Detector | 측정범위 : -25~10dBm | Schottkey 다이오드를 이용한 마이크로파 광대역 전력 Detector |
| ED-3300C | Circulator | 대역폭 : 200[MHz]<br>삽입손실 : 0.3~0.5[dB]<br>격리도 : 20[dB] | 마이크로스트립 선로와 페라이트 써큘레이터 소자를 이용한 3 Port 신호분기 소자 |
| ED-3300D | Directional Coupler | 삽입손실 : 0.2~0.5[dB]<br>결합도 : 13~15[dB]<br>격리도 : 15~20[dB] | 마이크로스트립 선로를 이용한 Coupler로서 전력 검출용으로 많이 사용되는 소자 |
| ED-3300E | Unmatched Load | 부하 100[Ω] 단락, 개방 | 마이크로스트립 선로와 저항소자로 구현된 부정합 소자로서 SWR 특성 실험 시 사용되는 소자 |
| ED-3300F | Matched Load | 50[Ω], 스터브 정합, λ/4 변환기 | 마이크로스트립 선로와 저항소자로 구현된 정합 소자로서 입/출력 정합 또는 부하로 사용되는 소자 |
| ED-3300G | Attenuator | T형 감쇠손실 : 3[dB]<br>T형 반사손실 : 18[dB]<br>π형 감쇠손실 : 3[dB]<br>π형 반사손실 : 18[dB] | 마이크로스트립 선로와 저항 소자로 구현된 감쇠기로서 입/출력 정합 및 신호감쇠에 사용되는 소자 |
| ED-3300H | Wilkinson Power Divider | 결합도 : 3[dB]<br>반사손실 : 25[dB]<br>격리도 : 25[dB] | 마이크로스트립선로와 저항 소자로 구현된 전력 Divider 및 Combiner용으로 사용되는 소자 |
| ED-3300J | Hybrid Ring Coupler | 결합도 : 3[dB]<br>반사손실 : 25[dB]<br>격리도 : 25[dB] | 마이크로스트립 선로를 이용한 Coupler로 Port 입력 신호에 180° 위상차를 두어 전력을 분배하는 용도로 사용되는 소자 |
| ED-3300K | PIN Diode Switch | 삽입손실(On) : 1.5[dB]<br>삽입손실(Off) : 15[dB]<br>공급전압 : 5[V] | 마이크로스트립 선로와 PIN 다이오드를 이용한 SPDT 스위치로서 PIN 다이오드 Bias 제어를 통해 스위치 동작을 제어하여 사용하는 소자 |
| ED-3300L | Low Pass Filter | 통과 대역 : DC~1.8[GHz]<br>삽입손실 : 0.4[dB]<br>리플 : 0.5[dB] | 마이크로스트립 선로를 이용한 Filter로서 차단주파수 이하의 주파수는 통과시키며 이상의 주파수는 차단하는 소자 |

| 모듈명 | 품명 | 사양 | 특징 |
|---|---|---|---|
| ED-3300M | Band Pass Filter | 통과 대역 : 100[MHz]<br>Center Frequency : 1.75[GHz]<br>삽입손실 : 0.4[dB]<br>리플 : 0.5[dB] | 마이크로스트립 선로를 이용한 Filter로서 원하는 대역내의 주파수는 전달하고 원하지 않는 대역의 주파수는 차단하는 소자 |
| ED-3300N | MMIC Amplifier | 주파수 범위 : 1~2.5[GHz]<br>이득 : 17[dB]<br>$P_{1dB}$ : 21[dB]<br>공급전압 : 12[V] | 마이크로스트립 선로와 MMIC 소자를 마이크로파 증폭기로 약 17dB 이득을 가지고 있으며 2.4[GHz] 범위까지 사용할 수 있는 증폭기 |
| ED-3300P | Patch Antenna | 송수신 주파수 : 1.8[GHz]<br>반사손실 : 25[dB]<br>이득 : 10[dBi] | 마이크로스트립 선로를 이용한 평면형 안테나 |
| ED-3300Q | Bias1 | Bias | 마이크로스트립 선로를 이용한 DC Bias 공급용 소자 |
| ED-3300R | Bias2<br>(Pad) | Bias<br>(Pad) | 마이크로스트립 선로를 이용한 DC Bias 공급용 소자 |
| ED-3300S | Bias3<br>(Butterfly) | Bias<br>(Butterfly) | 마이크로스트립 선로를 이용한 DC Bias 공급용 소자 |
| ED-3300T | PIN Modulator | 주파수 범위 : 1~2.5[GHz]<br>삽입손실(On) : 1.5[dB]<br>삽입손실(Off) : 10[dB] | 마이크로스트립 선로와 PIN 다이오드를 이용한 SPST 스위치로서 PIN 다이오드 Bias 제어를 통해 스위치 접점을 제어하여 사용하는 변조용 소자 |
| ED-3300U | Branch Line Coupler | 결합도 : 35[dB]<br>반사손실 : 25[dB]<br>격리도 : 25[dB] | 마이크로스트립 선로를 이용한 Coupler로서 Port 입력 신호에 90° 위상차를 두어 전력을 분배하는 용도로 사용되는 소자(Combiner 소자로 사용가능) |
| ED-3300W | Ring Resonator | 공진주파수 : 1.8[GHz] | LC 공진 현상을 이용한 마이크로스트립 선로 공진기 |
| ED-3300V | Standing Wave Detector | VSWR 측정 | 마이크로스트립 선로에 발생하는 정재파의 최대값과 최소값의 비를 측정하여 VSWR과 관내파장을 측정할 수 있는 소자 |
| Accessory1 | 10dB Attenuator | 감쇠손실 : 10[dB]<br>반사손실 : 30[dB] | SMA type 10[dB] 감쇠기 |
| Accessory2 | 20dB Attenuator | 감쇠손실 : 20[dB]<br>반사손실 : 30[dB] | SMA type 20[dB] 감쇠기 |

| 모듈명 | 품명 | 사양 | 특징 |
|---|---|---|---|
| Accessory3 | SMA Plug to Plug | SMA Plug | 모듈 연결용 SMA 어댑터 |
| Accessory4 | SMA Jack to Jack | SMA Jack | 모듈 연결용 SMA 어댑터 |
| Accessory5 | SMA Open | SMA type | 종단 Open 시험용 커넥터 |
| Accessory6 | SMA Short | SMA type | 종단 Short 시험용 커넥터 |
| Accessory7 | SMA50[Ω] Load | SMA type | 종단 정합용 커넥터 또는 Load 커넥터 |
| Accessory8 | Spanner | SMA type | 모듈 연결용 Plug 및 각종 커넥터 해체 시 사용되는 스패너 |
| Accessory9 | 기타 | DC 및 저주파용 | BNC to BNC, BNC to Banana, Banana to Banana, Banana to Clip |

## 1.3 모듈의 외형

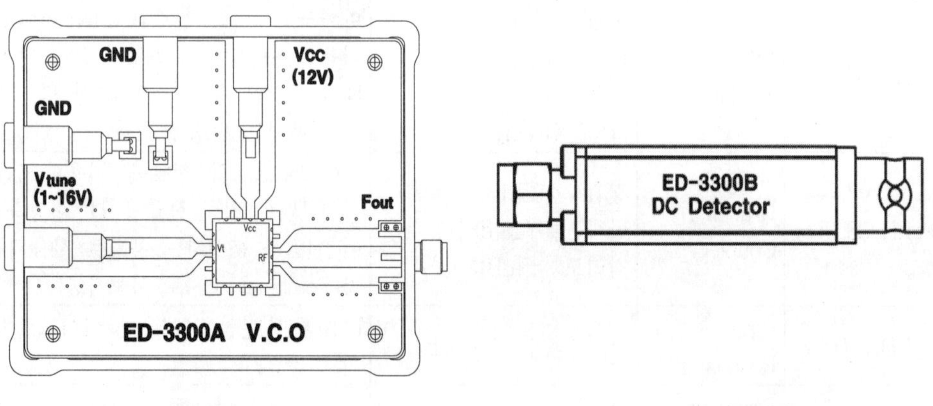

ED-3300A(VCO)　　ED-3300B(Detector)

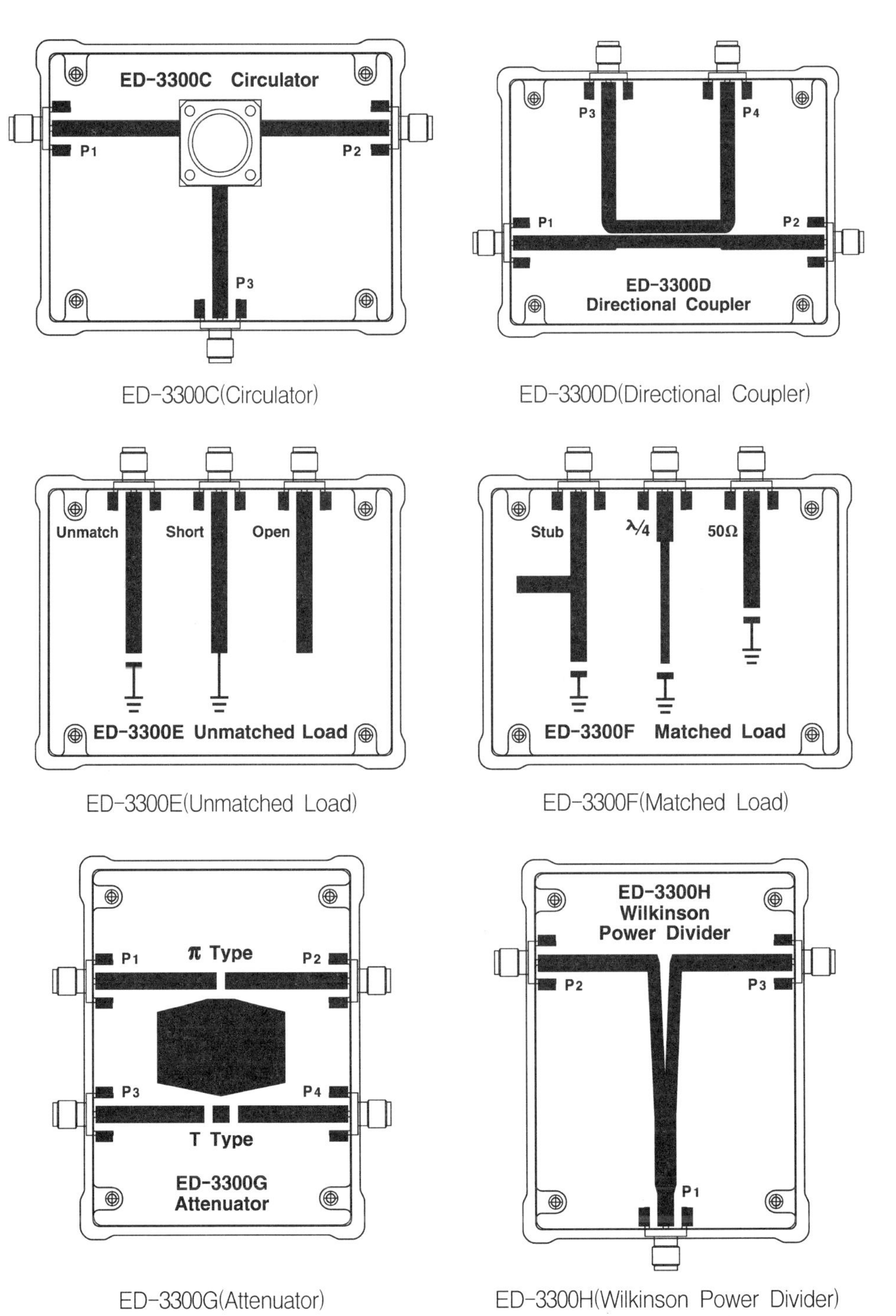


ED-3300C(Circulator)

ED-3300D(Directional Coupler)

ED-3300E(Unmatched Load)

ED-3300F(Matched Load)

ED-3300G(Attenuator)

ED-3300H(Wilkinson Power Divider)

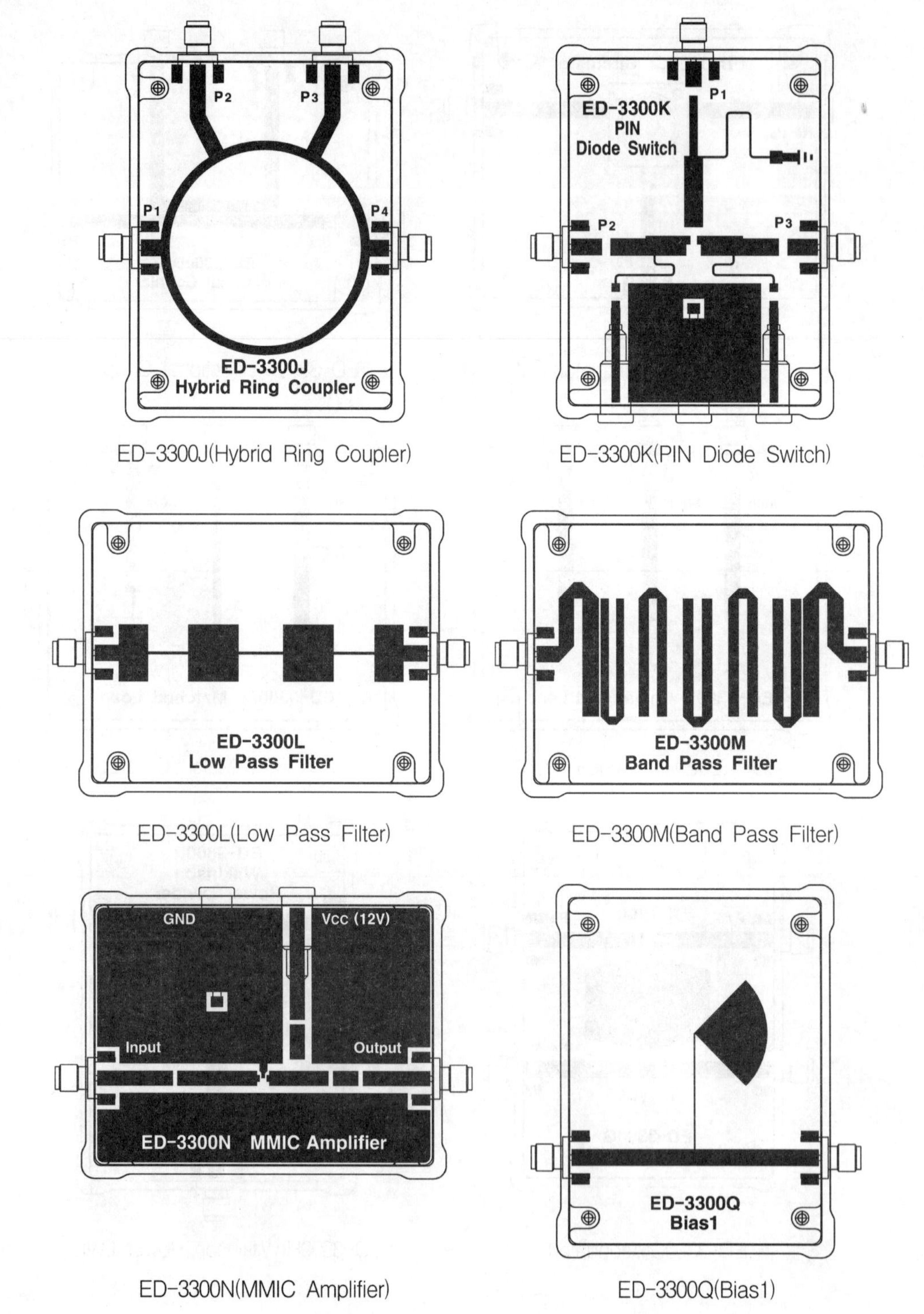


ED-3300J(Hybrid Ring Coupler)

ED-3300K(PIN Diode Switch)

ED-3300L(Low Pass Filter)

ED-3300M(Band Pass Filter)

ED-3300N(MMIC Amplifier)

ED-3300Q(Bias1)

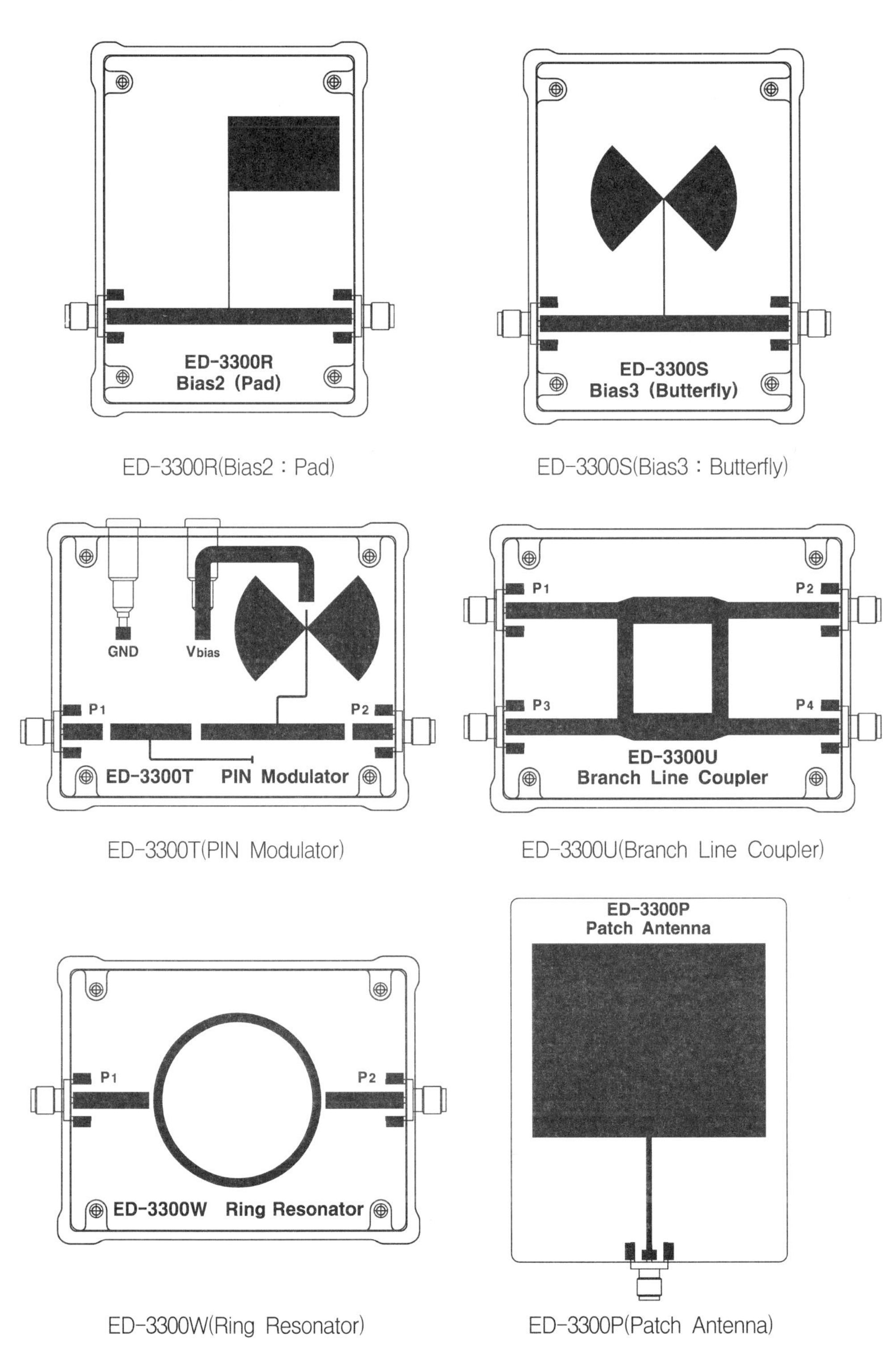


ED-3300R(Bias2 : Pad)

ED-3300S(Bias3 : Butterfly)

ED-3300T(PIN Modulator)

ED-3300U(Branch Line Coupler)

ED-3300W(Ring Resonator)

ED-3300P(Patch Antenna)

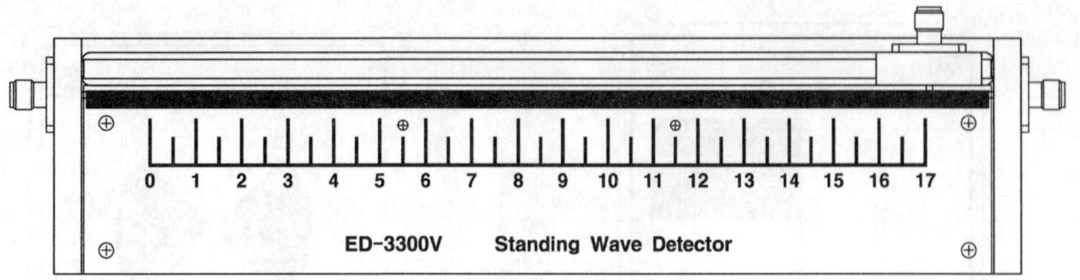


ED-3300V(Standing Wave Detector)

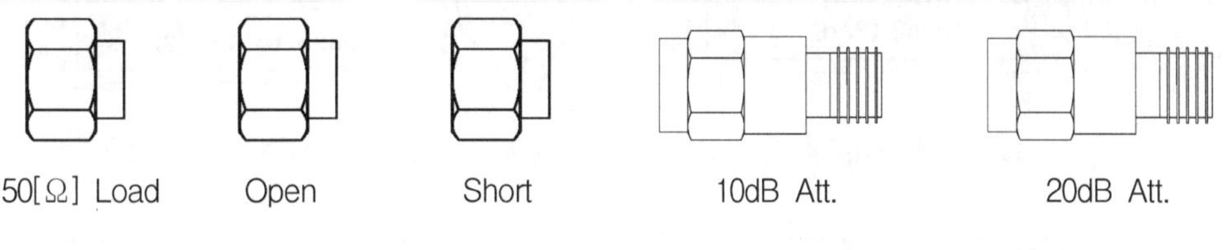

50[Ω] Load　Open　Short　10dB Att.　20dB Att.

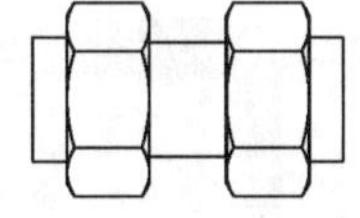

SMA Plug to Plug(male to male)

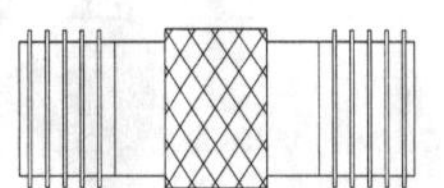

SMA Jack to Jack(female to female)

## 1.4 취급시 주의사항

ED-3300(Microstrip Line Trainer)은 각 모듈에 투명 아크릴을 사용하여 회로 내부를 육안으로 확인할 수 있도록 제작되어 있어 충격을 주었을 경우 파손의 위험이나 흠집이 생길 우려가 있으므로 취급에 특별히 유의해야한다. 그러므로 다음 사항을 지켜주기 바란다.

1. 본 장비를 처음 개봉하였을 때에는 각 모듈에 부착된 투명 아크릴의 흠집이나 외관 파손이 없는가를 확인한다. 만약 이상이 있을 시에는 전원을 넣지 말고 (주)ED AS 센터에 연락한 후 장비의 교체 또는 교환 후 사용한다.
2. 본 장비는 고도의 정밀한 동작을 하게 되므로 먼지나 습기가 있으면 고장의 원인이 된다. 그러므로 보관 시에 습도 60% 이하로 유지한다.
3. 실험 실습 중에 가능하면 모듈 연결용 커넥터는 연결부위를 최대한 접촉시켜 준다. GHz대역에서 동작하는 장비이므로 연결 커넥터의 접촉이 불안하면 예상치 못한 결과 값을 얻을 수 있다.
4. 전기 인두 및 전열기를 모듈 근처에 접근 시키지 않아야 한다. 각 모듈에 투명 아크릴을 사용하여 회로 내부를 육안으로 확인할 수 있도록 제작되어 있어 케이스에 열이 전달되면 투명 아크릴 변형의 원인이 된다.
5. 외부 전원을 사용하여 장비에 동작전원 인가 시 접지(GND) 단자와 전원 단자를 역으로 연결하거나 모듈 정격전압 이상의 전원이 연결되지 않도록 유의한다. 잘못 연결되었을 시 회로에 심한 손상이 발생하여 장비의 고장 원인이 된다.
6. 실험을 할 때는 모든 모듈을 연결하여 완성한 후에 마지막으로 전원을 인가하여 초고주파 반사 신호로 인한 소자의 손상을 방지한다.
7. 각 모듈을 연결할 때 파손의 위험이 있으니 스패너나 기타 도구보다는 손으로 꽉 죄며, 스패너는 해체할 때만 사용한다.
8. 본 장비를 사용 후에는 반드시 보관용 케이스에 모듈을 적재하여 보관한다.

# 제2장 Microstrip Line

## 2.1 마이크로파

마이크로파(Microwave)를 알기 위해서는 먼저 전자파에 대한 이해가 선행되어야한다. 파동은 매질의 한 곳에서 일어난 진동이 인접한 다른 부분에 차례로 전파하는 방식을 통해 에너지를 한 곳에서 다른 곳으로 운반한다. 즉 파동이 전파될 때 매질을 이동하는 것이 아니라 제자리에서 진동을 하고 에너지만 인접한 매질에 전달한다. 자연계에 존재하는 파동은 크게 종파와 횡파로 분류된다. 횡파는 전파의 진행방향과 수직인 방향으로 매질이 진동하는 파로서 전자파와 광파가 여기에 속한다. 종파는 매질의 진동방향과 파동의 진행방향이 평행한 파동으로, 매질의 각 부분에 소(疏)하고 밀(密)한 부분이 발생되므로 소밀파라고도 한다. 음파가 여기에 속한다.

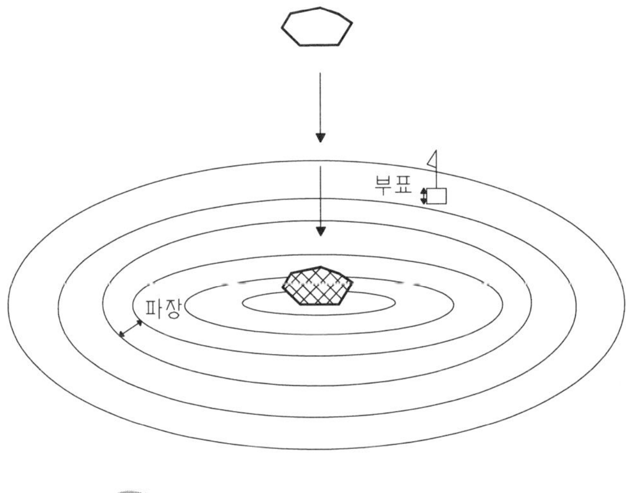


그림 2-1 수면을 진행하는 물결파

[그림 2-1]과 같이 잔잔한 수면에 주기적으로 돌을 떨어드리면 물이 출렁이면서 파면이 진행하는 것을 볼 수 있다. 이와 같이 전자파는 물결이 진행하는 것처럼 공기 중에 퍼져나간다. 이 때 파고와 파고 사이의 거리를 파장($\lambda$)이라 한다. 즉 전자파는 파동이므로 진행하면서 공간적으로 일정 간격마다 동일한 상태를 되풀이 하는데 전자파에서 이 일정간격을 파장($\lambda$)이라 한다. 만일 물

위에 부표가 있으면 오르락내리락 할 것 이며 한번 올라갔다 다시 제자리로 내려오는 시간을 주기(T)라 하고 이 주기를 역수 취한 것이 주파수 f(=1/T)이다. 즉 부표가 빨리 움직일수록(주기가 짧을수록) 주파수가 높다고 할 수 있다.

마이크로파는 무선통신에 사용되는 아주 짧은 파장 주파수의 전자파를 의미한다. 마이크로파를 쓰는 이유는 전자파를 효과적으로 발생시키기 위하여 매우 짧은 파장이 필요하기 때문이다. 또한 마이크로파는 주파수가 매우 높기 때문에 피변조파의 대역을 상대적으로 작게 할 수 있어서 광대역전송이 가능하며, 높은 주파수대의 잡음원이 상대적으로 적으므로 외부로부터의 잡음도 적다. 그리고 소형 안테나로 고이득을 얻을 수 있으므로 소전력으로 충분한 SNR(Signal to Noise Ratio, 신호 대 잡음 비)을 확보할 수 있다.

마이크로파의 파장은 1~100[cm]이며, 마이크로파를 초고주파라고도 하는데 이는 주파수를 기준으로 표현한 것이다. 마이크로파의 주파수는 30[MHz]~300[GHz](GHz=$10^9$[Hz]) 대역이며, 30~300[GHz]는 밀리미터파라고 한다. 이 이상은 광파이다.

자유공간 내에서 전자파의 전파속도 $v_p$는 광속 c(3×$10^8$[m/s])와 같다. f・λ가 단위시간 당 전자파가 진행한 거리를 나타내므로 다음과 같이 나타낼 수 있다.

$$\lambda = \frac{v_p}{f} \left(\text{파장} = \frac{\text{전파속도}}{\text{주파수}}\right)$$

따라서 전자파의 파장 λ나 주파수 f가 주어지면 다른 한 쪽값을 구할 수 있다. 단, 유전체 안에서의 전자파의 속도는 $\frac{1}{\sqrt{\varepsilon_r}}$ 만큼 늦어지므로 같은 주파수에서 파장은 짧아진다.

**예제 2-1** 주파수가 2[GHz]일 때 파장은?

공기 중에서 전파의 속도는 빛의 속도와 같으므로

$$\lambda = \frac{3\times10^{8}}{2\times10^{9}} = 15[\text{cm}]$$

**예제 2-2** 주파수가 30[GHz]인 전자파가 비유전율 $\varepsilon_r$=4인 매질 내에서 진행할 때 파장은?

매질 내에서 전파의 속도는 $v_p = \dfrac{3\times10^8}{\sqrt{\varepsilon_r}} = 1.5\times10^8$[m/sec]이므로

$$\lambda = \frac{1.5\times10^8}{30\times10^9} = 5[\text{mm}]$$

---

<표 2-1>은 IEEE(미국의 전기전자학회)에서 분류한 마이크로파 대역이다. 미 육군에서 분류한 주파수대역은 이와 다르게 정의한다.

〈표 2-1〉 IEEE에서 분류한 마이크로파 대역

| 주파수명칭 | | 주파수 범위[Hz] |
|---|---|---|
| HF | | 3~30[M] |
| VHF | | 30~300[M] |
| 초고주파 (마이크로파) | UHF | 300[M] -3[G] |
| | L band | 1~2[G] |
| | S band | 2~4[G] |
| | C band | 4~8[G] |
| | X band | 8~12[G] |
| | Ku band | 12~18[G] |
| | K band | 18~27[G] |
| | Ka band | 27~40[G] |
| 밀리미터파 | | 40~300[G] |

참고로 최근에 RF라는 용어를 자주 접하게 된다. RF(Radio Frequency)라 함은 우리말로 방사주파수라는 뜻이다. 보통 RF라 함은 전자파를 이용한 무선통신을 통칭한다. 이 용어는 마이크로파(초고주파)라는 용어와 다소 혼란의 여지가 있는데, 사전적인 주파수 정의로는 RF는 1[GHz] 이하, 마이크로파는 300[MHz]~30[GHz]의 전자파를 일컫기도 한다. 하지만 실제 RF라는 용어와 마이크로파라는 용어는 구분 없이 혼용하여 쓰는 경우가 더 많다. 그보다는 RF라는 용어가 마이크로파라는 용어의 상위 개념으로 보는 것이 더 적당하

다. 마이크로파는 무선통신에 주로 응용되는 고주파대역 주파수를 의미하고, RF는 저주파와 고주파를 통털은 무선통신 주파수나 무선장비를 뜻한다. 그런데 최근 통신 주파수가 수 백[MHz]에서 수[GHz]의 초고주파 대역으로 올라가면서 RF라 함은 일반적으로 대략 100~300[MHz] 이상의 고주파 무선통신 및 고주파를 이용하는 장비설계, 연구 공학분야 일체를 지칭하기도 한다.

일반적인 회로망에 입력주파수를 점점 증가시키면 출력이 원치 않는 결과가 나오게 된다. 주파수가 100[MHz] 또는 300[MHz]를 넘어서면 기존의 회로 알고리즘은 더 이상 정확도를 보장할 수 없게 된다. 이것은 선로간의 간섭뿐만 아니라, 신호의 파장이 짧아지기 때문이다. 일반적으로 전기·전자공학에서 다루는 기기는 대체로 수십 cm 이하의 크기이다. 전자파의 파장(λ)이 기기의 근사적인 크기(l)보다 길 때, 또는 비슷한 정도이거나 훨씬 짧은 경우에 회로해석은 달라지게 된다.

저주파의 설계방식으로 고주파회로 제작시 일차적으로 가장 문제가 되는 부분 중 하나가 바로 고주파의 파장이 짧다는 것이다. [그림 2-2]의 (a)와 같이 저주파의 교류신호라면 선로나 회로의 크기에 비해 파장이 매우 길기 때문에 별다른 고려가 필요하지 않지만, 일단 300[MHz]만 넘어가도 파장이 cm 단위로 내려오기 시작한다. GHz대역으로 넘어오면 그림 (b)와 같이 회로 크기가 파장의 길이와 맞먹거나 더 작아지는 경우까지 발생한다.

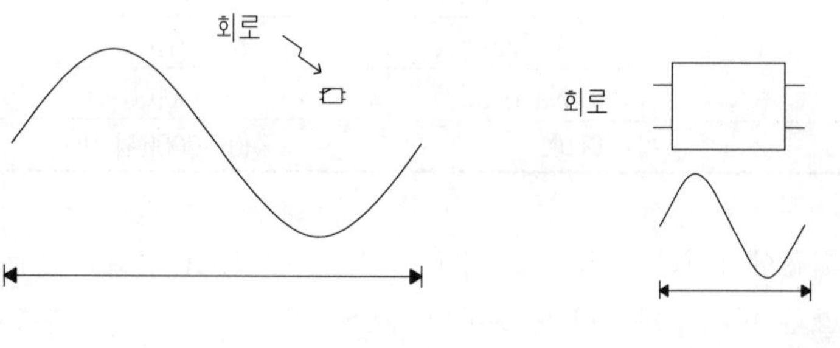


(a) 저주파의 긴 파장 (b) 고주파의 짧은 파장

그림 2-2 회로와 파장의 상대적인 비교

짧아진 파장이 선로를 타고 흐르면서 위상의 중첩이 발생하게 된다. 파장이 길 때는 교류 파형이 선로 상에서 중첩되더라도 위상차가 미미하기 때문에 파형의 왜곡은 거의 일어나지 않는다. 하지만 파장이 짧은 고주파의 경우, 위상이 어긋나서 겹친다면 신호파형은 완전히 변형된다. 이러한 문제를 피하려면 결국 회로 크기 자체가 작아질 수밖에 없고, 회로나 소자의 길이나 크기, 폭 등 모든 면을 고려해야만 하게 된다. 반대로 말하자면 저주파의 경우에도 회로의 크기가 아주 크면 고주파 개념을 도입해야한다. 즉 신호의 주파수가 100[KHz]일 때 회로의 전체 크기가 1[km] 이상되면 일반적인 회로이론으로는 원하는 결과를 얻을 수 없다.

전자파의 파장이 기기의 크기보다

i ) 길 때($\lambda \gg l$) : 기존의 회로망이론 적용

ii ) 비슷할 때($\lambda \cong l$) : 전자파 이론 적용

iii ) 훨씬 짧을 때($\lambda \ll l$) : 빛의 개념을 적용

i)의 경우에 해석기법은 회로이론이며, ii)의 경우에 전자기적인 개념(Maxwell 방정식을 이용한 전계 · 자계의 해석)을 도입하여 회로를 해석해야한다. 하지만, 제한된 범위에서 Maxwell 방정식들로부터 회로이론의 기본법칙을 얻고, 이 법칙을 초고주파회로에 확장하여 전압 · 전류개념을 도입하고 회로 적으로도 해석할 수 있다. iii)의 경우는 광학으로 알려져 있다.

## 2.2 Microstrip Line의 개요

저주파 회로기판에서의 선로배치 문제는 효율적인 공간배치의 개념이 더 강조된다. 같은 양의 선로를 얼마나 더 좁은 공간에서 짧은 거리로 구현하는가가 생산 단가에 미치는 영향은 지대하기 때문이다.

또한 접지(Ground)의 위치는 그다지 중요하지 않고, 신호선과 접지간의 거리 또한 크게 고려되지 않는다.

하지만 회로의 주파수가 올라가면 선로의 길이 자체가 회로 소자 값 그 자체인 경우도 많기 때문에, 함부로 길이를 손댈 수 없다. 또한 신호선과 접지 사이에 다른 선로가 지나간다면 그 영향은 상당히 크기 때문에, 접지의 위치가 상당한 중요성을 가진다. 회로의 주파수가 올라 수 백[MHz]에 이르게 되면 신호선과 접지 사이의 선로, 매질, 물질의 문제가 점점 더 복잡한 영향을 주기 시작하면서 신호선과 접지 사이에 교류 에너지가 [그림 2-3]에서와 같이 집중되면서 필드가 형성되기 시작한다.

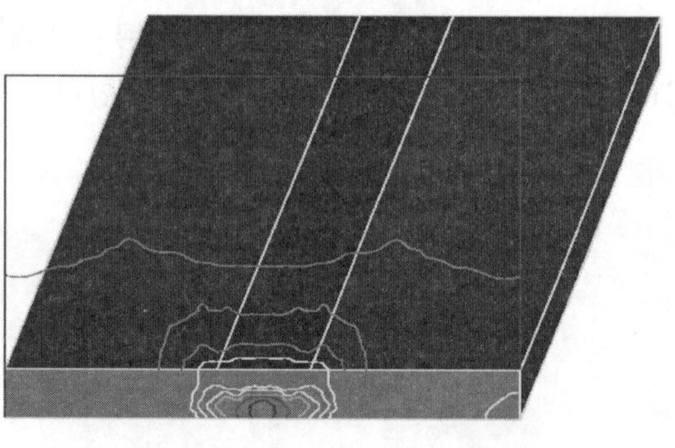

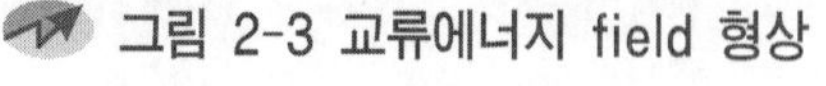
그림 2-3 교류에너지 field 형상

이와 같은 문제를 해결하기위해 생각한 것이 기판 아랫면은 아예 금속으로 완전히 덮어버리고, 윗면에는 접지 없이 신호선만 배치해버린다면 이제 신호선과 접지 사이에는 오로지 기판만이 존재한다. 이렇게 하면 수 백[MHz]에서도 잘 동작한다. 그렇지만 계속 주파수가 올라가서 GHz대에 근접하면 또 다른 문제에 도달한다. 아무리 신호와 접지 사이에 기판만 존재시켜서 그 사이에 방해물 없이 교류신호가 걸린다고는 하지만 초고주파가 될수록 선로의 내부가 아닌 외부 표면에만 전류가 흐르려는 경향이 발생하고(Skin Effect), 안테나처럼 방사하려는 경향이 강해지기 때문에 선로금속자체로 신호를 보내기 어렵다. 이러한 고주파의 모든 조건들을 만족시키기 위해 고안된 고주파용 회로기판이 바로 [그림 2-4]에서 보이는 마이크로스트립 선로이다.

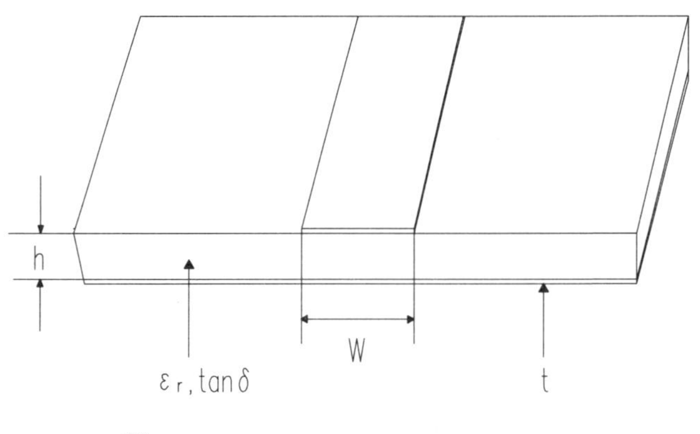


그림 2-4 Microstrip Line의 구조

전형적인 전송선로(Transmission Line) 구조인 마이크로스트립 기판은 밑면 전체를 하나의 금속판을 이용해 접지로 처리하고, 그 바로 위에 일정두께의 유전체 기판을 올린 후 유전체 위에 선로 형상을 구현한 회로구조이다. 이를 통해 신호선과 접지 간의 거리와 매질특성이 균일하게 배치되고, 선로와 접지 사이에 전자파 필드 에너지에 신호를 보존하며 전송하게 된다. 그래서 결국 초고주파회로에서는 신호선과 접지 관계가 명확하게 정의된 마이크로스트립 구조의 인쇄회로기판(PCB : Printed Circuit Board)을 사용한다.

## 2.3 Microstrip Line의 특징

현재 마이크로스트립 선로(Microstrip Line)는 1~12[GHz] 범위에서 광범위하게 사용되는 전송선로로서, <표 2-2>에 비교한바와 같이 크기가 작고, 소자장착이 쉬우며, 도파관처럼 높은 전력은 아니지만 수 와트의 전력도 구동할 수 있다. 이제 마이크로스트립은 필터, 감쇠기, 리미터, 검출기, 혼합기, 증폭기 및 발진기 등의 마이크로파 회로와 통신 분야에 폭넓게 사용되고 있다.

〈표 2-2〉 마이크로스트립 선로의 장단점

| 장 점 | 단 점 |
|---|---|
| · 크기가 작고 가볍다.<br>· 회로구성이 용이하고 대량생산이 가능하다.<br>· 기판특성(유전체의 두께와 비유전율)으로 크기를 조절할 수 있다.<br>· 평면형 안테나 제작이 용이하다. | · 높은 전력을 다룰 수 없다.<br>· 방사되는 에너지가 존재한다. |

## 2.4 Microstrip Line의 구조

전형적인 전송선로 구조인 마이크로스트립(Microstrip) 기판은 밑면 전체를 하나의 금속판을 이용해 접지면으로 처리하고, 그 바로 위에 일정두께의 유전체 기판을 올린 후 유전체 위에 선로 형상을 구현한 회로구조이다. 이를 통해 신호선과 접지면의 거리와 매질특성이 균일하게 배치되고, 선로와 접지면 사이에 전자파 에너지에 신호를 보존하며 전송하게 된다. [그림 2-5]와 같은 전송선로를 마이크로스트립 선로(Microstrip Line)이라 한다. 얇은 접지 도체판 위에 유전상수가 $\varepsilon_r$인 두께 h의 유전체가 있고, 그 위에 다시 두께가 t이고 폭이 W인 도체 스트립 선로가 있다.

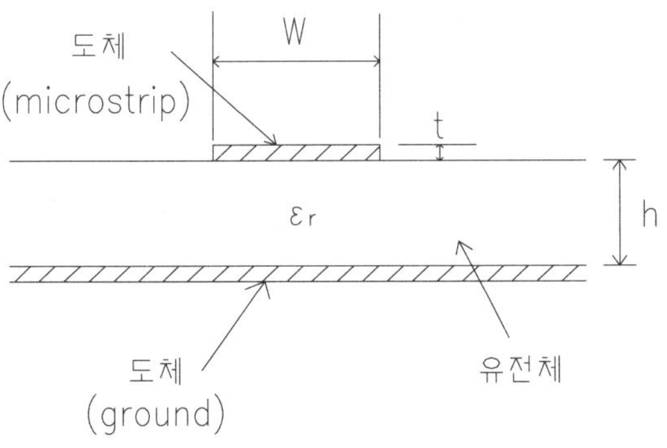


그림 2-5 마이크로스트립 선로의 단면

마이크로스트립 선로(Microstrip Line)는 스트립 선로와 달리 전파되는 전자파가 순수한 TEM(Transverse Electro Magnetic) 모드가 아닌 Quasi TEM 모드이다. 스트립도체와 접지도체 사이의 전자계의 분포가 [그림 2-6]과 같이 일부는 기판 안에 일부는 자유공간으로 진행하기 때문이다.

마이크로스트립 선로의 설계를 위한 중요한 파라미터는 특성 임피던스 $Z_0$와 관내파장 $\lambda_g$이다. 특성 임피던스 $Z_0$은 전파의 전계와 자계의 비를, 관내파장 $\lambda_g$는 선로를 진행하는 전파의 위상이 같은 점간의 최소 거리를 의미한다. 특성임피던스는 주로 선로의 구조에 따라 다르며, 관내파장은 주로 주파수와 유전체의 종류에 따라 다르다.

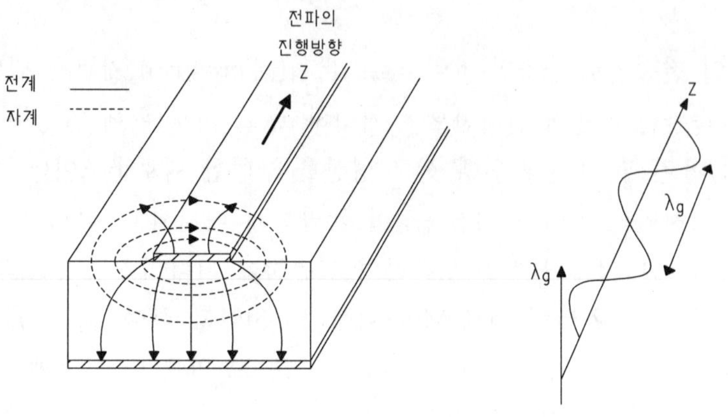


그림 2-6 마이크로스트립 선로(Microstrip Line)의 전자계 분포

마이크로스트립 선로의 특성임피던스는 두 가지 커패시턴스 값으로부터 구할 수 있다. 하나는 마이크로스트립의 유전체를 공기로 취급한 경우의 단위길이에 대한 커패시턴스 $C_a$이고, 다른 하나는 원래의 유전체에서 단위길이에 대한 커패시턴스 C이다. 자유공간에서 유전체까지를 고려한 등가균일 유전상수라 할 수 있는 실효유전율 $\varepsilon_{eff}$는

$$\varepsilon_{eff} = \frac{C}{C_a} = \frac{\text{유전체로 채워져있을때의 커패시턴스}}{\text{공기로 채워져있을때의 커패시턴스}}$$

이다.

이 때 마이크로스트립 선로의 특성 임피던스 $Z_0$는

$$Z_0 = \frac{Z_{0a}}{\sqrt{\varepsilon_{eff}}} = \sqrt{\frac{L}{C}}$$

이므로, 어떤 종류의 전송선로 일지라도 모드가 TEM파인 경우에 단위길이당 커패시턴스 C와 단위길이 당 인덕턴스 L을 알면 특성 임피던스를 알 수 있다. 단, $Z_{0a}$는 유전체를 공기로 대치한 경우의 특성 임피던스로서 $Z_{0a} = \sqrt{L/C_a}$이다.

마이크로스트립 선로에서의 전파속도 $v_p$와 파장 $\lambda_g$는 아래와 같다.

$$v_p = \frac{c}{\sqrt{\varepsilon_{eff}}}$$

$$\lambda_g = \frac{\lambda_0}{\sqrt{\varepsilon_{eff}}}$$

단, c=3×10⁸[m/s]는 자유공간에서의 광속이며 $\lambda_0$는 자유공간에서의 파장이다. 많은 학자들이 마이크로스트립 선로에 대한 연구결과를 발표하였다. 이 중에서 널리 사용되는 결과식은 아래와 같다.

i) 선로의 폭과 높이로부터 임피던스를 구할 때

▸ W/h≤1인 경우(선로의 폭이 좁은 경우)

$$Z_0 = \frac{60}{\sqrt{\varepsilon_{eff}}} \ln\left(\frac{8h}{W} + 0.25\frac{W}{h}\right)$$

$$\varepsilon_{eff} = \frac{\varepsilon_r + 1}{2} + \frac{\varepsilon_r - 1}{2}\left[\left(1 + \frac{12h}{W}\right)^{-1/2} + 0.041\left(1 - \frac{W}{h}\right)^2\right]$$

▸ W/h≥1인 경우(선로의 폭이 넓은 경우)

$$Z_0 = \frac{120\pi}{\sqrt{\varepsilon_{eff}}} \frac{1}{\left[\frac{W}{h} + 1.393 + 0.667\ln\left(\frac{W}{h} + 1.444\right)\right]}$$

$$\varepsilon_{eff} = \frac{\varepsilon_r + 1}{2} + \frac{\varepsilon_r - 1}{2}\left[\left(1 + \frac{12h}{W}\right)^{-1/2}\right]$$

ii) 반대로, 임피던스를 알고 선로의 폭과 높이를 구할 때

▸ W/h≤2(선로의 폭이 좁은 경우)

$$\frac{W}{h} = \frac{8e^A}{e^{2A} - 2}$$

단, $A = \frac{Z_0}{60}\sqrt{\frac{\varepsilon_r + 1}{2}} + \frac{\varepsilon_r - 1}{\varepsilon_r + 1}\left(0.23 + \frac{0.11}{\varepsilon_r}\right)$

▸ W/h≥2(선로의 폭이 넓은 경우)

$$\frac{W}{h} = \frac{2}{\pi}\left\{B-1-\ln(2B-1)+\frac{\varepsilon_r-1}{2\varepsilon_r}\left[\ln(B-1)+0.39-\frac{0.61}{\varepsilon_r}\right]\right\}$$

단, $B = \frac{377\pi}{2Z_0\sqrt{\varepsilon_r}}$

**예제 2-3** 마이크로스트립 선로의 유전체 두께 t가 1[mm]이고, 비유전율 $\varepsilon_r$은 4, 스트립 도체의 폭 W는 1.4[mm]일 때 선로의 특성임피던스는? 또 2[GHz]에서 선로상의 파장은 얼마인가?

$$\varepsilon_{eff} = \frac{4+1}{2} + \frac{4-1}{2}\left[\left(1+\frac{12}{1.4}\right)^{-1/2}\right] = 2.985$$ 이므로,

$$Z_0 = 120\frac{\pi}{\sqrt{\varepsilon_{eff}}}\frac{1}{[1.4+1.393+0.667\ln(1.4+1.444)]} = 63.89[\Omega]$$ 이고,

$\lambda_0$=0.15m이므로

$$\lambda_g = \frac{\lambda_0}{\sqrt{\varepsilon_{eff}}} = \frac{0.15}{\sqrt{2.855}} = 8.88\text{cm}$$ 이다.

---

**예제 2-4** 마이크로스트립 선로의 유전체 두께 $h$가 1[mm]이고, 비유전율 $\varepsilon_r$은 4일 때 특성임피던스 40[Ω] 선로의 폭 W는?

W/h≥2인 경우라 가정하고

$$B = \frac{377\pi}{2\times40\sqrt{4}} = 7.4$$ 이므로,

$$\frac{W}{h} = \frac{2}{\pi}\left\{7.4-1-\ln(2\times7.4-1)+\frac{4-1}{2\times4}\left[\ln(7.4-1)+0.39-\frac{0.61}{4}\right]\right\} = 2.98$$

이고, $W = 2.98\times h = 2.98$[mm]이다.

(만일 계산결과 W/h≤2일 경우에는 다른 식으로 다시 계산한다.)

---

# 2.5 Microstrip Line의 제작

## 2.5.1 Microstrip 기판

이상적인 기판은 온도에 안정적이고 구조적으로 안정적이면서 사용되는 주파수 범위에서 유전특성이 일정하고 손실이 작아야한다. 또한 화학적으로 강하고 가공하기 쉬워야하며 스트립 도체와 열적 팽창이 잘 맞아야한다. 현재 사용되는 두 가지 기판은 PTFE(Poly-Tetra-Fluoro-Ethylene, 테프론이라 불린다.)와 알루미나(Alumina Oxide-$Al_2O_3$)이다.

비유전율 $\varepsilon_r$이 2~6이며, 부드러운 재질인 플래스틱형 PTFE 기판은 양쪽 면이 구리로 덮여있다. 구리는 유전체에 압축되거나 수지처리되고, 구리층은 단위 피트(Feet) 당 온스(Ounce, oz.)로 표시한다.

많이 사용되는 Rogers사의 Duroid 6002 기판의 경우를 한 예로 들면, 양면이 구리로 코팅되이 있고 두께는 아래와 같이 다양하게 제공된다.

- 0.5 온스 = 구리 두께 17μm(0.007″)에 해당
- 1 온스 = 구리 두께 35μm(0.014″)에 해당
- 2 온스 = 구리 두께 71μm(0.028″)에 해당

비유전율 이 2.94인 이 기판의 유전체 두께는 5, 10, 20, 30, 60[mil]까지 다양한 두께로 주문이 가능하다(1[mil] = 0.001″ = 0.001[inch] = 0.0254[mm] = 25.4[μm]). 제공되는 한 장의 크기는 보통 18″×12″(457×305[mm]) 정도로 매우 크다.

비유전율 이 9~10이며 유리처럼 딱딱한 재질인 알루미나 기판은 1″×2″ 또는 2″×2″ 정도의 작은 크기로 제공되며, 표면의 거칠기는 ±1[μm] 이하로 정밀하게 연마되어 있으나 가공하기 어려운 단점이 있다. 보통 기판 두께는 10~50[mil] 정도이다.

기판은 사용하고자 하는 주파수, 용도 및 인가전력에 따라 선택된다. 주파수가 높을수록 방사손실을 줄이기 위해 비유전율 이 높은 기판을 사용하고, 반대로 평판 안테나를 제작하기 위해서는 비유전율 이 낮은 기판을 선호한다. 그리고 사용전력이 매우 클 경우에는 딱딱한 재질의 기판이 열전달에 유리하

며 구리층의 두께도 두꺼운 것을 사용한다.

## 2 5.2 Microstrip 기판 제작

마이크로스트립 선로를 만드는 방법은 아래와 같이 PCB 식각기술, 후막(Thick Film)기술, 박막(Thin Film)기술의 세 가지가 있다. 최근에는 정밀 드릴이나 다이아몬드 칼날을 이용하여 동판의 필요 없는 부분을 기계적으로 벗겨내어 원하는 회로를 만드는 장비가 개발되어 일부에서 사용되고 있다.

### 1) PCB 식각기술

이 기술은 종래의 PCB 제조기술과 같으며, 부드러운 테프론 기판과 큰 체적의 제조에 적합하다. 구리로 코팅된 양면기판을 가지고 마이크로스트립 회로를 만들기 위한 공정은 도체패턴(마이크로스트립 선로 같은 상위도체)을 남기고 식각하는 것이다. 이때 도체로 덮인 아래의 접지면은 그대로 남겨둔다.

순차적인 공정은 아래와 같다.

① 처음에 설계에 필요한 도체패턴을 나타내는 마스크가 만들어진다. 보통 실제 크기의 10 내지 20배의 크기로 만들어지고, 다시 사진공정으로 축소시켜 최종 마스크가 만들어진다. [그림 2-7]과 같이 양성 마스크는 도체패턴이 빛에 대해 불투명하게 만들어진다. 음성마스크는 반대되는 패턴으로 만들어진다.

양성(Positive) 마스크

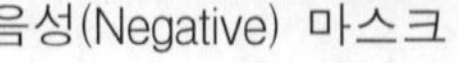

음성(Negative) 마스크

그림 2-7 특성임피던스가 다른 두 선로가 접속된 형태(Step-Junction)의 마스크

② 기판양면의 구리는 미리 감광액으로 일정하게 코팅된다. 감광액은 자외선에 화학적으로 변하는 물질이다. 감광액은 마스크에 따라 양성 또는 음성일 수도 있다. 양성 감광액일 때 자외선에 노출된 부분이 제거되는 특수한 현상액이 사용된다. 이때 마스크도 양성 마스크가 필요하다. 마찬가지로 기판이 음성 감광액으로 코팅되어 있으면 음성마스크가 필요하다([그림 2-8]의 (a)).

③ 다음 단계는 감광액으로 코팅된 기판 위에 마스크를 얹고 몇 분 동안 자외선에 노출시킨다([그림 2-8]의 (b)).

④ 마스크를 제거하고 기판을 현상액에 넣는다. 양성 마스크일 때 빛을 받은 부분이 제거되고 음성일 때는 반대로 빛을 받지 않은 부분이 제거된다([그림 2-8]의 (c)).

⑤ 기판을 에칭용액(염화제2철 또는 산)에 넣는다. 감광액으로 덮여 있지 않는 부분의 구리는 제거된다([그림 2-8]의 (d)).

⑥ 마지막으로 남은 감광액은 적당한 용제로 씻어서 제거한 후 완성한다([그림 2 8]의 (e)).

이와 같은 공정을 거쳐 [그림 2-8]의 양성 또는 음성 마스크를 가지고 [그림 2-9]의 마이크로스트립 선로를 제작할 수 있다.

(a) 감광액 코팅

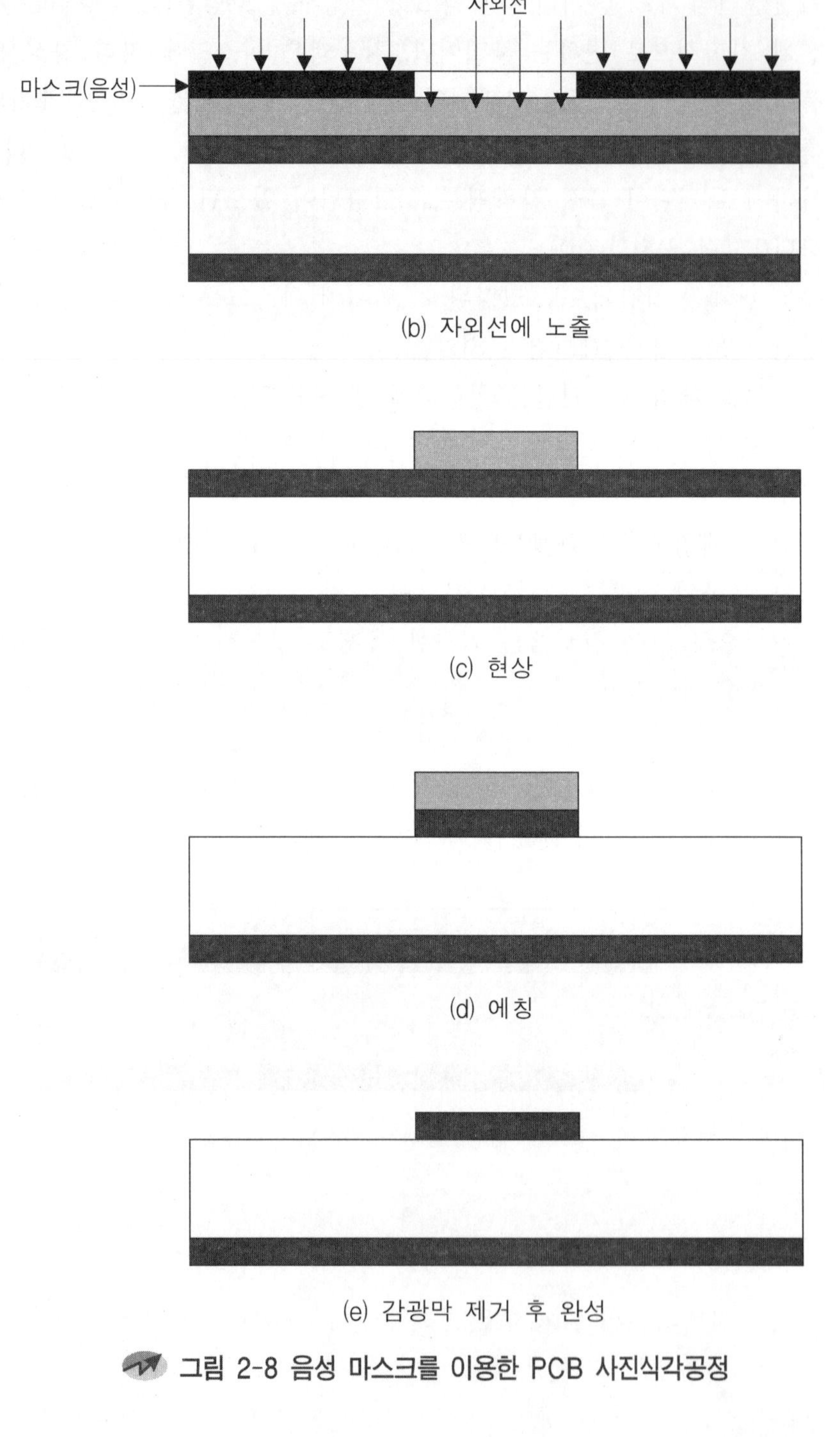


그림 2-8 음성 마스크를 이용한 PCB 사진식각공정

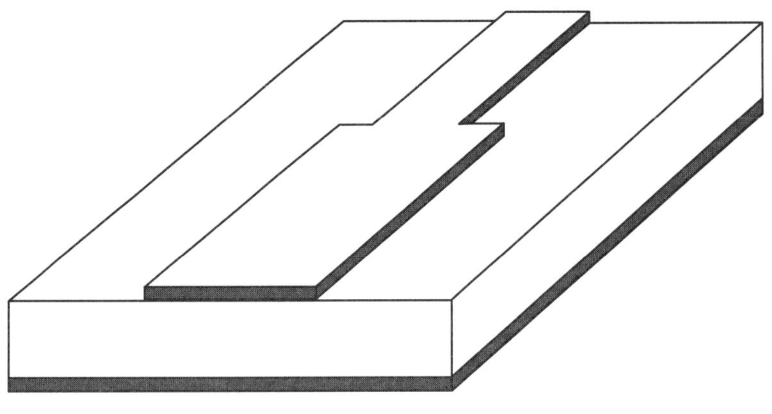

그림 2-9 완성된 마이크로스트립 선로(Step-Junction)

## 2) 후막(Thick Film)기술

알루미나, 사파이어, 석영 같은 기판은 구리나 금이 코팅되어 있지 않아서 후막기술과 박막기술을 사용한다. 금은 표면마감, 도전성, 부식에 대한 저항 등이 다른 도체보다 뛰어나 성능이 좋으므로 비싸기는 하지만 고주파에서 선호하는 도체이다. 후막기술은 실크스크린 인쇄와 비슷하다. 공정은 아래와 같다.

① 마이크로스트립 패턴 인쇄를 위한 스크린이 단단한 틀에 만들어진다. 스크린은 스테인레스 강철 격자로서 인치당 100에서 500개의 선으로 구성된다. 즉 mm당 약 4~20개의 신의 간격이 50~250[mm]이다. 이 스크린은 우선 감광액으로 코팅된다. 양성 마스크에 음성 감광액이 사용되고 또는 그 반대로 사용되기도 한다.
② 스크린 위에 마스크를 놓고 몇 분 동안 자외선에 노출시킨다.
③ 마스크를 치우고 노출된 감광액이 제거되도록 스크린을 현상한다. 스크린이 막혀있는 곳을 제외한 부분에 원하는 도체 패턴이 생긴다.
④ 기판 위에 스크린을 얹고 위에 특수한 잉크(유기 접착제가 들어있는 팔라듐-은이나 금의 반죽)를 퍼트린다. 이 반죽은 고압의 롤러를 사용하여 기판 위의 스크린의 막히지 않는 부분에 정착된다. 반대쪽 기판의 접지면의 모든 표면도 같은 방법으로 만들어진다.
⑤ 인쇄된 기판을 약 15분 동안 오븐에 넣어 유기 접합체를 없앤다. 금속입

자가 인쇄된 경로를 따라 접착되고 접지면의 전도층도 금속입자가 유전 기판에 단단히 붙는다.

⑥ 후막기술을 사용하면 마이크로스트립 선로의 해상도는 100[mm] 이하의 값을 얻을 수 있다. 그러나 도체층이 완전금속이 아니기 때문에 도체손실이 크다. 선로의 두께는 보통 10[mm] 정도이다.

### 3) 박막(Thin Film)기술

박막기술은 해상도가 훨씬 뛰어나고 선로의 한계가 명확하며 수 [mm]의 좁은 간격도 얻을 수 있다.

그러나 이 기술은 비용이 더 많이 든다. 기본적인 단계는 아래와 같다.

① 제3염화에틸렌 같은 유기용해제로 기판의 모든 기름 흔적을 제거하여 깨끗이 한다.

② 농축된 황산과 과산화수소 용액을 사용하여 기판의 표면을 얇게 에칭한다. 이 공정에서 기판표면의 1~5[mm]가 제거된다.

③ 진공 증착 기술을 사용하여 얇은 크롬층(1~5[mm] 정도의 층)을 만든다. 금이나 구리보다 크롬이 기판 표면에 잘 붙는다.

④ 크롬과 구리 또는 크롬과 금의 혼합물이 5[mm] 정도의 두께로 더 증착된다. 마지막으로 구리나 금으로 5[mm] 정도 두께의 최종 도체층이 흡착된다.

⑤ 5[mm]층은 표피 깊이(10[GHz], 구리의 경우에 $\delta \approx 0.7[\mu m]$)보다 얇기 때문에 최종 도체필름의 두께가 $5 \sim 10[\mu m]$이 될 정도로 구리나 금으로 전기 도금된다.

⑥ 마지막으로 마이크로스트립 회로는 이미 설명한 PCB기판 식각기술처럼 마스크와 에칭공정을 통해 이루어진다. 대부분의 경우 증착된 층 위에 회로 패턴을 만든 다음 과정 ⑤의 전기 도금을 한다.

박막기술은 후막기술보다 특히 좁은 간격과 선에 유리하여 정밀도가 높아서 알루미나, 사파이어, 석영 기판 등에 사용된다. 기판은 극도로 매끄럽게 잘 연마되고 먼지 등이 없어야 한다. 그렇지 않으면 증착층에 구멍이 뚫리게 된다.

## 2.6 전송선로(Transmission Line)

전송선로란 안테나에서 회로까지, 회로에서 안테나까지, 또는 근거리의 회로 간에 전자파를 주고받는 선로이다. 안테나가 전자파를 자유공간에 멀리 퍼뜨리는 기기인 반면, 전송선로는 전자파를 손실 없이 일정거리에 전해주는 역할을 담당한다.

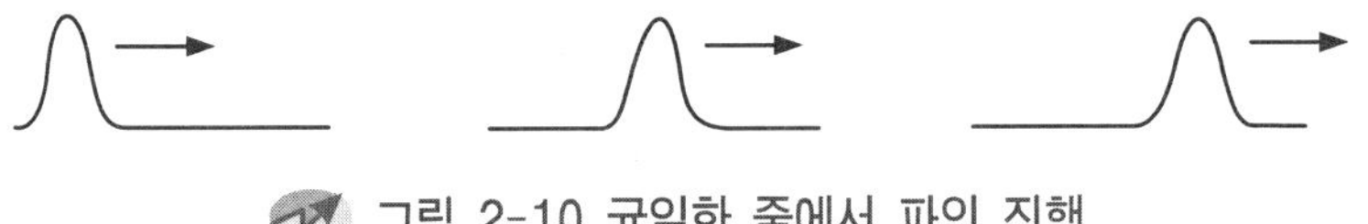

그림 2-10 균일한 줄에서 파의 진행

즉 [그림 2-1]과 같이 물결파가 3차원 공간으로 퍼져나가는 것을 안테나에서 전파가 전파되는 것에 비유한다면, 전송선로는 [그림 2-10]과 같이 줄을 통해 전해지는 파에 비유할 수 있다. 줄 한쪽 끝을 빨리 들었다 놓으면 파가 진행됨을 관찰할 수 있다. 에너지는 선로 밖으로 퍼져나가지 않고 일정하게 전달된다. 단지 전송선로의 매질 내에서 약간의 손실이 있을 뿐이다.

실제 사용되는 전송선로는 [그림 2-11]과 같이 용도에 따라 여러 종류가 있다.

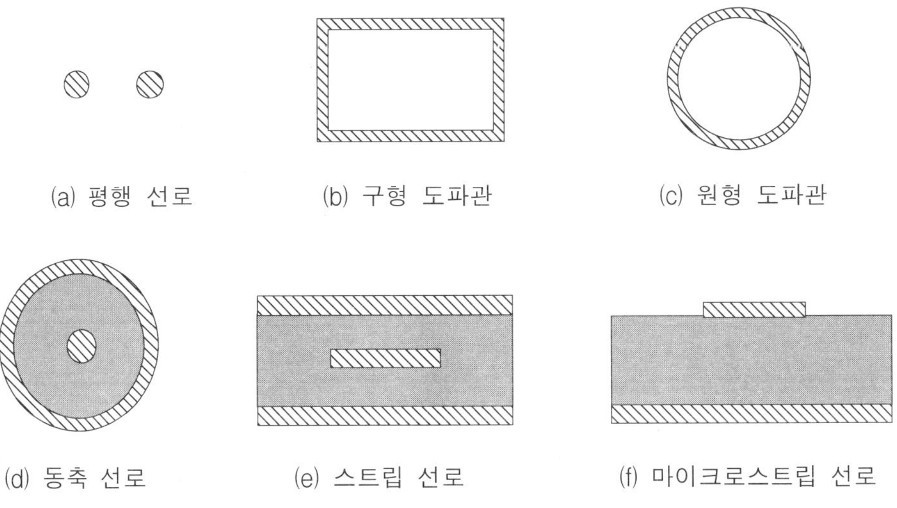


그림 2-11 다양한 전송선로(▨ : 도체, □ : 공기, ■ : 유전체)

[그림 2-11]의 (a)와 같은 평행선로는 낮은 주파수 대역에서 사용되며, 제작이 간단하고 사용 및 설치가 쉬우나 방사손실이 크다. (b)와 (c)의 구형과 원형 도파관(Waveguide)은 주로 대전력의 마이크로파를 전달하는데 사용되며 손실도 거의 없으나 부피가 크고 제작비용이 많이 든다. (d)의 동축선로는 현재도 많이 쓰이고 있고 설치도 쉬우나 회로를 장착하기 어렵다. (e)와 (f)의 스트립 선로(Strip Line)와 마이크로스트립 선로는 최근 초고주파 집적회로(MIC : Microwave Integrated Circuit)나 모놀리식 초고주파 집적회로(MMIC : Monolithic Microwave Integrated Circuit)가 출현하면서 자주 사용되고 있다. 이 선로들은 쉽게 제작이 가능하고, RLC 및 반도체소자를 직접 장착하여 자유로운 회로를 꾸미기 용이하기 때문에 많이 쓰이고 있다.

## 2.7 특성 임피던스와 반사계수

무한 길이의 전송선로에서 전계와 자계는 선로를 따라 일정하다. 이 때 전계와 자계의 비를 임피던스라 하고, 임피던스도 선로를 따라 일정하다. 마이크로파에서 특성 임피던스란 매질을 진행하는 전자파의 자계에 대한 전계의 비로서 정의한다. 즉 옴의 법칙에서 저항과 같은 의미이며 전압은 전계와 전류는 자계와 관련 있다. 참고로, 자유공간에서 특성 임피던스는 377(=120π)[Ω]이다.

전송선로의 특성 임피던스*를 $Z_0$라 표시한다.

i) 회로에서 $R = \frac{V}{I}[\Omega]$

ii) 공간에서 고유 임피던스 $\eta = \frac{E}{H} = \frac{V/meter}{A/meter}[\Omega]$

iii) 전송선로에서 특성 임피던스 $Z_0 = \frac{E}{H} = \sqrt{\frac{L}{C}}[\Omega]$

단, L은 전송선로에 단위길이 당 분포되어있는 직렬 인덕턴스, C는 선로사이에 단위길이 당 분포되어있는 병렬 커패시턴스를 의미한다.

전송선로의 특성 임피던스는 선로의 구조와 크기 및 매질의 특성에 따라 다를 수 있으며, 반대로 구조와 크기는 달라도 특성임피던스는 같을 수 있다.

그러나 회로나 선로의 임피던스가 서로 다르면 전자파가 제대로 전달되지 않고 [그림 2-12]와 같이 반사가 일어나고, 선로에 진행파와 반사파가 생긴다.

---

* 모든 마이크로파 회로에서는 특성 임피던스가 주어진다. 이것은 하나의 회로 또는 시스템을 기준 잡는 임피던스로서, 회로에서는 50[Ω]을 안테나에서는 75[Ω]을 많이 사용한다. 기준이 되는 특성 임피던스를 설정함으로써, 각각의 회로가 서로 입출력 단에서 호환성을 갖게 되는 것이다. 모든 회로의 입출력 단을 50[Ω]으로 설정하면 개별적으로 만들어진 회로라 하더라도 임피던스정합을 하지 않고 바로 연결할 수 있기 때문이다. 특성 임피던스를 50[Ω]으로 정한 이유는 전자파의 최대전력전달에 유리한 33[Ω]과 신호파형의 왜곡을 최소화할 수 있는 75[Ω]의 평균값을 정했기 때문이다. 다이폴 안테나의 길이가 반파장일 때 임피던스가 75[Ω]이다. 그래서 안테나로부터 연결되는 동축선로의 경우에는 75[Ω]을 기준으로 쓰거도 한다. 마이크로파 대역에서는 특성 임피던스를 50[Ω](또는 75[Ω]) 기준으로 제작한다.

이때 반사계수 Γ는 아래와 같이 정의된다.

$$\Gamma = \frac{Z_L - Z_0}{Z_L + Z_0}$$

일반적으로 회로를 구성할 때 전자파의 반사가 일어나지 않고 최대전력이 전달되도록 한다.

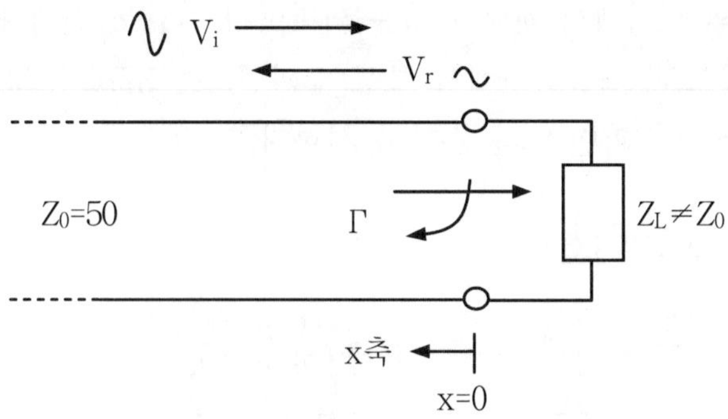


그림 2-12 전송선로에서의 반사

## 2.8 임피던스 정합(Impedance Matching)

빛이 공기 중을 진행하다가 임의의 매질을 만나면 일부는 투과되고 나머지는 반사된다. 마찬가지로 전자파가 특성 임피던스 $Z_0$인 선로를 진행하다가 임피던스가 다른 전송선로나 회로를 만나면 일부는 전달되고 나머지는 반사된다. 이와 같이 반사파가 생기지 않고 부하에 최대전력이 전달되기 위해서는 어떤 조건을 만족해야 하는데, 이러한 조건이 만족되는 경우를 임피던스 정합(Impedance Matching) 되었다고 한다. 특성 임피던스가 같으면 선로나 회로의 구조에 관계없이 반사가 일어나지 않는다. 즉 특성임피던스가 각각 50[Ω]인 동축선과 마이크로스트립 선로를 연결하면 반사는 없다.

전송선로의 특성 임피던스가 $Z_0$일 때 부하의 임피던스가 $Z_L$이면 [그림 2-12]와 같이 반사가 일어난다. 이때 [그림 2-13]과 같이 전송선로와 부하 사이에 정합회로를 삽입하여 부하와 정합회로를 포함한 임피던스를 특성 임피던스 $Z_0$에 맞추면 반사가 일어나지 않게 된다.

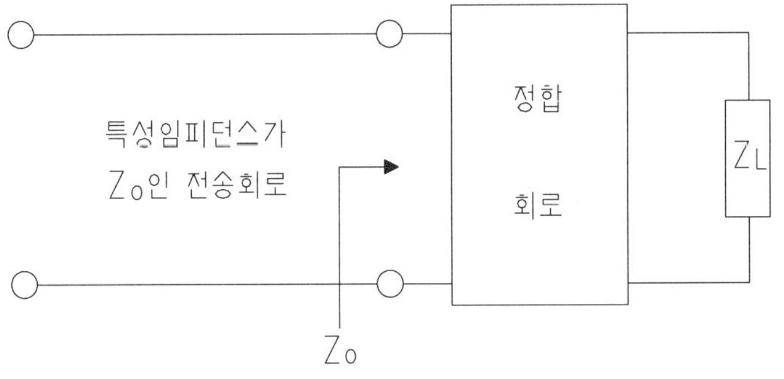


그림 2-13 정합회로가 삽입되어 임피던스 정합된 회로

마이크로스트립선로의 폭을 넓게 하면 임피던스는 작아지고 반대로 폭을 좁게 하면 임피던스는 커진다. 자동차가 운행하는 도로의 폭을 임피던스라 하고 자동차의 통행량을 전류로 가정하자. 도로의 폭이 좁으면 차량통행을 방해하여 통행량이 줄어들고 임피던스는 커지게 되며, 반대로 도로의 폭이 넓어지

면 통행량이 많아져 임피던스는 작아지게 된다. 임피던스의 어원인 “Impede”는 “방해하다”라는 뜻을 갖고 있음과 서로 의미가 통하는 말이다. 만일 2차선의 도로와 4차선의 도로가 만나게 되면 그 부분에서 교통 혼잡이 발생할 것이다. 이때 중간에 3차선의 도로를 일정구간 연결하면 이러한 혼잡현상은 많이 줄어들 것이다. 3차선의 도로가 정합회로인 셈이다. 이것은 임피던스 정합방법을 단적으로 보여주는 예이다.

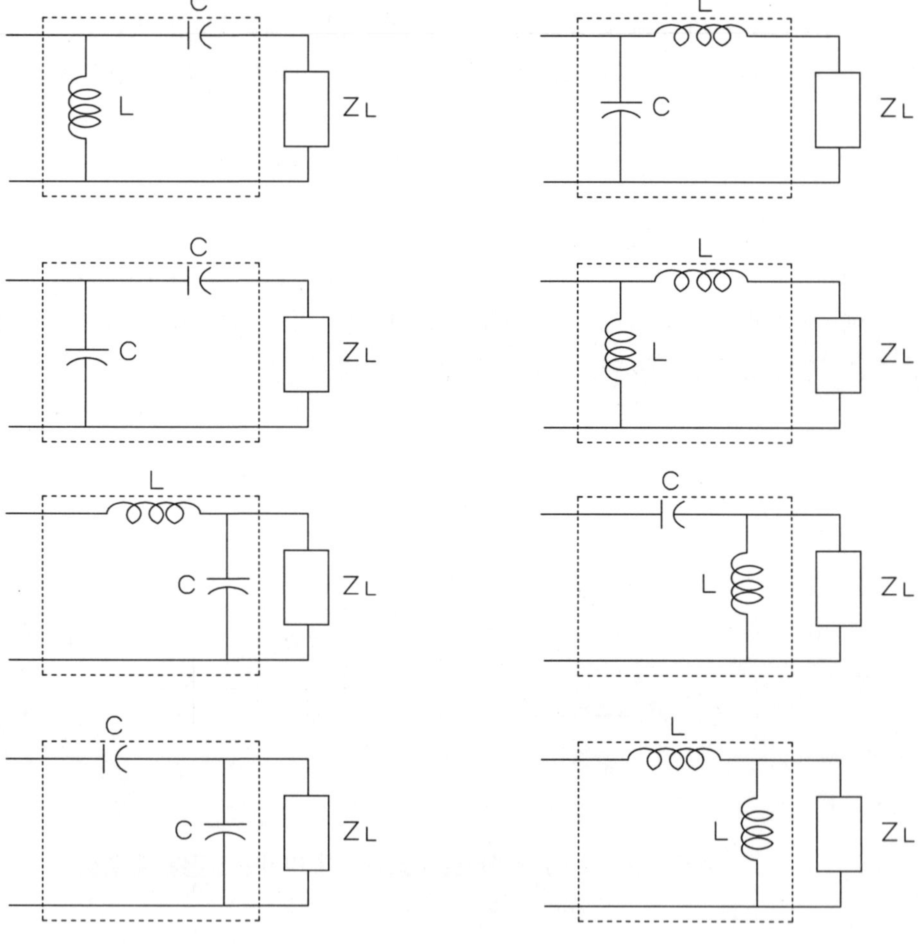


그림 2-14 다양한 정합회로

다양한 형태의 정합방법이 사용되고 있으며, 일반적으로 분포정수소자(Distributed Element)*나 집중정수소자(Lumped Element)**를 이용하여 정합한다. 집중정수 소자인 L과 C를 직렬과 병렬로 조합하여 [그림 2-14]와 같은 8가지 형태로 정합을 할 수 있다.

*분포정수소자(distributed element) : 커패시턴스나 인덕턴스 성분이 넓게 분포되어 있는 소자를 일컫는다. 송전선, 통신선, 급전선 등의 전송선로는 공간적으로 넓게 펼쳐져 있으므로 분포정수회로에 속한다.

** 집중정수소자(lumped element) : 저주파에서 일반적으로 사용하는 R, L, C 소자들이며, 독립적으로 한 점에 집중되어 있는 것처럼 작게 제작된 회로소자를 일컫는다.

# 2.9 로그함수와 데시벨

## 2 9.1 로그함수

범위가 큰 변수들을 그래프에 나타낸다든지, 아주 큰 수 또는 아주 작은 수들을 비교한다든지, 회로를 설계, 검토 및 해석하는 과정에서 중요한 값을 확인한다거나 할 때는 로그함수를 이용하는 것이 좋다.

로그함수의 변수들의 관계를 알아보기 위해 다음의 상용로그 방정식을 생각해보자.

$$x = \log_{10} a$$

$$a = 10^{x}$$

만일, a = 10,000이면 x = 4이고, a = 0.001이면 x = -3이다. 따라서 아주 큰 수와 아주 작은 수에 로그함수를 취하면 서로의 차이가 줄어들어 같은 그래프에서 비교하기가 쉬워진다. 즉 그래프를 그릴 때 로그 단위를 사용하면 그래프에 나타낼 수 있는 변수의 범위를 확장할 수 있다.

대부분의 그래프는 세미로그(semi-log)나 더블로그(double-log 또는 log-log) 등의 단위를 사용한다. 세미로그는 두 좌표축 중 하나만 로그 단위를 사용한다. 반면에 더블로그는 두 좌표축 모두 로그 단위를 사용한다. 세미로그 그래프를 [그림 2-15]에 나타내었다. 수평축은 로그 단위이고 수직축은 좌표축을 동일하게 나눈 선형단위이다. 수직 수평축을 바꾸어 사용하는 경우도 있다. 대개의 로그함수 그래프들은 좁은 공간에 모든 수치를 나타내기 어려우므로 중요한 값만 표시한다. 따라서 사용자가 수치적인 값과 그 간격들을 기억해야 한다. 그림의 간격은 … 0.1～1, 1～10, 10～100 단위로 나누어져 있고 각 단위의 간격이 같다. 간격은 같지만 각 간격이 나타내는 값은 10의 배수로 점점 커진다. 그리고 단위간격 안에서는 폭이 각각 다르다. 1에서 2까지 또는 2에서 3까지의 간격이 다르다. 즉 1($\log_{10}1=0$)에서 2($\log_{10}2=0.3$)의 간격은 단위간격의 30%를 차지하고 1에서 3($\log_{10}3=0.48$)의 간격은 단위간격의 48%를 차지한다. 나머지 10에서 20까지도 단위간격의 30%, 10에서 30까지의 간격도 48%를 차지하는 방식이다.

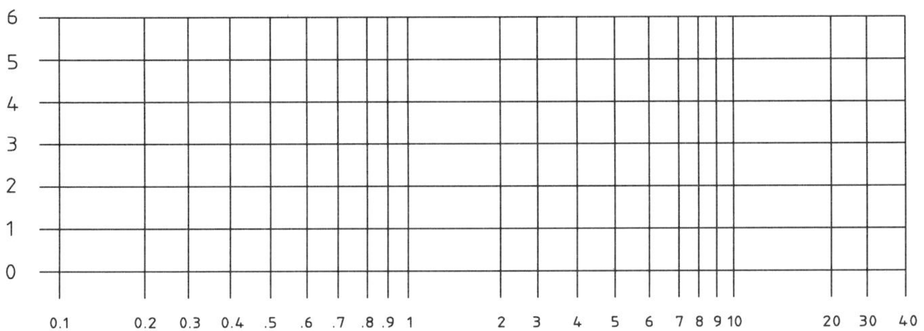


그림 2-15 세미-로그(semi-log) 그래프

로그 단위에 임의의 파형을 그리면 선형단위로 그렸을 때와는 파형이 다르게 나타난다. 선형단위에서 그린 직선의 그래프는 로그 단위에서는 곡선이 되고, 반대로 선형단위로 그렸을 때는 곡선이라도 로그 단위로 그렸을 때는 직선이 될 수도 있다.

또한

$$\log_{10}\frac{a}{b} = \log_{10}a - \log_{10}b$$

$$\log_{10}ab = \log_{10}a + \log_{10}b$$

이므로, 두수의 나눗셈과 곱셈은 로그를 취하면 뺄셈과 덧셈으로 바뀌어 산술적인 연산이 쉬워진다.

## 2 9.2 데시벨(deci-Bell : dB)

데시벨(dB)이라는 용어는 전력과 음성이 서로 로그관계에 있다는 사실로부터 시작되었다. 표준화의 요구 때문에 벨(bel : B)을 두 개의 전력레벨 $P_i$(입력전력)와 $P_o$(출력전력)의 관계로서 전력이득 $P_G$를 다음 식과 같이 정의하였다. 즉,

$$P_G = \log_{10}\frac{P_o}{P_i}[\text{B}]$$

벨이라는 용어는 전화기를 발명한 Alexander Graham Bell의 성을 딴 것이다.

그러나 벨은 실제 문제에 적용할 때는 너무 단위가 커서 10을 곱한 데시벨(dB)을 실용단위로 다시 정의하였다.

$$P_{G,dB} = 10\log_{10}\frac{P_o}{P_i}[\text{dB}]$$

위 식과 같이 데시벨은 전압, 전류, 전력과 같은 절대적인 물리적인 양이 아니라 단순히 두 물리량의 비이다. 데시벨로 값을 나타내는 것은 항상 비교되는 양이 있어야한다. 만일, $P_i$가 5 Watt이고 $P_o$가 10[Watt]일 때 전력이득을 데시벨로 표시하면 $P_{G,dB}=10\log_{10}(10/5) \fallingdotseq 3$dB이다. 즉 두 배의 전력의 차이를 데시벨로 나타내면 3dB이다. 입출력 전력의 비에 대한 데시벨 값이 <표 2-3>에 나타나 있다.

〈표 2-3〉 입출력 전력비와 데시벨

| 입출력 전력비 | 데시벨 | 입출력 전력비 | 데시벨 |
|---|---|---|---|
| 1 | 0.0dB | 1/1 | 0.0dB |
| 2 | 3.0dB | 1/2 | -3.0dB |
| 3 | 4.8dB | 1/3 | -4.8dB |
| 4 | 6.0dB | 1/4 | -6.0dB |
| 5 | 7.0dB | 1/5 | -7.0dB |
| 6 | 7.8dB | 1/6 | -7.8dB |
| 7 | 8.5dB | 1/7 | -8.5dB |
| 8 | 9.0dB | 1/8 | -9.0dB |
| 9 | 9.5dB | 1/9 | -9.5dB |
| 10 | 10dB | 1/10 | -10dB |
| 100 | 20dB | 1/100 | -20dB |
| 1,000 | 30dB | 1/1,000 | -30dB |
| 10,000 | 40dB | 1/10,000 | -40dB |

참고로 전압인 경우의 데시벨을 살펴보면 다음과 같다. $V_i$가 입력전압이고

$V_o$가 출력전압이라 할 때 입력전력은 $P_i=V_i^2/R_i$이고, $P_o=V_o^2/R_o$이다. 단, $R_i$는 입력저항이고 $R_o$는 출력저항이다. 이 때 전력이득 $P_{G,dB}$는

$$P_{G,dB} = 10\log_{10}\frac{P_o}{P_i} = 10\log_{10}\frac{V_o^2/R_o}{V_i^2/R_i}\,\text{dB}$$

만일 $R_i=R_o$이면,

$$P_{G,dB} = 10\log_{10}\left(\frac{V_o}{V_i}\right)^2 = 20\log_{10}\frac{V_o}{V_i}$$

즉 전압을 비교할 때는 데시벨의 두 배인 20log를 취한다. 전류인 경우에도 20log를 취하면 된다.

지금까지 설명한 데시벨은 두 개의 신호를 비교한 값이다. 특정한 포트의 출력이 $P_o$이면 이에 관계되는 기준전력 $P_i$가 반드시 있어야한다. 절대적인 전력을 표시할 때는 dBm으로 표시한다. 상용화된 마이크로파에서는 mW를 많이 다루기 때문에 1[mW]를 기준전력으로 적용한다. 1[mW]를 기준으로 적용할 때 데시벨은 dBm으로 표시하며 그 정의식은

$$P_{G,dBm} = 10\log_{10}\frac{P_o}{1mW}[\text{dBm}]$$

기준전력을 데시벨로 나타낸 dBm 값이 <표 2-4>에 있다.

〈표 2-4〉 기준전력과 dBm

| 기준전력(Watt) | dBm | 기준전력(Watt) | dBm |
|---|---|---|---|
| 1mW | 0dBm | 1/1mW | 0dBm |
| 2mW | 3dBm | 1/2mW | -3dBm |
| 4mW | 6dBm | 1/4mW | -6dBm |
| 10mW | 10dBm | 1/10mW | -10dBm |
| 100mW | 20dBm | 1/100mW | -20dBm |
| 1W | 30dBm | 1μW | -30dBm |
| 10W | 40dBm | 1nW | -60dBm |
| 100W | 50dBm | 1pW | -90dBm |
| 1kW | 60dBm | | |
| 1MW | 90dBm | | |

dB와 dBm의 직접적인 연산도 가능하다. 예를 들어 신호원에서 10[mW]의 절대전력이 발생되고 20[dB]의 상대이득을 갖는 증폭기와 연결된다면 최종출력은 10[dBm]+20[dB] = 30[dBm](1[Watt])이다. 이들의 관계와 물리적인 의미가 <표 2-5>에 나타나 있다.

〈표 2-5〉 dB와 dBm의 관계

| 연산 | 연산가능 여부 | 물리적인 의미 | 결과값의 단위 |
|---|---|---|---|
| dB+dB | ○ | 두 수의 곱셈 | dB |
| dB−dB | ○ | 두 수의 나눗셈 | dB |
| dBm+dBm | × | 두 전력의 곱셈을 의미하며 실제 회로에서는 거의 발생하지 않는 상황임 | - |
| dBm−dBm | ○ | 두 전력의 차이 | dB |
| dBm+dB | ○ | 전력의 증폭 | dBm |
| dBm−dB | ○ | 전력의 감쇄 | dBm |

데시벨 사용이 익숙해지면 많은 장점이 있다. [그림 2-16]과 같이 로그함수 그래프에 주파수나 이득 또는 전력 등을 데시벨로 표시하면 아주 크거나, 반대로 매우 적은 수를 상대적으로 표시하여 회로의 특성을 폭넓고 쉽게 알 수 있는 장점이 있다. 또한, 앞의 로그함수에서 언급한 바와 같이 곱셈과 나눗셈이 덧셈과 뺄셈으로 바뀌는 계산상의 편리한 점도 있다. 즉 시스템을 연달아 연결할 때, 증폭되거나 감쇠하는 신호레벨을 일일이 곱하고 나누어 계산하기가 복잡할 경우 dB 단위로 모든 신호레벨을 정한다면, 아주 간단하게 더하고 뺌으로서 모든 계산이 가능하다.

그보다 중요한 이유는 진동수(주파수)를 가지는 신호의 성질이 자연 상태의 측정값에 비례하는 것이 아니라 dB 단위에 정량적으로 비례하는 특성을 가지고 있다는 것이다. 즉 주파수 신호는 그 자체의 크기보다는, 그것의 지수를 취한 로그 단위에 비례하는 특성을 가지며, 그것을 개념적으로 쉽게 표현하기 위해 dB 단위를 사용하는 것이다.

1[W]와 2[W]는 3[dB] 차이이고, 10[W]와 20[W]도 3[dB] 차이이며, 100[W]와 200[W]도 마찬가지로 3[dB] 차이다. 1[W]와 2[W]는 1[W] 차이가 나는데 그

둘 간의 dB 스케일은 3[dB]가 차이난다. 그런데 100[W]와 200[W]는 100[W]의 차이가 남에도 dB 스케일은 똑같이 3[dB] 차이난다. 즉 dB는 어떤 숫자간의 곱의 관계를 나타내는 상대적인 의미의 값이므로, 절대적인 크기가 전혀 다른 전력이라도 회로가 느끼는 두 전력의 차이는 동일하다.

마이크로파 신호를 전송하는데 있어서도, 0[dBm]의 신호를 10[dBm]로 올리는 것과 30[dBm]의 신호를 40[dBm]으로 올리는 것이 같은 비례적 효과가 나타날 수 있다. 둘 다 10[dB]씩, 즉 신호의 크기를 열배로 올린다는 의미다. 낮은 레벨에서는 민감한 변화를, 큰 레벨에서는 둔감한 변화를 보인다는 것은 일반 전자회로도 마찬가지인 것이다.

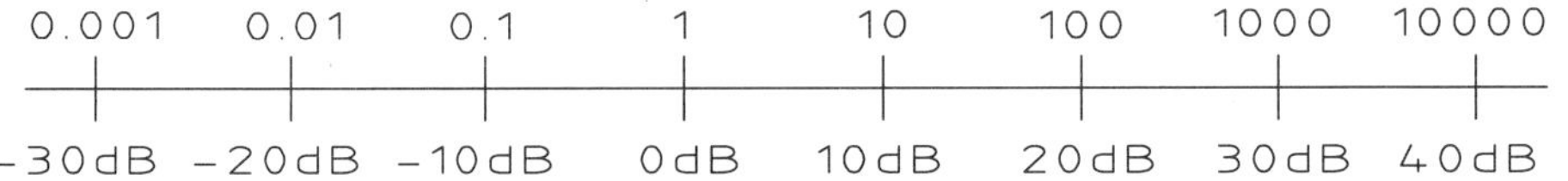


그림 2-16 로그함수와 데시벨

**예제 2-5** 다음 [그림 2-17]의 회로에 대하여 물음에 답하시오?(단, Amp 1의 전력이득은 100, Amp 2의 전력이득은 40이다.)

① 각 증폭기의 이득을 데시벨로 구하시오.
② 입력신호를 dBm으로 구하시오.
③ 최종 출력을 dBm으로 구하시오.
④ 최종 출력을 Watt로 구하시오.

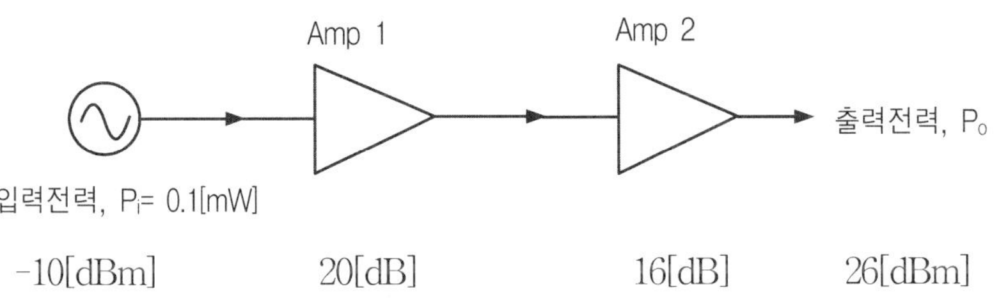


그림 2-17 데시벨 계산을 위한 2단 증폭기

해

① Amp 1의 경우 : $G_{dB1}= 10\log_{10}100 = 20[dB]$

Amp 2의 경우 : $G_{dB2}= 10\log_{10}40 = 16[dB]$

② 입력신호 : $P_i= 10\log_{10}(0.1mW/1mW) = -10[dBm]$

③ 출력전력 : $P_o= -10dBm+20dB+16dB = 26[dBm]$

④ 출력전력 : $10\log_{10}(X)=26$이므로

$P_o=10^{(26/10)}$ $398[mW] = 0.398[Watt]$

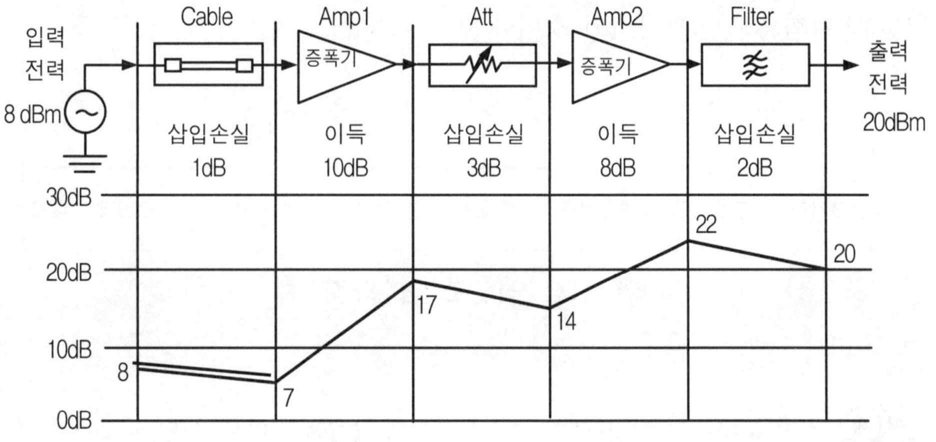

# 제3장 Microstrip Line Trainer 실습

# 3.1 VCO, Detector, Circulator

## 3 1.1 VCO, Detector 이론과 실습

### 1. 목적

ED-3300A(VCO) 모듈의 튜닝전압($V_{tune}$)을 가변하면서 그에 따른 주파수와 출력전력의 변화를 ED-3300B(Detector)로 측정하고 VCO의 기본원리를 이해한다.

### 2. 이론

#### 1) VCO(Voltage Controlled Oscillator, 전압조정발진기)

VCO는 전압조정발진기(Voltagc Controlled Oscillator)의 약자이다. VCO에 인가하는 바이어스 전압(VCC) 이외에 튜닝전압($V_{tune}$)을 가변하여 출력 주파수($f_1 \sim f_2$)를 일정범위 이내에서 조정할 수 있는 발진기이다. 이중에서 발진기란 전기적 또는 구조적 공진으로 인하여 에너지가 특정 주파수에 집중되는 현상이다. 마이크로파 신호원으로 사용되는 발진기의 경우는 고의적으로 우수한 발진을 만들어 내지만 그이외의 회로에서 발생하는 발진은 특정 레벨 이상으로 발생하는 원치 않은 성분을 발진이라 하며, 특히 증폭기, 주파수 혼합기 또는 주파수 체배기 등과 같이 이득을 갖는 회로의 경우에 발진은 제거해야 할 대상이기도 하다.

발진은 피드백(Feedback)이라는 개념에서 시작한다. 출력신호가 입력으로 돌아가는 루프가 생성되면 출력신호는 다시 입력으로 돌아가 이득을 가지고 더 커지게 된다. [그림 3-1]에 나타낸 것과 같이 증폭된 신호가 순환되면 그 신호는 점점 더 커지게 된다.

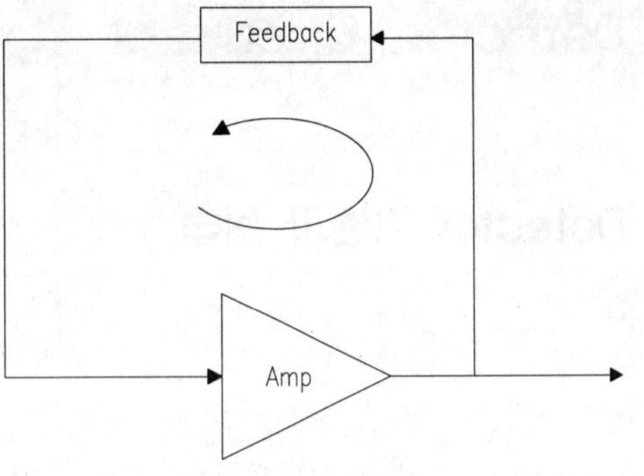


그림 3-1 Feedback Loop

처음 동작할 때, 발진은 과도현상이나 잡음에 의해서 기동되고 기동된 후에는 점차 안정된 발진상태에 이르게 된다. 발진과정에서는 이득을 얻기 위해 비선형 능동소자가 필요하며, 부성저항(Negative Resistance)을 가져야 한다. 단일 포트로는 IMPATT 또는 Gunn 다이오드 등을 사용하며 2포트로는 FET나 트랜지스터를 수동소자와 함께 사용하여 입력포트가 부성저항이 되도록 한다.

낮은 마이크로파 주파수 영역에서는 집중소자를 사용하는 Colpitts나 Hartley 발진기 등을 보통 사용한다. 이때 입력 또는 출력 측에 공진기를 사용하여 발진주파수의 안정성을 높인다.

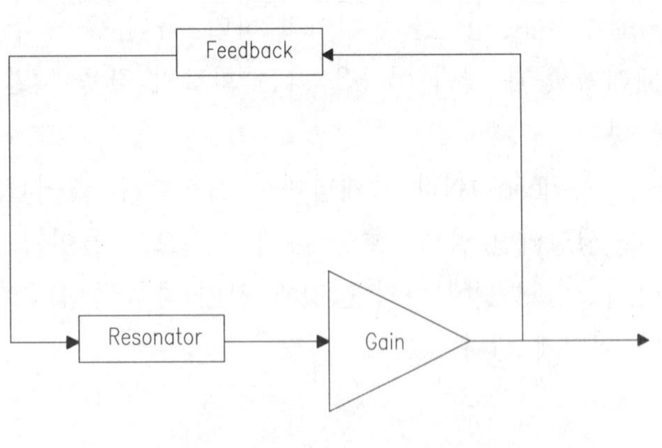


그림 3-2 Oscillator 회로

즉 [그림 3-2]와 같이 공진기를 삽입하여 공진조건에 맞는 특정 주파수만을 선택해서 피드백 시킴으로서 발진기가 안정하게 동작하게 된다.

이와 같이 주파수를 결정하는 곳이 주로 공진기이다. 공진이라는 말 자체가 특정 주파수만을 선택하는 것이므로 공진기의 특성을 가변하면 공진주파수를 바꿀 수 있다.

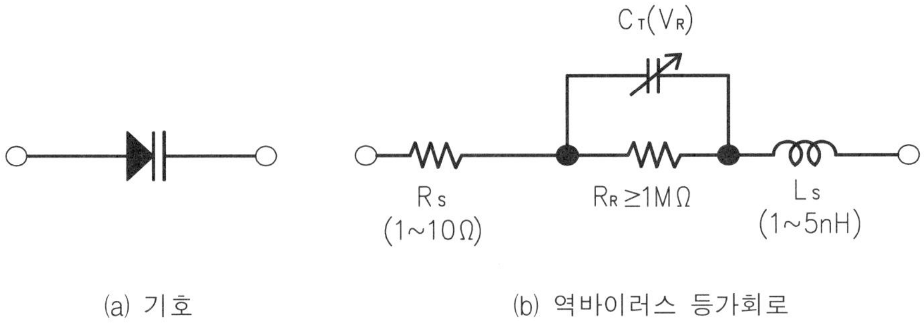


(a) 기호 (b) 역바이어스 등가회로

그림 3-3 배랙터 다이오드

그것은 [그림 3-3]과 같이 배랙터(Varactor) 다이오드를 이용하여 이루어진다. 배랙터(Varactor = Variable+Capacitor) 다이오드는 반도체로 제조되며 인가전압에 따라 $C_T$가 변하는 가변 커패시터이다. 다이오드가 역바이어스 되었을 때 p-n 접합면 양쪽에 공간전하영역이 있고 이것이 공핍영역을 형성한다.

이 공핍영역의 폭이 역바이어스에 의해 조절되고 고립된 공간전하에 의하여 전이 커패시턴스 $C_T$가 생성된다. 역바이어스 전압이 증가할 때 공핍영역의 폭은 증가하며, 결과적으로 전이 커패시턴스는 감소한다.

공진주파수는 기본적으로 인덕턴스(L)와 커패시턴스(C) 용량에 의해 변화하므로 공진부의 특성을 가변하려면 L이나 C의 용량을 가변하면 된다. 굳이 두 개를 바꿀 필요 없이 어느 한쪽만 바꾸어도 공진주파수는 쉽게 가변시킬 수 있다. 그중 가장 일반적이고도 흔히 사용되는 방식은 공진부의 커패시턴스를 가변시키는 방식이다. 결국 배랙터(Varactor) 다이오드에 인가되는 전압의 변화량에 의해 배랙터 다이오드의 커패시턴스가 변화되면 공진부의 공진주파수가 변하여 결론적으로는 발진 주파수가 변화하게 된다. 이러한 원리를 이용하여 만들어지는 것이 VCO(Voltage Controled Oscillator)이다.

실제로 VCO는 전압에 의해 가변되지만, 온도변화나 전압불안정과 같은 외부적 영향에 약하다는 문제점이 있다. PLL(Phase Locked Loop)은 바로 이렇게 특정한 주파수원이 외부영향에 의해 변화되지 않고 고정시켜주기 위한 목적으로 RF에서 사용되는 회로구성법이다. VCO는 흔히 PLL의 부속품처럼 여겨지지만, RF 입장에서 엄밀하게 순서를 따지자면 PLL은 VCO의 주파수가변과 고정을 원활하기 위한 강력한 도구이자 방법론의 하나이다.

[그림 3-4]는 VCO 모듈에 사용한 UMS-2400 VCO 사양을 나타낸 것이다.

| ABSOLUTE MAXIMUM RATINGS | |
|---|---|
| Operating Temperature Range | −40 to +70 degrees |
| Storage Temperature Range | −55 to +125 degrees C |
| Vcc Voltage Vdc | +13 |
| Vtune Voltage Vdc | +18 |
| DC Voltage applied to RF out | +/−25 |

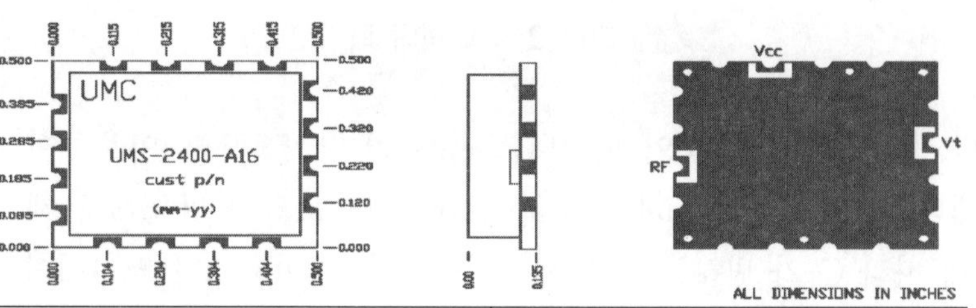


| Contact Assignments |
|---|
| 1 RF Out |
| 2 Vcc |
| 3 V−tune |
| All other contacts are Ground |

| | MIN | TYP | MAX |
|---|---|---|---|
| Frequency, MHz | 1400 | | 2400 |
| Power Output, dBm | +8 | +10 | +12 |
| Harmonics, dBc | -- | −20 | −12 |
| SSB Phase Nolse, dBc/Hz | | | |
| @ Offset=1kHz | -- | −70 | −65 |
| @ Offset=10kHz | -- | −95 | −90 |
| @ Offset=100kHz | -- | −115 | −110 |

| | | | |
|---|---|---|---|
| @ Offset=1MHz | -- | −135 | −130 |
| @ Offset=10MHz | -- | −155 | −150 |
| Pushing, MHz/V | -- | 1 | 1.5 |
| Pushing, MHz p−p, @12dBr, all phases | -- | 20 | 30 |
| Tuning Voltage, Vdc | 1 | | 16 |
| Tuning Sensitivity, MHz | -- | 85 | -- |
| Frequency drift with temperature | | | |
| @ −40 degrees C, MHz | -- | 10 | 15 |
| @ +70 degrees C, MHz | -- | 7 | 11 |
| Supply Voltage, Vdc | -- | 12 | -- |
| Supply Current, mAdc | -- | 31 | -- |
| Output Power @ Vtune=0 and 16V | +6 | -- | -- |
| Tuning Port Capacitance, pH | -- | 47 | -- |
| 3dB Modulation Bandwidth, kHz | -- | 25000 | -- |

그림 3-4 VCO(UMS-2400-A16)의 사양

## 2) 다이오드 전력 검출기(Diode Power Detector)

전력(Power)은 단위시간당 소비되는 에너지의 양으로 정의된다. 마이크로파에서는 전압과 전류를 측정하기 힘들기 때문에 주로 전력을 측정한다. 마이크로파 측정에서 전력은 보통 3단계로 나눈다.

- 저전력 : ~1[mW](0[dBm] 이하)
- 중전력 : 1[mW]~10[W](0~40[dBm])
- 대전력 : 10[W]~(40[dBm] 이상)

마이크로파 전력을 검출하기 위해서는 전력계(Power Meter)가 필요하다. 이 측정기는 열량계를 이용하는 방법과 볼로미터를 이용하는 방법 및 마이크로파 다이오드를 이용하는 방법이 있다.

측정전력이 작을 때 열량계는 물의 상승온도에 대한 오차가 크므로 작은 전력 측정에는 볼로미터(Bolometer)가 사용된다. 도파관에 볼로미터를 넣고 여기에 마이크로파를 흡수시켜 변화된 저항을 브릿지 회로로 평형 시켜 저항값으로부터 전력을 구한다. 일반적으로 시판되는 전력계는 이러한 형태이다.

열량계(Calorimeter)에 의한 측정은 물에 마이크로파를 흡수시켜 물의 온도 변화를 전력으로 환산하는 방법인데 감도를 향상시키기 위해 다양한 방법이 필요하며 수 Watt 이상의 높은 전력의 측정에 용이하다.

마이크로파 전력을 그에 비례하는 직류전압으로 변환하는 다이오드 전력 검출기는 다이오드 용량에 따라 수[mW]~수 백[mW] 정도의 낮은 전력측정에 주로 사용한다.

검출기에 주로 사용되는 것은 쇼트키 배리어 다이오드(Shcottky Barrier Diode)이다. 일반적인 다이오드는 p형과 n형 반도체의 접합(pn접합)으로 되어 있지만 쇼트키 다이오드는 금속(텅스텐, 백금, 크롬 등)과 반도체(n형)의 접합으로 되어 있다. pn 접합의 다이오드는 다수 캐리어와 소수 캐리어에 의해 전하가 옮겨지지만, 쇼트키 다이오드는 다수 캐리어 밖에 없다. 이로 인해 매우 고속의 동작이 가능하여 고주파 영역에서 많이 사용된다. 특히, 역방향 전압은 일반 pn 접합 다이오드보다 한자리수 정도 낮고 순방향 전압은 상대적으로 반 정도 밖에 되지 않는다.

[그림 3-5]는 고주파에서의 쇼트키 다이오드 등가회로를 나타내었다. 직렬저항 $R_s$, 비선형 접합저항 $R_j$, 비선형 접합 커패시턴스 $C_j$로 구성되어 있고, 검파회로와 믹서에 사용할 때는 $R_s$와 $C_j$가 작아야 한다.

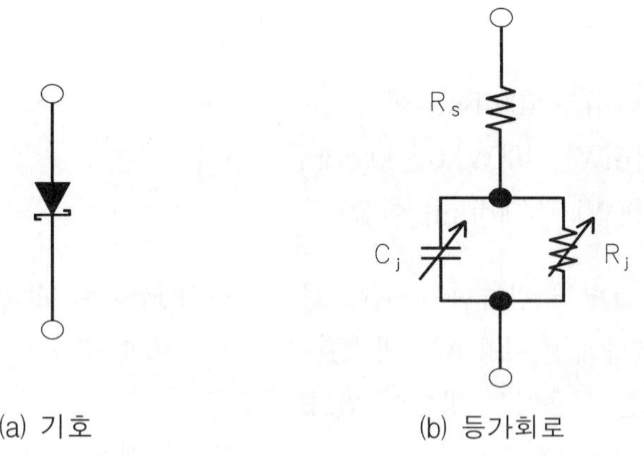


그림 3-5 쇼트키 배리어 다이오드

[그림 3-6]은 가장 많이 사용되는 4가지의 형태의 검파회로이다.

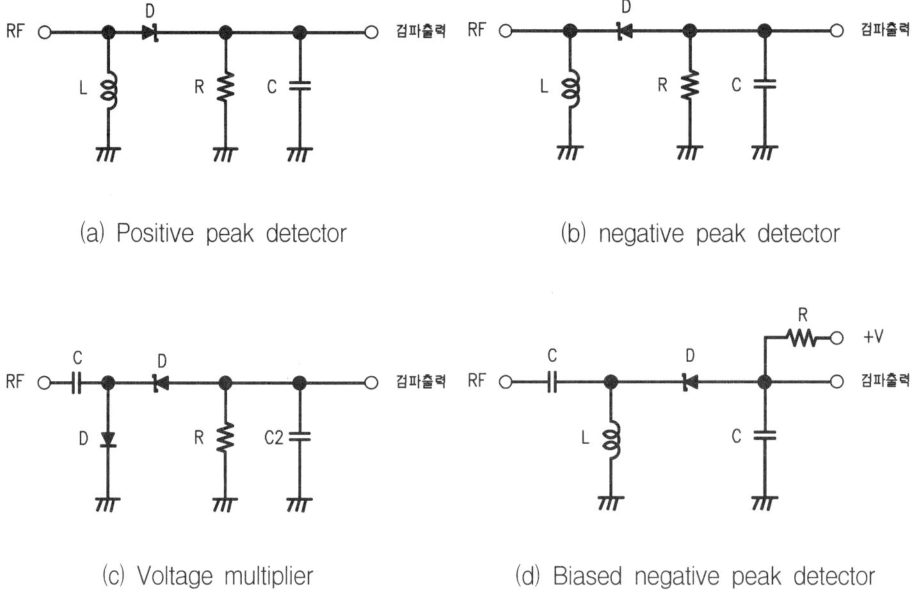


그림 3-6 전력 검출기의 기본적인 구성

(a)는 피크 양전압 검출기 회로이며 정(+)의 출력을 얻을 수 있다. 회로에 입력되는 고주파 신호가 진폭변조 되어 있지 않다면, 검출출력은 고주파 신호레벨에 비례한 직류전압이 되며, 출력전압은 양(+)이 된다.

(b)는 피크 음전압 검출기 회로이며 (a)와 달리 역방향 다이오드가 배치되어 있어서, 출력의 극성이 반대인 부(-)의 검출출력을 얻을 수 있다.

(c)는 전압 체배기 회로로 다이오드를 2개 사용한 것으로 (b) 검출기에 비해 2배의 출력을 얻을 수 있다.

(d)는 바이어스된 피크 음전압 검출기 회로이며 다이오드에 적은 직류 바이어스만 흘려서 I-V 특성 중 선형성이 좋은 부분에서 동작시키는 방식이다. 입력 고주파 신호레벨이 작은 경우에 측정감도를 높일 수 있다.

실제의 검출기 회로에서는 입력된 전력을 손실 없이 검출기의 핵심소자인 다이오드에 전달할 필요가 있다. 검출효율을 높이기 위해서는 임피던스 정합이 매우 중요하다. 입력 단에 L, C 또는 스터브를 연결하여 정합을 하기도 하며 DC 리턴용 인덕터가 정합소자의 일부분으로 사용될 수도 있다. 이러한 임피던스 정합이 제대로 이루어 지지 않으면 검출기 회로의 감도가 나빠지게 되어 정확한 측정을 기대할 수 없게 된다.

검출의 대상이 이미 정해져 있어서 그 주파수대역이 좁으면서 검파의 효율과 감도가 요구되는 경우에는 리액턴스 소자(L, C 또는 스터브 등의 분포정수 선로)를 이용하여 정합회로를 구성한다. 그림에도 나타내었듯이 DC 리턴용으로 사용된 인덕터는 정합회로의 일부로 사용할 수도 있다. 또한 입력에 연결된 회로가 DC적으로 개방된 회로가 아니라면 DC를 차단하기 위해 커패시터가 필요할 수도 있다.

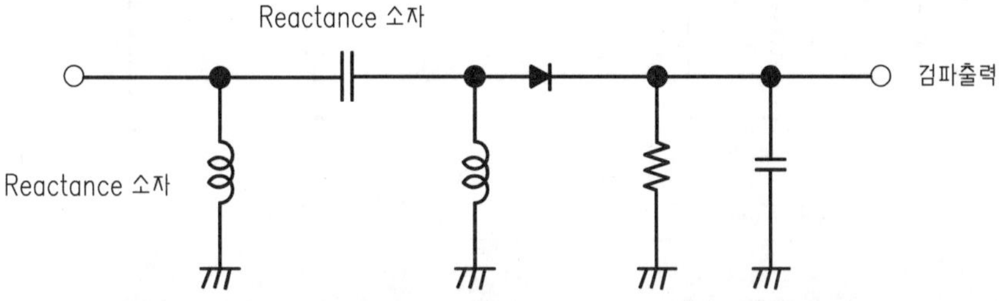


그림 3-7 협대역 리액턴스 소자에 의한 매칭

검출기 회로를 범용으로 사용하기 위해 광대역 검파회로가 필요한 경우에는 저항을 병렬로 삽입하여 사용하기도 한다. 이 경우 입력 임피던스가 최대한 50[Ω]에 가깝게 되도록 저항 값을 조절해서 임피던스 정합을 해야 한다. 이 구조를 사용하면 저항에 의해 입력신호 전력이 일부 소비되기 때문에 광대역화를 추구하면 검출기 회로의 감도는 떨어지게 된다. 이 때문에 검출기 회로 입력단에 증폭기를 연결해서 사용하기도 한다.

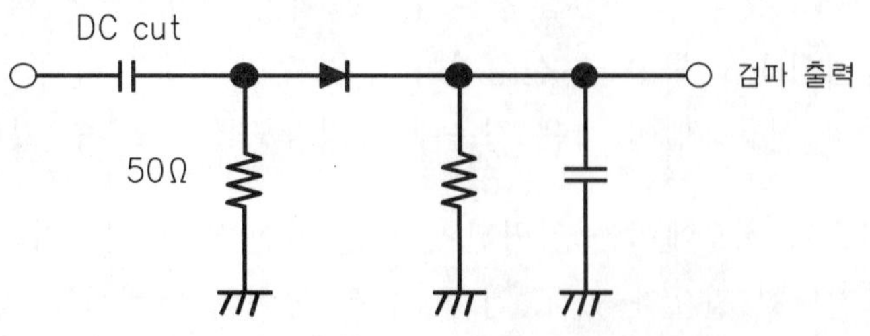


그림 3-8 광대역 저항에 의한 매칭

## 3. 측정장비

| 모듈명 | 품명 | 수량 |
|---|---|---|
| ED-4770 | Combo Tester | 1 |
| ED-3300A | VCO | 1 |
| ED-3300B | Detector | 1 |
| Accessory | Banana - Banana | 2 |
| Accessory | BNC - Banana | 1 |

## 4. 실험 방법

① [그림 3-9]와 같이 회로를 연결한다.

⋆ 주의 : 항상 실험방법대로 각 모듈을 연결한 후에 마지막으로 전원을 인가한다.

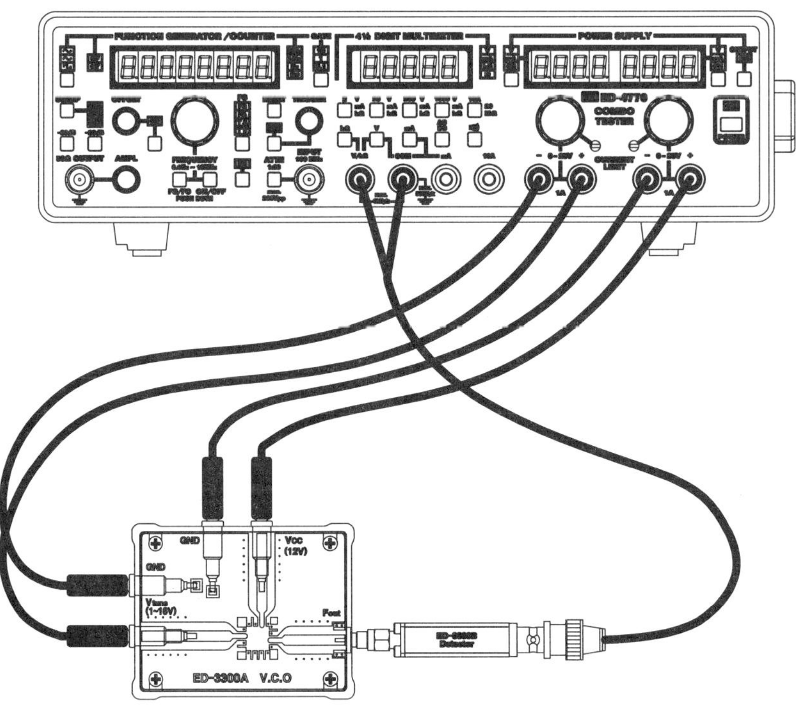


그림 3-9 VCO의 출력측정

② ED-3300A(VCO) 모듈에 동작 전원 $V_{CC}$와 튜닝전압 $V_{tune}$을 공급하기 위해 ED-4770의 채널 1 전압을 1[V]로 조정하고 채널 2 전압을 12[V]로 조정한다.

③ ED-3300A(VCO) 모듈 채널 1의 $V_{tune}$ 전압을 <표 3-1>의 값이 출력될 수 있도록 가변하면서 Detector에서 검출되는 양을 측정하여 <표 3-1>에 기록한다.

* 주의 : ED-3300A(VCO) 모듈의 $V_{CC}$와 $V_{tune}$ 단자에 정격전압 보다 높은 전압이 가해질 경우 회로 고장의 원인이 되므로 특별히 주의한다.

④ <표 3-1>의 결과를 이용하여 [그림 3-10]과 [그림 3-11]의 그래프를 완성한다. 이 결과는 이 책에 있는 모든 실험의 기본 자료로 활용되므로 잘 보관한다.

## 5. 측정결과

〈표 3-1〉 VCO의 출력 측정

| $V_{tune}$[V] | 주파수[GHz] (표 4-1 참조) | 출력전압[V] (직접측정) | 출력전력[dBm] (표 4-2 참조) | 출력전력[W] (계산) |
|---|---|---|---|---|
| 1 | | | | |
| 2 | | | | |
| 3 | | | | |
| 4 | | | | |
| 5 | | | | |
| 6 | | | | |
| 7 | | | | |
| 8 | | | | |
| 9 | | | | |
| 10 | | | | |
| 11 | | | | |
| 12 | | | | |
| 13 | | | | |
| 14 | | | | |
| 15 | | | | |
| 16 | | | | |

* 참고 : 주파수는 <표 4-1>에 있는 튜닝전압 $V_{tune}$에 따른 VCO의 출력 주파수 표를 참조하여 기록하고, 출력전압은 직류 전압계에서 읽은 전압을, 출력전력(dBm)은 <표 4-2>에 있는 Detector의 특성 표를 참조하고, 출력전력(W)은 dBm을 Watt로 변환하여 기록한다.

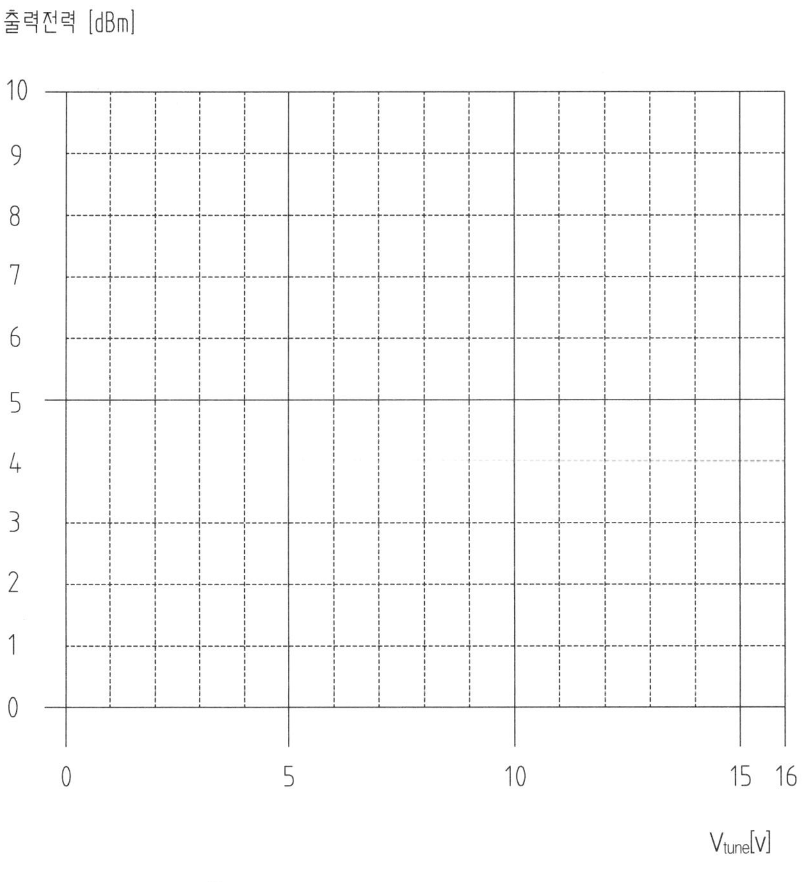

출력전력 [dBm]

10
9
8
7
6
5
4
3
2
1
0

0 5 10 15 16

$V_{tune}$[V]

그림 3-10 $V_{tune}$에 따른 출력전력

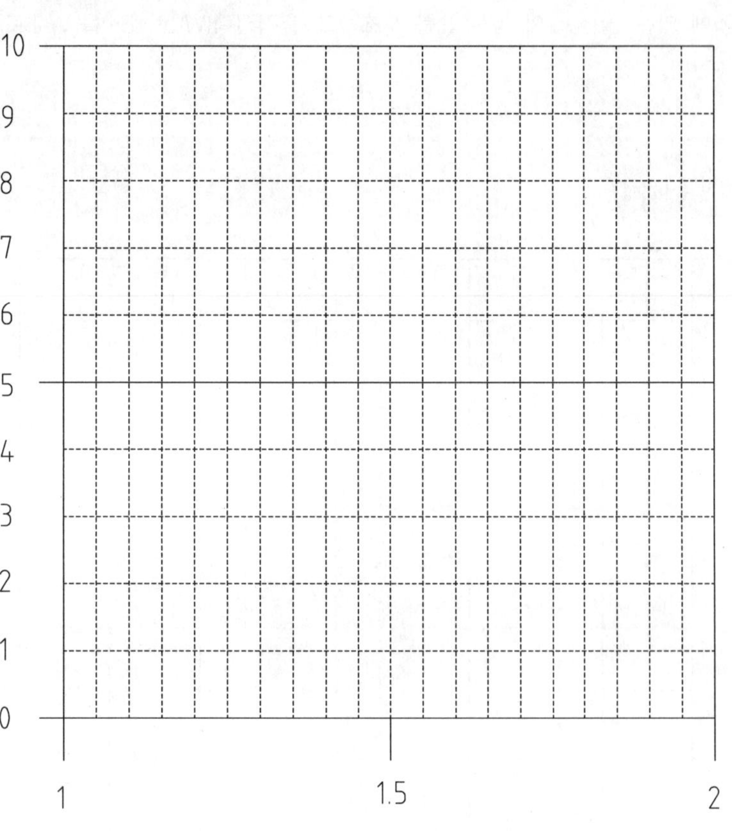

 **그림 3-11 주파수에 따른 출력전력**

* 참고 : <표 3-1>, [그림 3-10] 및 [그림 3-11]은 본 실험책의 마지막까지 필요한 자료이므로 잘 보관할 것

## 6. 검토사항

1. VCO의 정의와 발진원리에 대해서 설명하시오.
2. Detector의 종류와 검출 방법에 대해서 설명하시오.

## 3 1.2 Circulator 이론과 실습

### 1. 목적

입력 포트를 바꾸어가면서 신호를 인가하여 ED-3300C(써큘레이터)의 동작 원리와 사용 목적을 사용하여 알아본다.

### 2. 이론

#### 1) 아이솔레이터와 써큘레이터

아이솔레이터(Isolator)는 [그림 3-12]와 같이 한쪽 방향으로만 신호를 감쇠 없이 전송시키고 반대방향으로의 진행은 차단하는 회로이다. 포트*1에서 포트 2로 진행하는 신호는 손실 없이 통과시키고 반대방향으로 진행하는 신호는 모두 감쇠시킨다. 시판되는 아이솔레이터의 삽입손실(포트 1에서 2로 전송)은 0.1~0.5[dB]이고, 격리도(포트 2에서 1로 전송)는 20~30[dB], 반사계수는 0~0.1[dB] 정도이다.

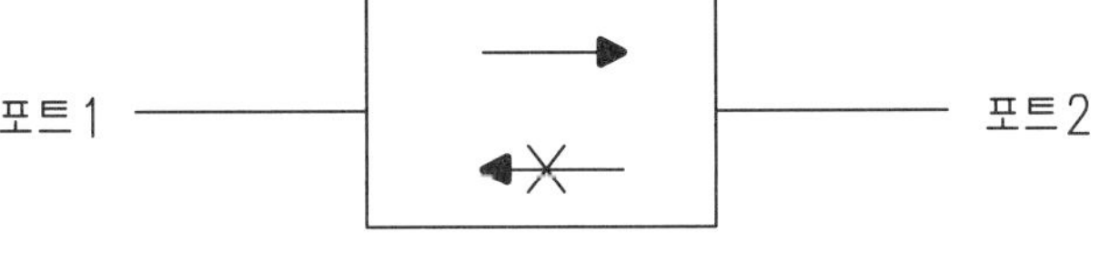


그림 3-12 아이솔레이터의 동작

[그림 3-13]은 아이솔레이터를 구현하기 위한 핵심소자인 3포트 써큘레이터(circulator)의 동작을 나타낸 것이다.

* 포트(port)는 마이크로파에서 신호의 입출력 단을 일컫는다. 주파수가 낮은 일반 회로에서는 단순히 2개 이상의 선만 이어주면 회로간의 연결이 되기 때문에 단자(terminal)라 하지만, 마이크로파에서는 전송선로(도파관, 동축선이나 마이크로스트립선로 등)가 연속적으로 연결이 되어야 신호가 완전하게 전송되므로 일반적인 단자와는 구분되게 포트라 한다.

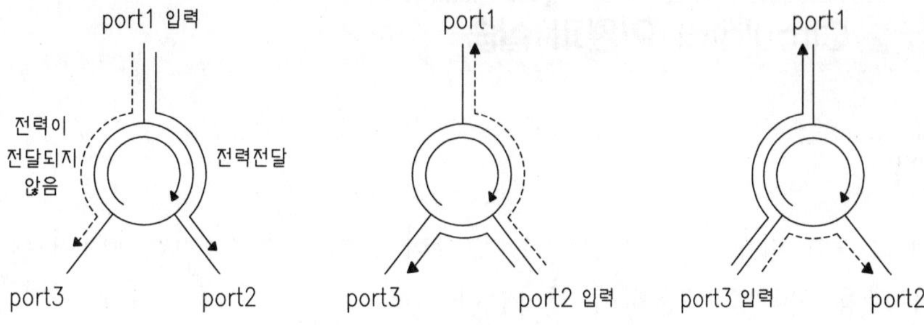


그림 3-13 3 포트 Circulator의 동작

[그림 3-13]에서 보이는 것처럼 써큘레이터의 동작은 포트 1에 전력이 입력되면 포트 2에 전력이 전달되고 포트 3에는 전력이 전달되지 않는다. 즉 어떤 포트에서 전력이 입력되면, 왼쪽 혹은 오른쪽 포트 중 어느 한쪽 포트에만 전력이 전달되고 나머지 포트는 전력이 전달되지 않는다. 즉 포트 1에서 포트 2로 신호가 전달되고, 포트 2에서는 포트 3으로만 신호가 전달되며, 포트 3에서는 다시 포트 1로 전달된다. 역방향으로는 감쇄작용에 의하여 차단된다(주의할 것은 포트 1에서 포트 2로 신호가 전달될 때 포트 2에서 반사된 신호만 포트 3으로 전달되며, 포트 2에서 반사된 신호가 없는 경우 포트 3으로 전달되는 신호는 없다.). [그림 3-13]의 3가지 경우처럼 써큘레이터는 한쪽 방향으로 신호가 회전하듯이 방향성을 갖고 전달되는 것처럼, Circle이라는 어원을 가지고 써큘레이터라는 이름이 붙었으며 기호에서의 회전방향은 곧 포트별 전력 전달 방향을 의미한다.

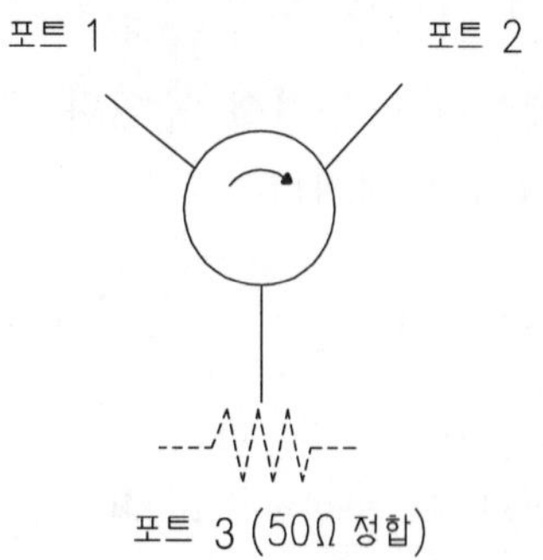


그림 3-14 Circulator를 이용한 Isolator

만일 [그림 3-14]와 같이 포트 3에 50[Ω] 정합회로를 연결하면 포트 2에서 나온 신호가 포트 3으로 모두 흡수된다. 따라서 포트 2에서 반사된 신호가 있다 하더라도 포트 1로는 전달이 되지 않기 때문에 아이솔레이터로 사용할 수 있다.

써큘레이터를 무선 송수신 시스템에 활용하면 하나의 안테나로 송수신을 겸할 때 양방향 선택적 절환작용을 하는 듀플렉서(duplexer)로 활용할 수 있다. [그림 3-15]와 같이 충분히 증폭된 송신신호는 시계방향으로 안테나로 전달시켜 송출되고 반대로 안테나로부터 수신된 신호는 수신기로만 전달시키는 역할을 한다.

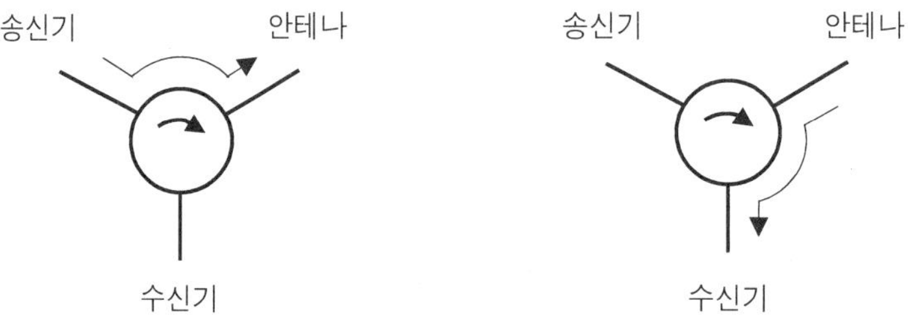


**그림 3-15 Circulator를 이용한 듀플렉서**

Circulator는 [그림 3-16]의 (a)와 같이 도파관(Waveguide)으로도 구현이 가능하지만 현재 가장 널리 사용되는 것은 바로 (b)와 같은 SMD(Surface Mount Device : 표면실장소자) 형태의 Ferrite Circulator이다. 외부 자계의 영향에 따라 내부 자구의 방향이 배열되는 연자성체 페라이트를 이용한 것으로서 각 포트가 120° 간격으로 배치되었으며 기본적인 구조는 [그림 3-16]과 같다(stripline 형태).

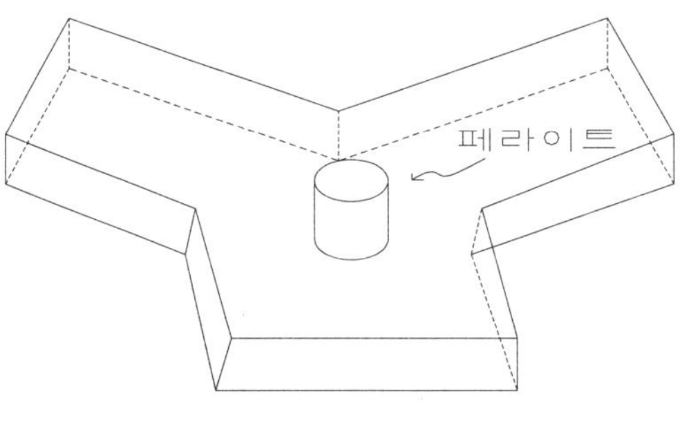


(a) 도파관 Circulator

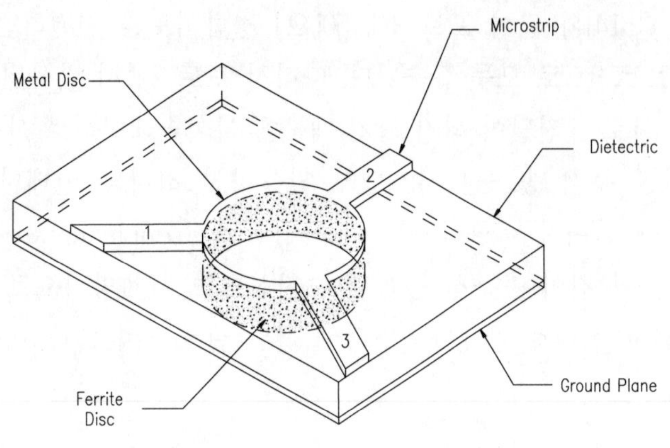


(b) 마이크로스트립 Circulator

**그림 3-16 Circulator의 구조**

3개의 포트를 가진 금속면 위아래에 페라이트를 위치하고 Ground 금속판 다음에 그 겉으로 고정된 자석이 위치한다. 이 고정된 영구자석은 페라이트의 자화를 일으키는 용도로 사용되며 경우에 따라 영구자석 없이 페라이트만 사용되기도 한다. 동작원리를 이해하기 위해 가운데 Metal Stripline의 3개 포트 중 포트 1에 전력이 입사되었다고 가정한 그림을 [그림 3-17]의 (a)에 표시하였다. 스트립 원판이 공진기처럼 동작하여 전계는 원판에 수직으로 존재하고 자계는 원판의 면에 존재하게 된다. 그래서 포트 1에 나타난 신호보다 약간 작은 신호가 포트 2와 3에 똑같이 나타난다.

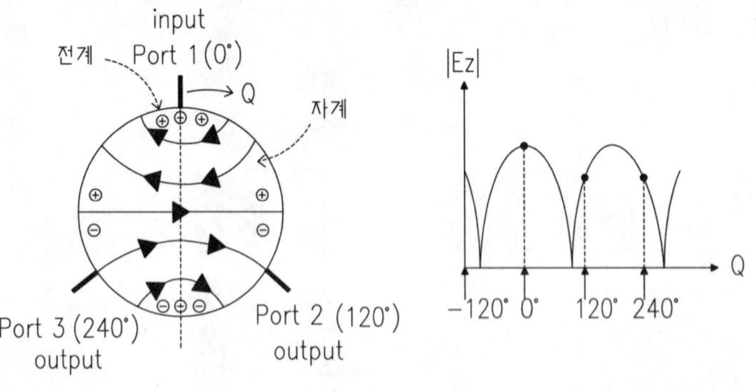


(a) 전/자계 공진패턴

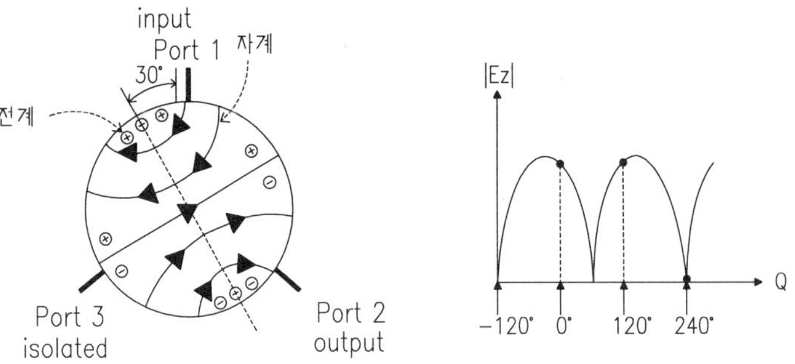


(b) 30°회전시킨 전/자계 공진패턴

그림 3-17 전/자계공진패턴 Circulator 동작원리

이때 페라이트 원판에 수직으로 직류자계를 인가하면 [그림 3-17]의 (b)와 같이 입사파면이 반시계방향으로 약 30° 선회하여 포트 2에는 포트 1에 인가된 신호와 같은 전력이 검출되지만 포트 3은 그림과 같이 전계의 (+)극과 (−)극이 교차하는 Null에 위치하게 되어 전계가 형성되지 않고 결국 아무런 전력도 검출되지 않는다.

입력 포트를 각각 포트 2와 3으로 바꾸어 인가하더라도 위에서 설명한 바와 같이 어느 한쪽 포트로만 전력이 검출되고 나머지 포트로는 전력이 차단되어 Circulator로서 동작하게 된다. Circulator는 굳이 위와 같은 Stripline의 형태가 아니라 Microstrip과 Waveguide 형태의 회로로도 구현된다. 또한 가운데 금속판의 형태를 여러 가지로 변형시켜서 전체 회로 크기를 감소시키는 등 다양하게 응용하여 사용할 수 있다.

[그림 3-18]은 써큘레이터 모듈에 사용한 소자의 사양을 나타낸 것이다.

| Frequency(GHz) | | Temperature(℃) | | Isolation | Loss | VSWR | CW Power | Size (Inch) |
|---|---|---|---|---|---|---|---|---|
| Min. | Max. | Min. | Max. | Min.(dB) | Max.(dB) | | (w) | l*w*h |
| 1.7 | 1.9 | -40 | 85 | 20 | 0.5 | 1.25 | 60 | 0.75*0.3*0.75 |

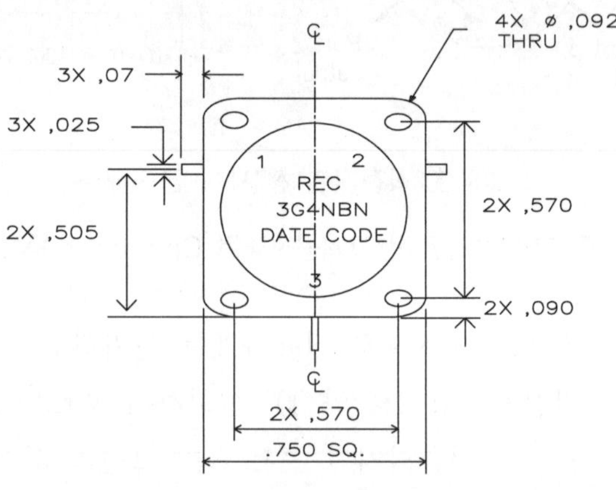


그림 3-18 Circulator(3G4NBN)의 사양

## 3. 측정장비

| 모듈명 | 품명 | 수량 |
|---|---|---|
| ED-4770 | Combo Tester | 1 |
| ED-3300A | VCO | 1 |
| ED-3300B | Detector | 1 |
| ED-3300C | Circulator | 1 |
| Accessory | Banana-Banana | 2 |
| Accessory | BNC-Banana | 1 |
| Accessory | SMA Plug to Plug | 1 |
| Accessory | SMA 50[Ω] Load | 1 |

## 4. 실험 방법

① [그림 3-19]와 같이 회로를 연결한다(ED3300C(Circulator)를 Isolator로 사용하기 위하여 포트 3($P_3$)에 50[Ω] Load를 연결한다.).

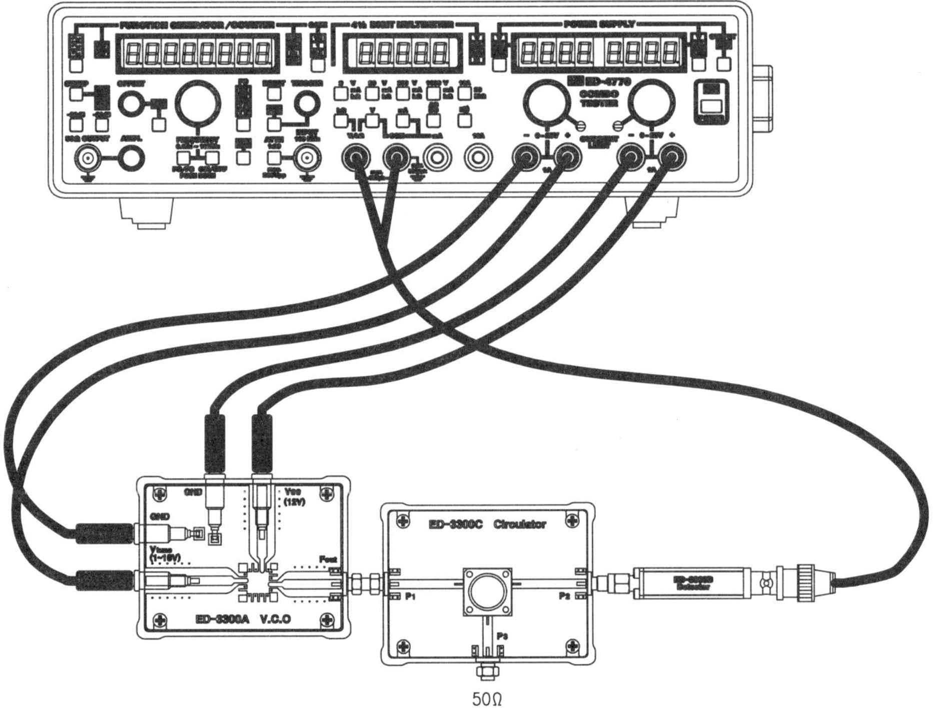


그림 3-19 Circulator 실험 1

② ED-3300A(VCO) 모듈에 동작 전원 $V_{CC}$와 튜닝전압 $V_{tune}$을 공급하기 위해 ED-4770의 채널 1 전압을 1[V]로 조정하고 채널 2 전압을 12[V]로 조정한다.

* 주의 : ED-3300A(VCO) 모듈의 $V_{CC}$와 $V_{tune}$ 단자에 정격전압 보다 높은 전압이 가해질 경우 회로 고장의 원인이 되므로 특별히 주의한다.

③ ED-3300A(VCO) 모듈의 채널 1 $V_{tune}$ 전압을 <표 3-2>의 주파수 값이 출력될 수 있도록 가변하면서 Detector에서 검출되는 양을 측정하여 <표 3-2>에 기록한다(주파수는 <표 4-1>을 참조해서 $V_{tune}$ 전압으로 조정한다.).

④ ED-3300C(Circulator) 모듈의 입출력 포트를 [그림 3-20]과 같이 회로를 연결한다.

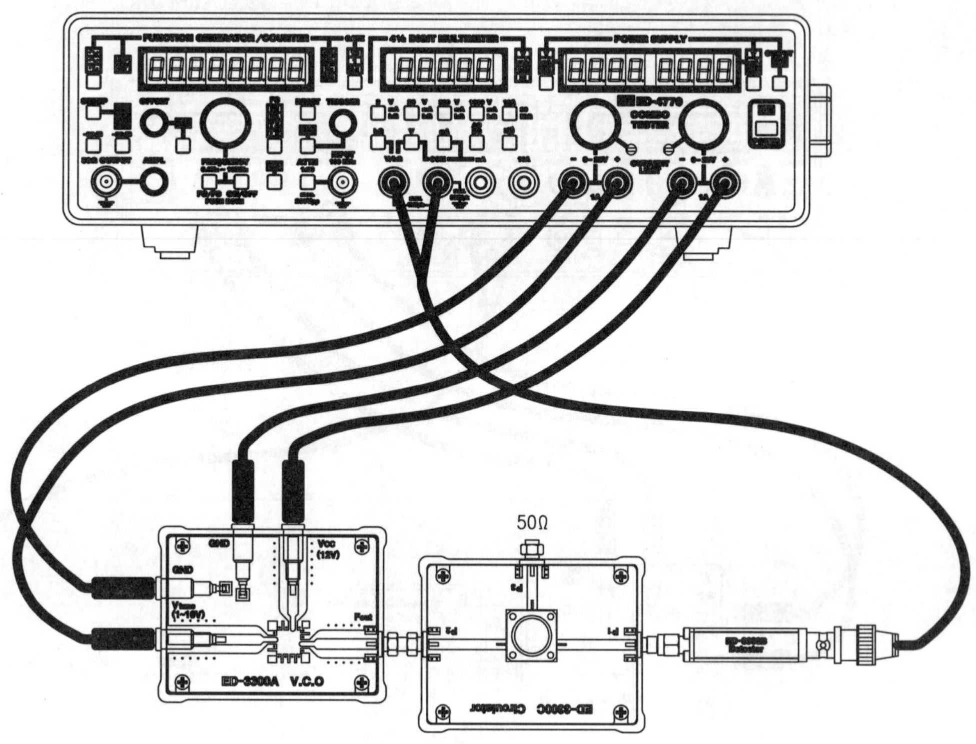


그림 3-20 Circulator 실험 2

⑤ ED-3300A(VCO) 모듈의 채널 1 $V_{tune}$ 전압을 <표 3-3>의 주파수 값이 출력될 수 있도록 가변하면서 Detector에서 검출되는 양을 측정하여 <표 3-3> $P_1'$에 기록한다(주파수는 <표 4-1>을 참조해서 $V_{tune}$ 전압으로 조정한다.).

## 5. 측정결과

〈표 3-2〉 Circulator의 포트 1 입력, 포트 2 출력 측정

| 주파수 〔GHz〕 | $V_{tune}$ (표 4-1 참조) | $P_2$ 출력전압〔V〕 (직접측정) | $P_2$ 출력전력〔dBm〕 (표 4-2 참조) | $P_2$ 출력전력〔W〕 (계산) |
|---|---|---|---|---|
| 1.4 | | | | |
| 1.5 | | | | |
| 1.6 | | | | |
| 1.7 | | | | |
| 1.8 | | | | |
| 1.9 | | | | |
| 2.0 | | | | |

※참고 : $P_2$ 출력전압은 Detector의 출력을 전압계로 직접 측정한 값이고, 출력전력(dBm)은 <표 4-2> 을 참조하여 측정전압을 데시벨로 환산한 값이며, 출력전력(W)은 dBm을 Watt로 변환한 값이다.

〈표 3-3〉 Circulator의 포트 2 입력, 포트 1 출력 측정

| 주파수 〔GHz〕 | $V_{tune}$ (표 4-1 참조) | $P_1'$ 출력전압〔V〕 (직접 측정) | $P_1'$ 출력전력〔dBm〕 (표 4-1 참조) | $P_1'$ 출력전력〔W〕 (계산) |
|---|---|---|---|---|
| 1.4 | | | | |
| 1.5 | | | | |
| 1.6 | | | | |
| 1.7 | | | | |
| 1.8 | | | | |
| 1.9 | | | | |
| 2.0 | | | | |

## 6. 검토사항

① 페라이트의 종류에 대해 알아보고, 페라이트의 비가역성을 이용한 마이크로파 회로를 열거하시오.

② 도파관(Waveguide)용 Isolator의 원리에 대해서 설명하시오.

③ [그림 3-22]의 회로에서 $P_3$ 단자에 50[Ω] Load를 연결하지 않거나 SMA Short를 연결하면 <표 3-3>의 결과가 어떻게 바뀔 것으로 예상하는가?

# 3.2 Directional, Branch Line, Hybrid Ring Coupler

## 3 2.1 Directional Coupler 이론과 실습

### 1. 목적

ED-3300D(Directional Coupler) 모듈을 사용하여 Coupler의 동작 원리를 알아보고 결합도, 격리도 등을 측정한다.

### 2. 이론

저주파에도 선로간의 간섭(Cross Talk)이 존재하며 단지 주파수가 낮기 때문에 이 영향이 미미할 뿐이다. 주파수가 올라갈수록 각 선로는 점점 더 안테나가 되어 많은 양의 전자파 에너지를 방사하게 되고 인접한 선로에 영향을 더 미친다. 이처럼 선로간의 에너지가 서로 반응하는 현상을 커플링(Coupling)이라하며 커플링 현상을 이용하여 커플러(Coupler : 결합기)를 만든다. 인접 선로간의 간격과 선로간의 길이를 조정하면 원하는 결합을 얻을 수 있다.

커플러의 주된 용도는

- 전력 검출(Power Sampling)용
- 전력 분배(Power Dividing)용

전력 검출이란 원래 신호에서 아주 작은 양의 신호를 검출하는 것을 말한다. 어떤 RF 신호가 흐르는 경로에서 실제 흐르는 신호의 특성을 체크해야 할 일이 있는 경우 그 신호의 흐름 자체는 방해하지 않으면서 그 신호의 특성이 필요로 할 때 커플러를 이용한 전력 검출이 필요한 것이다.

이렇게 검출된 작은 전력을 통해서 신호가 담고 있는 정보나 특징 또는 현재 실제경로로 흐르는 신호의 전력이 어느 정도 레벨인지를 알아낼 수 있다. 실제로는 신호자체의 정보나 특징보다는 전력이 얼마나 되는지 알아내는 용도로 더 많이 사용된다.

예를 들어 30[dB] Coupler로 검출한 전력이 -17[dBm]이었다면, 실제 흐르고 있는 전력은 -17+30 = 13[dBm]의 전력이 흐르고 있다는 것을 알아낼 수 있다.

[그림 3-21]은 전력검출 경우를 나타낸 것이다.

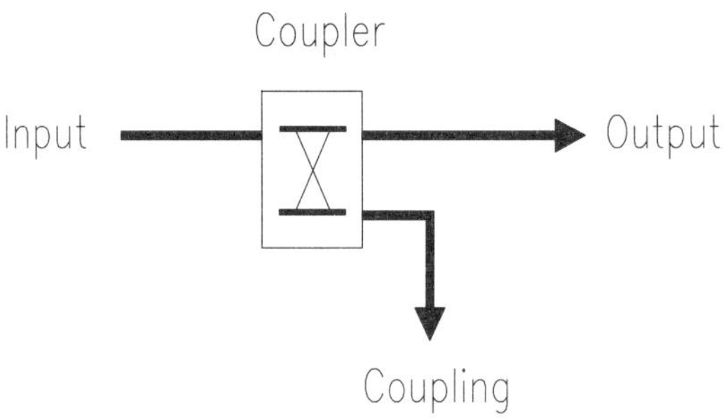


그림 3-21 전력 검출

그런데 한 가지 고려해야 할 것은 30[dB] 커플러가 실제 전력의 1/1000만큼 따온다면 그만큼 실제 전력흐름에도 1/1000만큼의 손실이 있다는 것이다. 하지만 1/1000정도 손실은 매우 적다고 가정할 수 있기 때문에 신호에는 별다른 영향을 미치지 않을 것으로 판단된다. 만약 -30[dB] 정도로는 검출되는 전력이 너무 작아져서 정확한 신호상태를 가늠하기 힘들다면 -20[dB](1/100)나 -13[dB](1/20)와 같이 좀 더 많은 전력을 검출해내는 커플러를 사용할 수 있을 것이다. 이 경우에는 원래신호에 좀 더 많은 손실이 있을 수 있으니 상황에 맞추어 필요한 만큼의 전력을 검출하는 것이 바람직 할 것이다.

[그림 3-22]는 30[dB] 커플러의 경우를 나타낸 것이다.

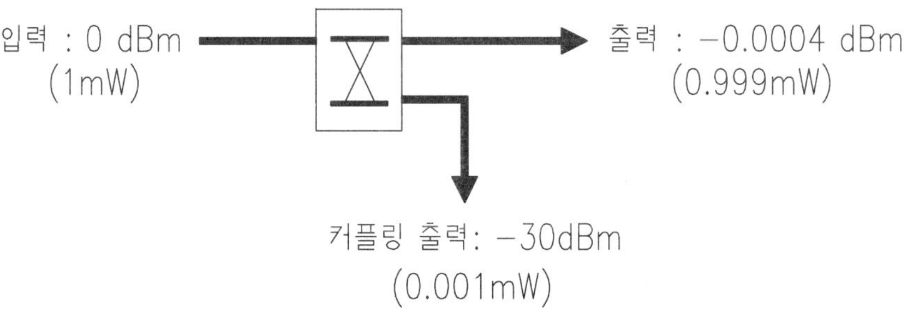


그림 3-22 30dB 커플러

두 번째 커플링 용도로는 전력 분배기(Power divider)의 용도로 사용한다. 전력 분배기란 전력검출처럼 아주 적은 양의 전력을 검출하여 신호의 특징이나 전력레벨을 알아내는 목적이 아닌, 많은 양의 전력이 필요할 경우 분배기를 이용해서 원하는 만큼에 전력을 커플링 시키는 커플러를 말한다. 또한 분배기를 이용하여 전력을 커플링 시킬 경우 커플링 된 양만큼 실제 신호 경로에는 전력 손실도 커질 것이다. 이렇게 되면 전력검출의 용도가 아니라 전력 분배용도가 된다.

[그림 3-23]은 전력 분배기의 경우를 나타낸 것이다.

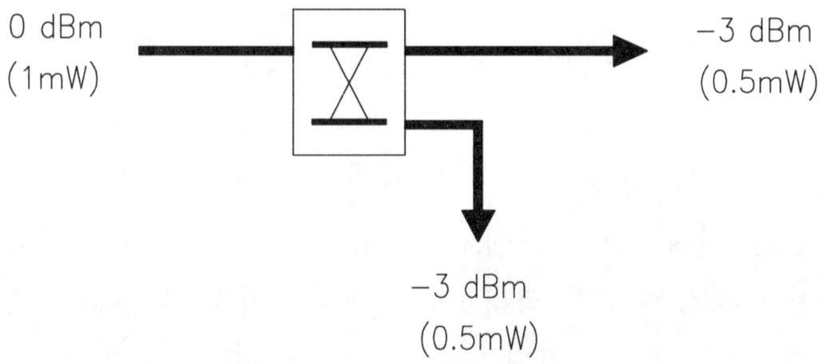

0 dBm
(1mW)
−3 dBm
(0.5mW)
−3 dBm
(0.5mW)

그림 3-23 전력 분배기

커플러를 이용한 전력 검출이나 전력 분배나 커플링의 원리 자체는 동일하고 사용 목적에 따라서 전력 검출 또는 전력 분배용으로 나누어진다. 일부 작은 신호만 따오는 것이냐, 아니면 전력을 나누어 쓰기 위한 것이냐 중 어느 것에 목적을 두고 있느냐에 따라 커플링 되는 전력 수준이 다를 뿐이다.

[그림 3-24]는 방향성 결합기(Directional Coupler)의 간단한 구조 및 원리를 나타낸다. 근접 선로간의 간격 s는 방향성 결합기의 커플링 양을 결정하는 매우 중요한 설계변수로 s 간격을 조정하면 커플링 양이 결정 된다. 결합기는 주로 4개의 포트로 이루어져 있으며 신호가 전송되는 포트가 있고 그렇지 못한 포트가 존재한다.

1번 포트로 전력이 입사되면 마이크로스트립 전송선로를 따라서 2번 포트로 진행되며, 그 일부분이 3번 포트에 결합되어 진행하고 이상적으로는 4번 포트로는 전력이 결합되지 않아서 신호가 나타나지 않는다.

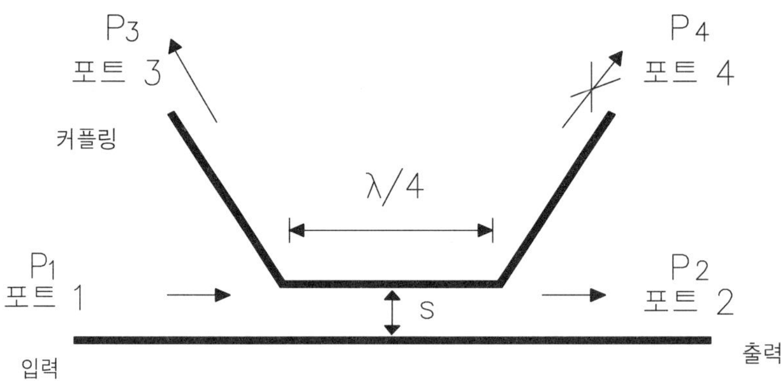


그림 3-24 Directional Coupler의 전송 원리

이러한 특성으로 결합기는 방향성을 가지게 된다. 이 방향성 결합기의 전기적 특성을 나타내는 척도로는 결합도, 전송도, 격리도 및 지향도가 있다(일반적으로 10[dB]-커플러라 함은 결합도가 10[dB]인 커플러를 의미한다.). 결합도는 다음 식과 같이 정의된다.

결합도(Coupling Coefficient) = $-10\log_{10}(P_3/P_1)$[dB]

이러한 결합도는 1번에서 3번 포트로의 전기적 결합의 정도를 나타내며, 다음의 전송도는 2번 포트로 전송되는 척도를 나타내고, 격리도는 4번 포트로의 출력을 나타내며 실제 신호는 거의 검출되지 않는다.

전송도(Transmission Coefficient) = $-10\log_{10}(P_2/P_1)$[dB]

격리도(Isolation Coefficient) = $-10\log_{10}(P_4/P_1)$[dB]

다음의 지향성은 결합을 원하는 전력과 결합을 원하지 않는 전력간의 차를 나타낸다.

지향성(Directivity) = 격리도[dB]-결합도[dB]

= $-10\log_{10}(P_4/P_3)$[dB]

이러한 방향성 결합기는 입출력을 바꾸어도 같은 특성을 얻는다. 즉 포트 2에서 신호를 입력하면 포트 1로는 바로 전달되고, 포트 4는 일부가 결합되어 나타나며, 포트 3은 격리된다. 각 척도에 "-" 을 붙인 이유는 편의상 각각의 수치가 항상 양의 값으로 나타나게 하기 위해서이다.

## 3. 측정장비

| 모듈명 | 품명 | 수량 |
|---|---|---|
| ED-4770 | Combo Tester | 1 |
| ED-3300A | VCO | 1 |
| ED-3300B | Detector | 1 |
| ED-3300C | Circulator | 1 |
| ED-3300D | Directional Coupler | 1 |
| Accessory | Banana-Banana | 2 |
| Accessory | BNC-Banana | 1 |
| Accessory | 50[Ω] Load | 3 |

## 4. 실험 방법

① [그림 3-25]와 같이 회로를 연결한다.

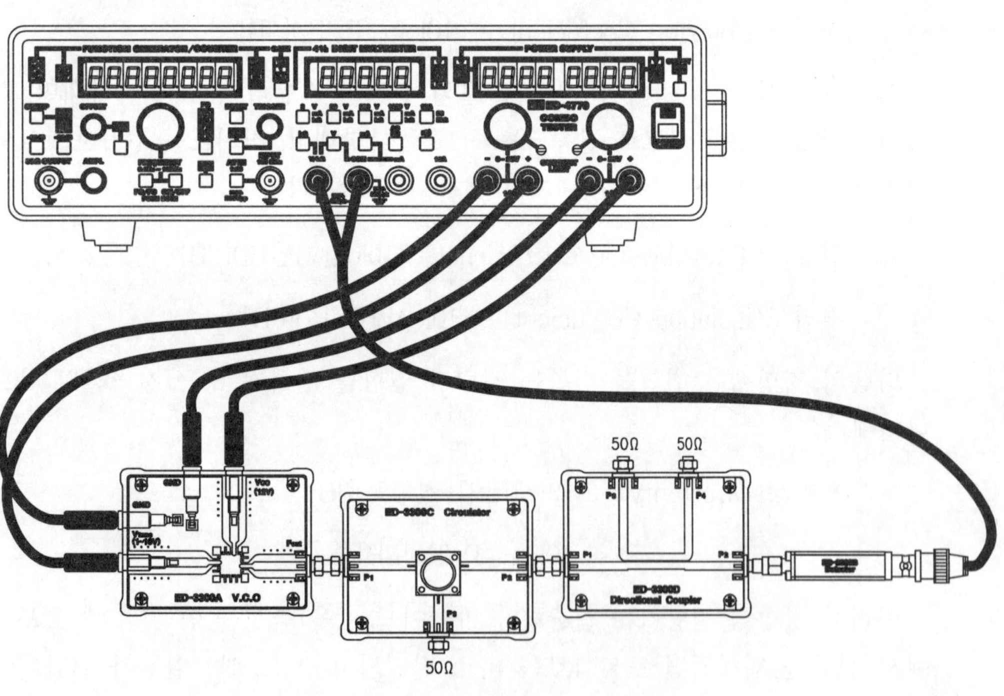


그림 3-25 Directional Coupler 실험 1

② 포트 $2(P_2)$에 나타나는 신호를 측정하기 위하여 포트 $2(P_2)$에 검출기와 전압계를 연결하고 사용하지 않는 포트 $3(P_3)$과 $4(P_4)$는 50[Ω] 정합시킨다(포트 3과 4를 정합하지 않으면 반사된 신호가 포트 2로 역류되어 정확한 측정을 기대할 수 없다.).

③ ED-3300A(VCO) 모듈에 동작 전원을 공급하기 위해 ED-4770의 채널 1 전압을 1[V]로 조정하고 채널 2 전압을 12[V]로 조정한다.

* 주의 : ED-3300A(VCO) 모듈의 $V_{CC}$와 $V_{tune}$ 단자에 정격전압 보다 높은 전압이 가해질 경우 회로 고장의 원인이 되므로 특별히 주의한다.

④ ED-3300A(VCO) 모듈의 채널 1 $V_{tune}$ 전압을 <표 3-4>의 주파수 값이 출력될 수 있도록 가변하면서 Detector에서 검출되는 양을 측정하여 <표 3-4> $P_2$란에 기록한다(주파수는 <표 4-1>을 참조해서 $V_{tune}$ 전압으로 조정한다.).

⑤ [그림 3-26]과 같이 회로를 연결한다.

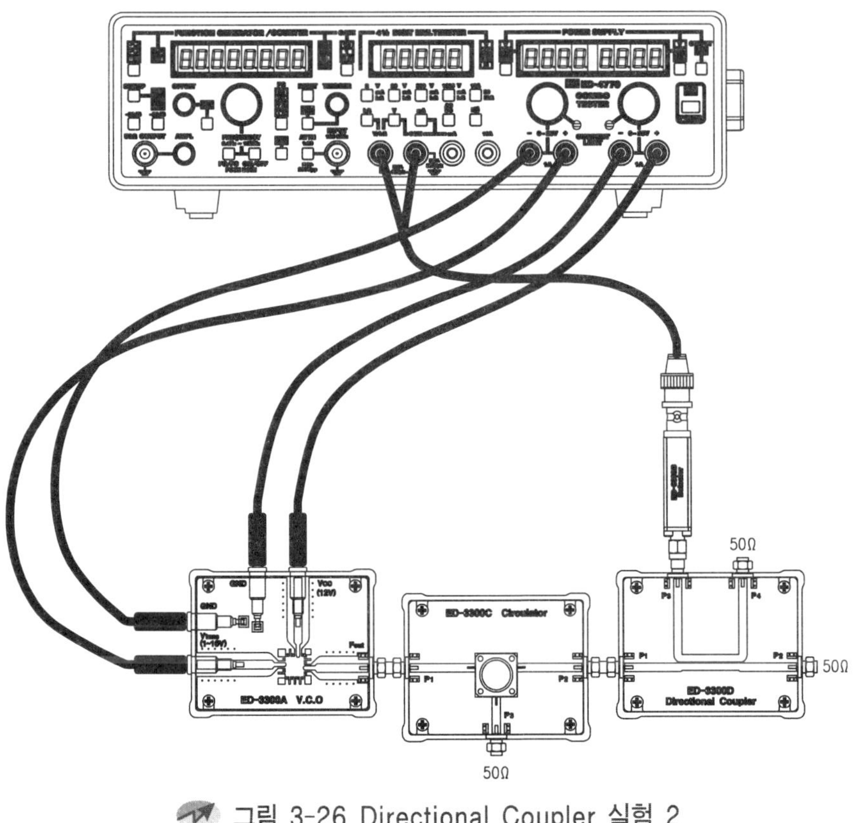


그림 3-26 Directional Coupler 실험 2

⑥ 포트 3에 나타나는 신호를 측정하기 위하여 포트 3에 검출기와 전압계를 연결하고 사용하지 않는 포트 2와 4는 50[Ω] 정합시킨다.

⑦ ED-3300A(VCO) 모듈의 채널 1 $V_{tune}$ 전압을 앞의 실험과 같이 <표 3-4>의 주파수 값이 출력될 수 있도록 가변하면서 Detector에서 검출되는 양을 측정하여 <표 3-4> $P_3$란에 기록한다(주파수는 <표 4-1>을 참조해서 $V_{tune}$ 전압으로 조정한다.).

⑧ [그림 3-27]과 같이 회로를 연결한다.

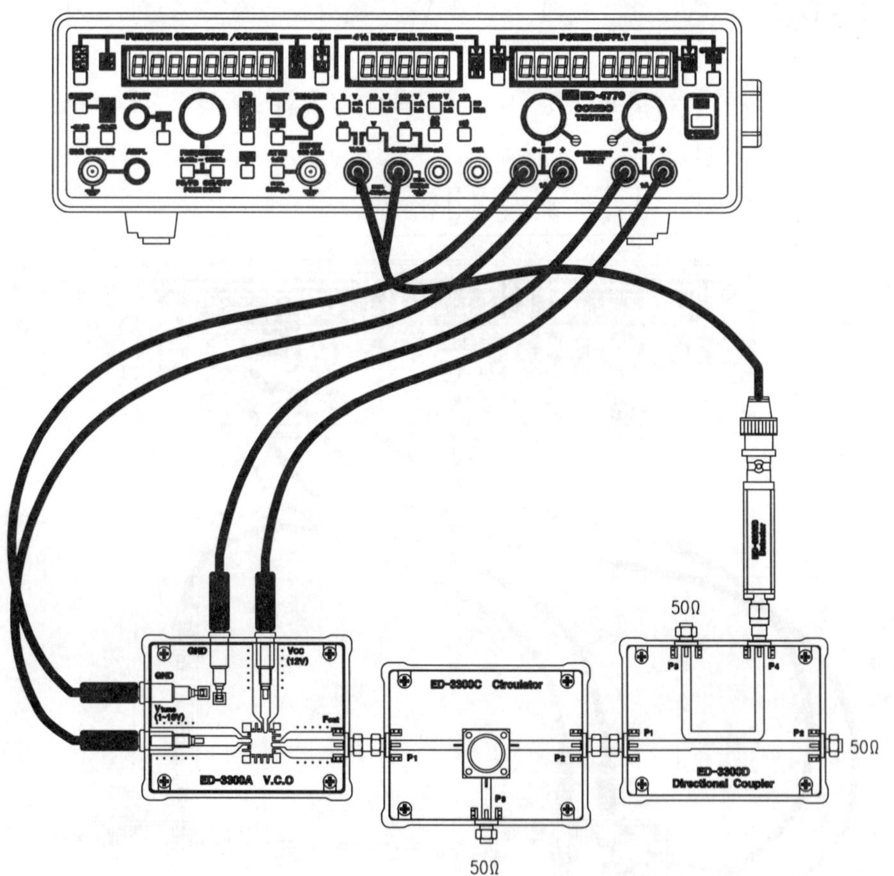


그림 3-27 Directional Coupler 실험 3

⑨ 포트 4에 나타나는 신호를 측정하기 위하여 포트 4에 검출기와 전압계

를 연결하고 사용하지 않는 포트 2와 3은 50[Ω] 정합시킨다.

⑩ ED-3300A(VCO) 모듈의 채널 1 $V_{tune}$ 전압을 앞의 실험과 같이 <표 3-4>의 주파수 값이 출력될 수 있도록 가변하면서 Detector에서 검출되는 양을 측정하여 <표 3-4> $P_4$란에 기록한다(주파수는 <표 4-1>을 참조해서 $V_{tune}$ 전압으로 조정한다.).

⑪ 측정된 <표 3-4>의 결과를 이용하여 <표 3-5>를 완성한다.

## 5. 측정결과

〈표 3-4〉 각 포트의 전력측정

| 주파수 (GHz) | $P_2$(그림 3-27) | | $P_3$(그림 3-28) | | $P_4$(그림 3-29) | |
|---|---|---|---|---|---|---|
| | 출력전압 (V) | 출력전력 (dBm) | 출력전압 (V) | 출력전력 (dBm) | 출력전압 (V) | 출력전력 (dBm) |
| 1.4 | | | | | | |
| 1.5 | | | | | | |
| 1.6 | | | | | | |
| 1.7 | | | | | | |
| 1.8 | | | | | | |
| 1.9 | | | | | | |
| 2.0 | | | | | | |

* 참고 1 : 출력전압은 Detector의 출력을 전압계로 직접 측정한 값이고, dBm은 <표 4-2>을 참조하여 측정 전압을 데시벨로 환산한 값이다.
* 참고 2 : 측정하지 않는 포트는 50[Ω] 정합하지 않으면 반사된 신호가 다른 포트로 역류되어 정확한 측정을 기대할 수 없다.

〈표 3-5〉 방향성 결합기의 특성

| 주파수 (GHz) | 결합도 | 전송도 | 격리도 | 지향도 |
|---|---|---|---|---|
| | $P_1$-$P_3$[dBm] = [dB] | $P_1$-$P_2$[dBm] = [dB] | $P_1$-$P_4$[dBm] = [dB] | $P_3$-$P_4$[dBm] = [dB] |
| 1.4 | | | | |
| 1.5 | | | | |
| 1.6 | | | | |
| 1.7 | | | | |
| 1.8 | | | | |
| 1.9 | | | | |
| 2.0 | | | | |

* 참고 3 : <표 3-5>의 각 포트간의 전력비는 <표 3-4>의 결과에서 각 포트의 dBm 차이 값을 기록한다.

  예 결합도 = $-(P_3[dBm]-P_1[dBm]) = -10\log_{10}(P_3/P_1)[dB]$

* 참고 4 : <표 3-5>의 $P_1$값은 <표 3-2>에서 측정한 Circulator 포트 2[dBm] 측정치를 사용한다.

## 6. 검토사항

① 측정된 Coupler는 1.7~1.9[GHz]의 범위에서 결합도[dBm]가 평균 얼마인가? 즉 몇 데시벨[dB] Coupler라 할 수 있는가?

② 측정에 포함되지 않는 포트를 정합시키지 않고 그대로 두면 어떠한 문제가 야기되는가?

③ [그림 3-24]에서 포트 4에 주파수 1.8[GHz]이고, 전력 10[dBm]인 신호를 입력하면 포트 1, 2, 3에 각각 얼마의 신호가 나타날 것인가? <표 3-5>를 참조하여 구하시오.

④ Directional Coupler를 이용한 응용회로의 예를 찾아서 설명하시오.

## 3 2.2 Branch Line Coupler 이론과 실습

### 1. 목적

ED-3300T(Branch Line Coupler)의 동작 원리와 사용 목적을 ED-3300A(VCO) 모듈과 ED-3300B(Detector) 모듈을 사용하여 알아본다.

### 2. 이론

많은 양의 전력을 커플링 시켜서 디바이더(Divider)용으로 쓰는 경우, Directional Coupler의 선로길이와 간격으로는 원하는 수준의 큰 전력 커플링을 하기에는 부적합하다. 그래서 전력 분배기용으로 사용되는 커플러의 경우 커플링이 일어나는 선로 사이에 직접 선로(Branch Line)를 연결하여 많은 양의 전력 커플링을 유도하게 된다. 이와 같은 방식을 사용한 커플러를 Branch Line Coupler라 한다. [그림 3-28]은 Directional Coupler와 Branch Line Coupler를 비교한 것이다.

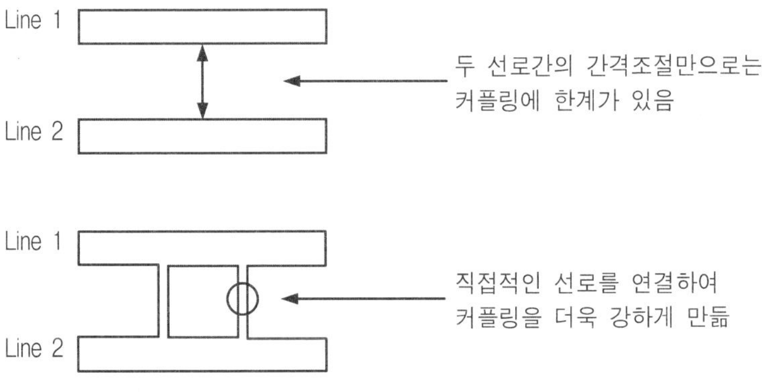


그림 3-28 Directional Coupler과 Branch Line Coupler

Coupling을 설명할 때 선로가 공간적으로 떨어져 있기 때문에 Capacitance 개념으로 설명하게 된다. 좀 더 구체적으로 Coupling이란 개념을 분석하면 두 선로간의 전/자계적 전력전달 현상을 통칭하는 개념이라는 점이며 그것은 선로를 이용한 직접적인 신호전달도 포함될 수 있다는 의미도 된다. 따라서 두 개의 독립된 별개의 선로 간에 전력이 전달되는 현상은 중간에 선로로 연결되어 전력이 넘어가든 공간적으로 넘어가든 Coupling 입장에선 단지 방법만 다를 뿐이라는 것이다. 이렇게 중간에 Branch Line을 통해 직접 결합을 이용하는 경우는 선로간의 Capacitance 값을 더욱 강화시키는 역할을 하게 되기 때문에 결국 Directional Coupler와 Branch Line Coupler는 같은 개념이다.

[그림 3-29]는 90° Branch-Line Coupler를 나타낸 것이다.

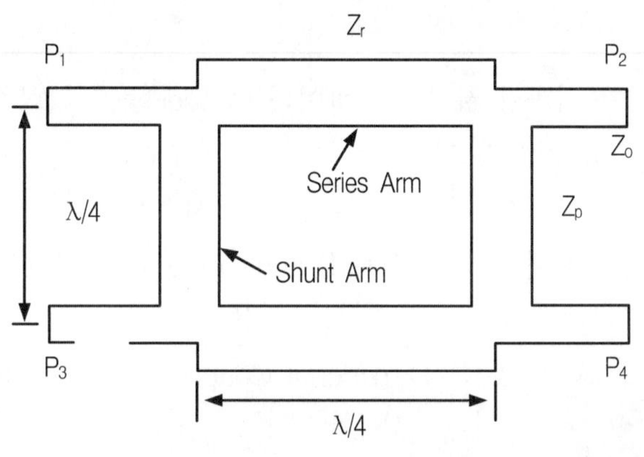


그림 3-29 90° Branch Line Coupler

90° Branch-Line Coupler는 결합도(coupling)가 3[dB]인 등분배 coupler로써 자주 이용되는데 이를 이용하여 3[dB]나 되는 비교적 높은 커플링을 가지는 coupler를 간단하게 만들 수 있다. Branch Line Coupler는 설계가 간단하다는 장점도 있지만 전송선로를 이용하여 제작하기 때문에 회로의 크기가 커진다는 단점을 가지고 있다.

90° Branch-Line Coupler의 기본 동작은 다음과 같다. [그림 3-29] 90° Branch-Line Coupler의 모든 포트가 정합되었을 때, 포트 1에 신호가 입력되면 포트 2와 포트 3에 90°의 위상변위를 갖는 같은 크기의 출력이 균등하게 나타나고 포트 4에는 출력이 나오지 않는다. 90° Branch Line Coupler는 상하/좌우 대칭인 형태를 하고 있으며, 출력 포트는 입력포트 반대편에 격리 포트는 입력포트 상/하에 존재한다. 즉 포트 2에 신호를 입력하면 포트 1과 포트 4에 출력이 나타나고 포트 3에서는 출력되지 않는 완전대칭구조로 동작한다.

결합도는 Shunt Arm과 Series Arm의 임피던스 비로 정해지며 아래와 같은 관계식으로 임피던스가 정해진다.

$$\frac{P_2}{P_4} = \left(\frac{Z_p}{Z_o}\right)^2 \left(\frac{Z_o}{Z_r}\right)^2 = \left(\frac{Z_o}{Z_p}\right)^2 + 1$$

자주 사용되는 3dB coupler의 경우

$\frac{P_2}{P_4} = \left(\frac{Z_p}{Z_o}\right)^2$에서 $P_2 = P_3$이므로 $Z_p = Z_o$가 된다. 따라서 $\left(\frac{Z_o}{Z_r}\right)^2 = \left(\frac{Z_o}{Z_p}\right)^2 + 1$의 우변은 2가 되어 $Z_r = Z_o/\sqrt{2}$가 된다. $Z_o = 50[\Omega]$을 기준으로 한다면 $Z_p = 50[\Omega]$, $Z_r = 35.4[\Omega]$이 된다. Branch Line Coupler는 이러한 간단한 수식에 의해서 Stripline, Microstrip Line 등 여러 가지 전송선로 형태로 쉽게 구현할 수 있다(Microstrip Line은 특성 임피던스 50[Ω]을 기준으로 임피던스가 50[Ω]보다 낮으면 선로 폭이 넓어지고, 임피던스가 높으면 좁아진다.).

Branch Line Coupler의 특성에서 단점은 사용할 수 있는 주파수 대역폭이 좁다는 점이다. [그림 3-29]의 기본적인 2-Arm 구성에서는 중심주파수의 10% 정도의 대역폭에서만 정상적으로 동작한다.

대역폭을 넓히려면 1개의 Shunt Arm을 추가하여 90° Branch-Line Coupler를 두 개 합친 것 같은 형태로 구현해야 하며 [그림 3-30]은 광대역 3[dB] Coupler 나타낸 것이다. 이러한 다단 형태를 이용하면 동작 대역폭을 중심주파수의 25% 정도까지 확장할 수 있지만 그 물리적 크기는 더 커져버린다. 그 때문에 각 Arm의 선로들을 접어서 구부린 형태로 소형화하기도 한다.

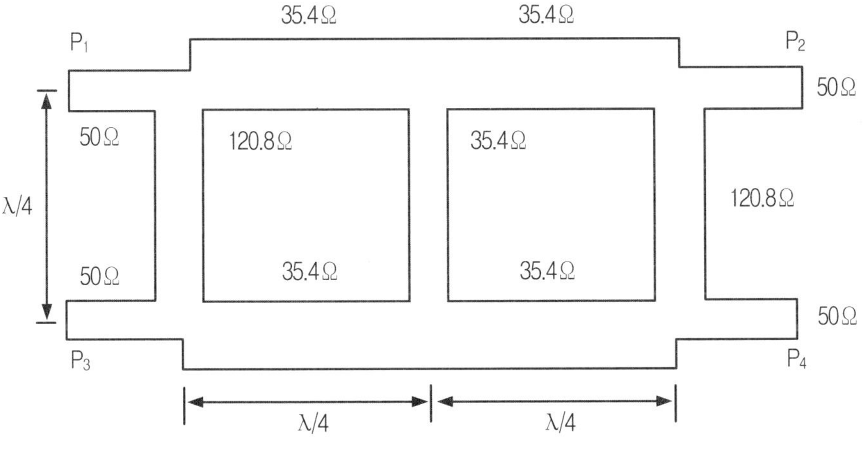


그림 3-30 광대역 Branch 90° Branch Line Coupler

## 3. 측정장비

| 모듈명 | 품명 | 수량 |
|---|---|---|
| ED-4770 | Combo Tester | 1 |
| ED-3300A | VCO | 1 |
| ED-3300B | Detector | 1 |
| ED-3300U | Branch Line Coupler | 1 |
| Accessory | Banana-Banana | 2 |
| Accessory | BNC-Banana | 1 |
| Accessory | 50[Ω] Load | 2 |

## 4. 실험 방법

① [그림 3-31]과 같이 회로를 연결한다.

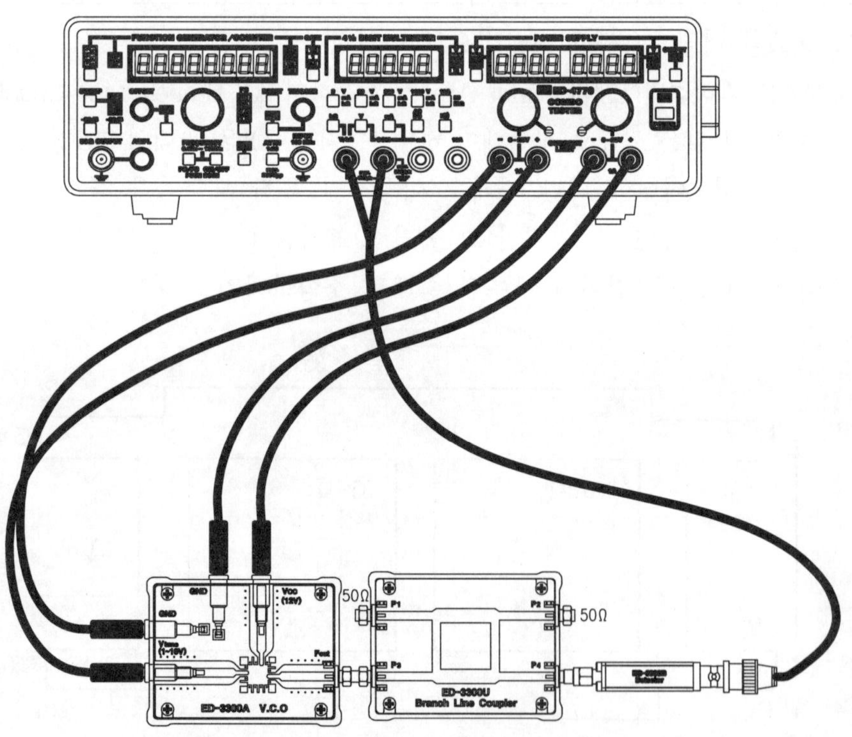


그림 3-31 Branch Line Coupler 실험 1

② 포트 3에 VCO의 출력을 연결하고 포트 4에 나타나는 신호를 측정하기 위하여 포트 4에 검출기와 전압계를 연결하고 사용하지 않는 포트 1과 2는 50[Ω] 정합시킨다(포트 1과 2는 정합하지 않으면 반사된 신호가 포트 3으로 역류되어 정확한 측정을 기대할 수 없다.).

③ ED-3300A(VCO) 모듈에 동작 전원 $V_{CC}$와 튜닝전압 $V_{tune}$을 공급하기 위해 ED-4770 채널 1의 전압을 1[V]로 조정하고 채널 2의 전압을 12[V]로 조정한다.

* 주의 : ED-3300A(VCO) 모듈의 $V_{CC}$와 $V_{tune}$ 단자에 정격전압 보다 높은 전압이 가해질 경우 회로 고장의 원인이 되므로 특별히 주의한다.

④ ED-3300A(VCO) 모듈의 채널 1 $V_{tune}$ 전압을 <표 3-6>의 주파수 값이 출력될 수 있도록 가변하면서 Detector에서 검출되는 양을 측정하여 <표 3-6> $P_4$란에 기록한다(주파수는 <표 4-1>을 참조해서 $V_{tune}$ 전압으로 조정한다.).

⑤ [그림 3-31]과 같이 회로를 연결한다.

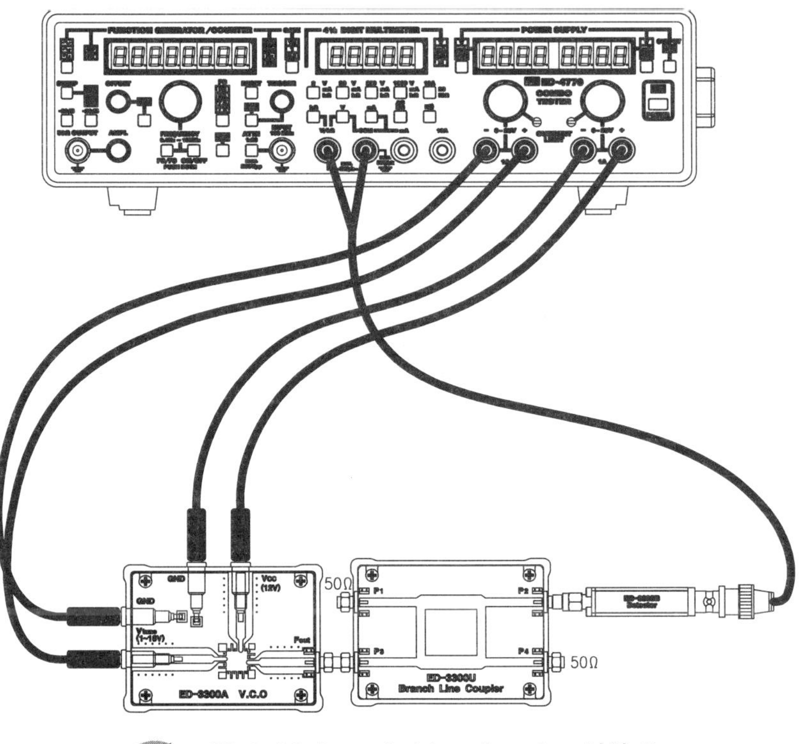


그림 3-32 Branch Line Coupler 실험 2

⑥ 포트 2에 나타나는 신호를 측정하기 위하여 포트 2에 검출기와 전압계를 연결하고 사용하지 않는 포트 1과 4는 50[Ω]정합시킨다.

⑦ ED-3300A(VCO) 모듈에 동작 전원 $V_{CC}$와 튜닝전압 $V_{tune}$을 공급하기 위해 ED-4770 채널 1의 전압을 1[V]로 조정하고 채널 2의 전압을 12[V]로 조정한다.

⑧ ED-3300A(VCO) 모듈의 채널 1 $V_{tune}$ 전압을 <표 3-6>의 주파수 값이 출력될 수 있도록 가변하면서 Detector에서 검출되는 양을 측정하여 <표 3-6> $P_2$란에 기록한다(주파수는 <표 4-1>을 참조해서 $V_{tune}$ 전압으로 조정한다.).

## 5. 측정결과

〈표 3-6〉 각 포트의 전력측정

| 주파수 〔GHz〕 | $P_3$(표 3-1 참조) | $P_4$ | | $P_2$ | | $P_1$ | |
|---|---|---|---|---|---|---|---|
| | 입력전력 〔dBm〕 | 출력전압 〔V〕 | 출력전력 〔dBm〕 | 출력전압 〔V〕 | 출력전력 〔dBm〕 | 출력전압 〔V〕 | 출력전력 〔dBm〕 |
| 1.4 | | | | | | | |
| 1.5 | | | | | | | |
| 1.6 | | | | | | | |
| 1.7 | | | | | | | |
| 1.8 | | | | | | | |
| 1.9 | | | | | | | |
| 2.0 | | | | | | | |

* 참고 : $P_3$값은 <표 3-1>의 출력전력[dBm] 값을 입력한다.

## 6. 검토사항

① 측정된 결합기는 1.7~1.9[GHz]의 범위에서 커플링(dB) 평균값은 얼마인가? 즉 몇 데시벨(dB) 커플러라 할 수 있는가? 또한 이때 사용가능한 커플러의 주파수 범위는?

② 측정에 포함되지 않는 포트를 정합시키지 않고 그대로 두면 어떠한 문

제가 야기되는가?

③ [그림 3-31]에서 포트 2에 주파수 1.8[GHz]이고, 전력 10[dBm]인 신호를 입력하면 포트 1, 3에 각각 얼마의 신호가 나타날 것인가?

④ 포트 1에 VCO 입력신호를 연결한다면 포트 2, 3, 4의 출력신호는 어떻게 변하는지 설명하시오.

⑤ Branch Line Coupler에 대한 정의와 원리에 대해서 설명하시오.

⑥ Branch Line Coupler를 이용한 응용회로의 예를 찾아서 설명하시오.

## 3 2.3 Hybrid Ring Coupler 이론과 실습

### 1. 목적

ED-3300J(Hybrid Ring Coupler)의 동작 원리와 사용 목적을 ED-3300C(VCO) 모듈과 ED-3300B(Detector) 모듈을 사용하여 알아본다.

### 2. 이론

Hybrid Ring Coupler는 Rat Race Coupler라는 이름으로 불리기도 하는 커플러이다. 기본적으로 위의 90° Branch-Line Coupler와 같은 반 전력 분배기로서 사용되는데 차이점은 분배되는 신호전력이 180°의 위상차를 가진다는 점이다.

위에서 학습한 90° Hybrid Coupler는 90° 위상차를 위한 divider 또는 combiner로 사용되고 Hybrid Ring coupler는 180° 위상차를 위해 사용된다. [그림 3-33]은 Hybrid Ring Coupler 회로의 외형이다.

그림에 나타난 것처럼 포트 A-B, B-C, C-D간의 간격은 $\lambda/4$ 떨어져 있으며 포트 A-D 간의 간격만 $3\lambda/4$ 떨어져 있다. 이러한 배치에 의해 각 포트간의 입출력관계가 어떻게 정의되는지 알아보도록 하자.

C에 신호를 입력했을 경우 B에는 C로부터 반시계방향으로 $5\lambda/4$ 정도 링을 진행한 파동과 C로부터 시계방향으로 $\lambda/4$ 진행된 파동이 도달하게 되고 이렇게 도달한 두 개의파동은 같은 위상이기 때문에 합쳐진 채 B에 출력된다. D도 B처럼 시계방향과 반시계방향의 파동이 합쳐져서 출력된다. A에는 C로부

터 시계방향으로 λ 진행된 파동과 C로부터 반시계방향으로 λ/2 진행된 파동이 도달하고 이 두 파동은 서로 위상이 정 반대이기 때문에 상쇄되어 A는 아무런 출력이 검출되지 않는 격리포트(isolation)가 된다. 따라서 A는 전혀 관계없는 포트가 되어 C에서 보면 B와 D 2개의 포트가 대칭되어 배치된 회로처럼 된다. 즉 C에 입력된 전력은 B와 D에 반반씩 동위상으로 균등 분배된다.

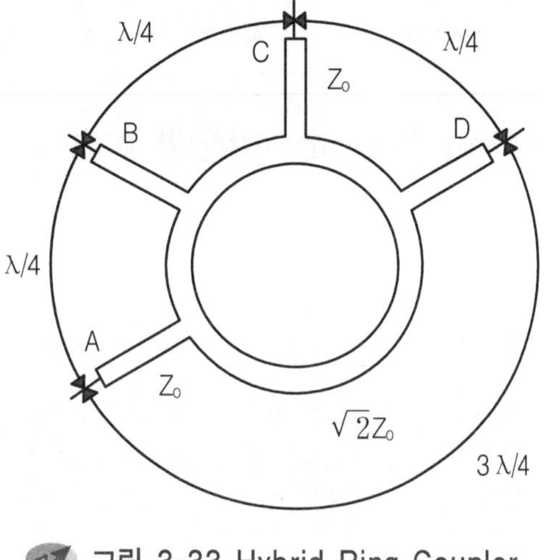


그림 3-33 Hybrid Ring Coupler

A에 신호를 입력했을 경우 B에는 A로부터 반시계방향으로 λ/4 정도 링을 진행한 파동과 A로부터 시계방향으로 λ/4 진행된 파동이 도달하게 되고 이렇게 도달한 두 개의 파동은 같은 위상이기 때문에 합쳐진 채 B에 출력된다. D의 위치는 A에서 바라볼 때 시계방향과 반시계방향 모두 3λ/4의 위치에 있으므로 동위상의 파동이 합쳐져서 출력된다. C에는 A로부터 시계방향으로 λ/2 진행된 파동과 A로부터 반시계방향으로 λ 진행된 파동이 도달한다. 이 두 파동은 서로 위상이 정반대이기 때문에 상쇄되어 C는 아무런 출력이 검출되지 않는 격리(isolation) 포트가 된다. 따라서 C는 전혀 관계없는 포트가 되어 A에서 보면 B와 D, 2개의 포트가 대칭되어 배치된 회로처럼 된다. A의 입력전력이 B와 D에 균등하게 분배되긴 하지만 C에 입력신호를 가했을 경우처럼 B와 D가 동위상으로 균등분배되지 않고 B와 D는 역위상으로 균등분배 된다. 이와 같이 Hybrid Ring Coupler의 특성을 간단하게 알아보았다. 실제로는 각 포트의 정합도 중요한 사항이므로 자세한 설계기법은 관련 서적을 참고해야한다.

## 3. 측정장비

| 모듈명 | 품명 | 수량 |
|---|---|---|
| ED-4770 | Combo Tester | 1 |
| ED-3300A | VCO | 1 |
| ED-3300B | Detector | 1 |
| ED-3300J | Hybrid Ring Coupler | 1 |
| Accessory | Banana-Banana | 2 |
| Accessory | BNC-Banana | 1 |
| Accessory | 50[Ω] Load | 2 |

## 4. 실험 방법

① [그림 3-34]와 같이 회로를 연결한다.

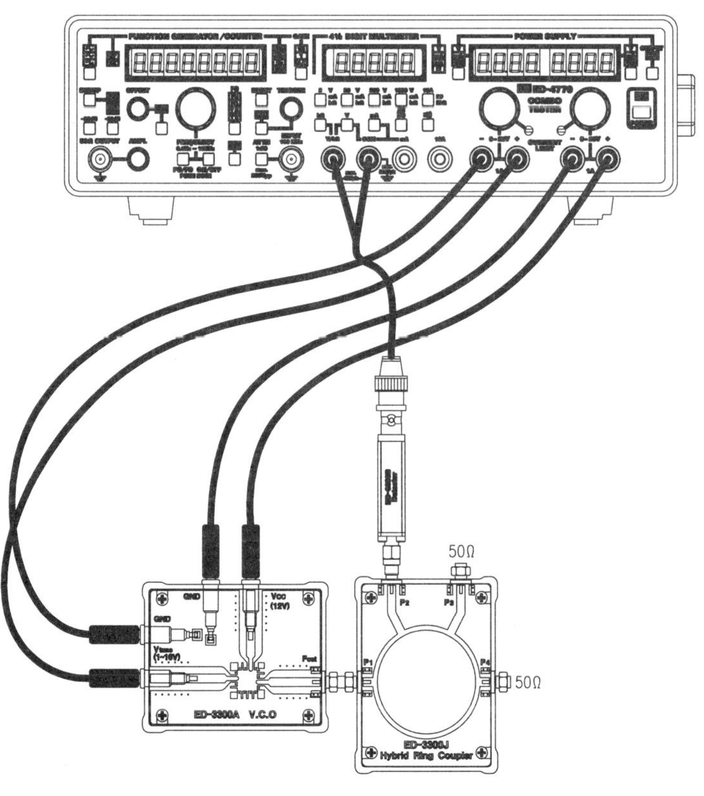


그림 3-34 Hybrid Ring Coupler 실험 1

② 포트 2에 나타나는 신호를 측정하기 위하여 포트 2에 검출기와 전압계를 연결하고 사용하지 않는 포트 3과 4는 50[Ω] 정합시킨다(포트 3과 4를 정합하지 않으면 반사된 신호가 포트 3로 역류되어 정확한 측정을 기대할 수 없다.).

③ ED-3300A(VCO) 모듈에 동작 전원 $V_{CC}$와 튜닝전압 $V_{tune}$을 공급하기 위해 ED-4770 채널 1의 전압을 1[V]로 채널 2의 전압을 12[V]로 조정한다.

④ ED-3300A(VCO) 모듈의 채널 1 $V_{tune}$ 전압을 <표 3-7>의 주파수 값이 출력될 수 있도록 가변하면서 Detector에서 검출되는 양을 측정하여 <표 3-7> $P_2$란에 기록한다(주파수는 <표 4-1>을 참조해서 $V_{tune}$ 전압으로 조정한다.).

⑤ [그림 3-35]와 같이 회로를 연결한다.

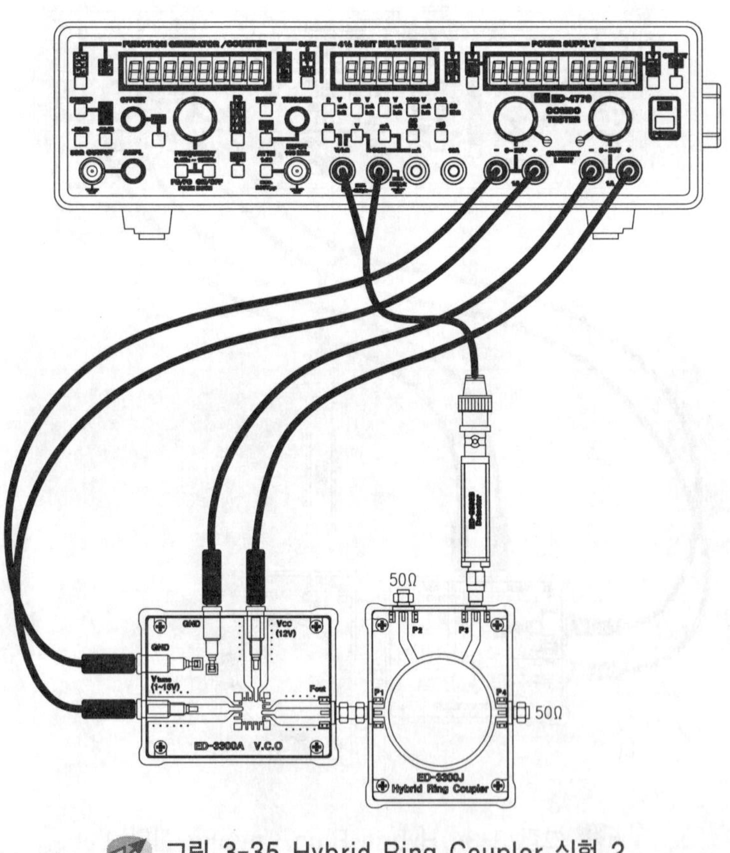


그림 3-35 Hybrid Ring Coupler 실험 2

⑥ 포트 3에 나타나는 신호를 측정하기 위하여 포트 3에 검출기와 전압계를 연결하고 사용하지 않는 포트 2와 4는 50[Ω] 정합시킨다(포트 2와 4를 정합하지 않으면 반사된 신호가 포트 3로 역류되어 정확한 측정을 기대할 수 없다.).

⑦ ED-3300A(VCO) 모듈에 동작 전원과 $V_{tune}$ 전원을 공급하기 위해 ED-4770 채널 1의 전압을 1[V]로 조정하고 채널 2의 전압을 12[V]로 조정한다.

⑧ ED-3300A(VCO) 모듈의 채널 1 $V_{tune}$ 전압을 <표 3-7>의 주파수 값이 출력될 수 있도록 가변하면서 Detector에서 검출되는 양을 측정하여 <표 3-7> $P_3$란에 기록한다(주파수는 <표 4-1>을 참조해서 $V_{tune}$ 전압으로 조정한다.).

⑨ [그림 3-36]과 같이 회로를 연결한다.

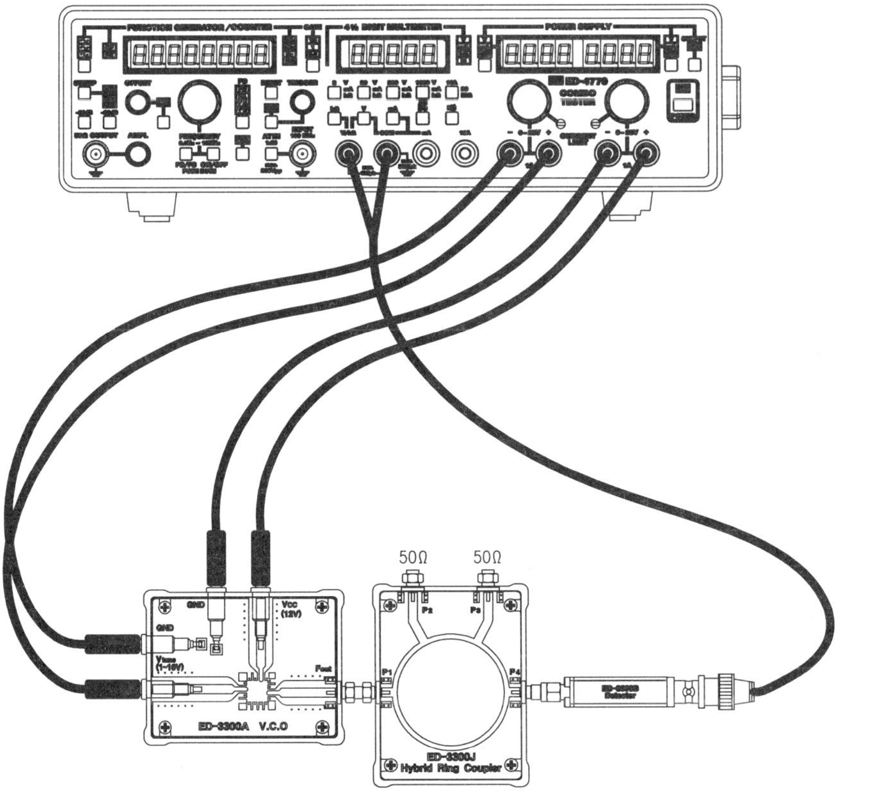

그림 3-36 Hybrid Ring Coupler 실험 3

⑩ 포트 4에 나타나는 신호를 측정하기 위하여 포트 4에 검출기와 전압계를 연결하고 사용하지 않는 포트 2와 3은 50[Ω] 정합시킨다(포트 2와 3을 정합하지 않으면 반사된 신호가 포트 4로 역류되어 정확한 측정을 기대할 수 없다.).

⑪ ED-3300A(VCO) 모듈에 동작 전원 $V_{CC}$와 튜닝전압 $V_{tune}$을 공급하기 위해 ED-4770 채널 1의 전압을 1[V]로 조정하고 채널 2의 전압을 12[V]로 조정한다.

⑫ ED-3300A(VCO) 모듈의 $V_{tune}$ 전압을 <표 3-7>의 주파수 값이 출력될 수 있도록 가변하면서 Detector에서 검출되는 양을 측정하여 <표 3-7> $P_4$란에 기록한다(주파수는 <표 4-1>을 참조해서 $V_{tune}$ 전압으로 조정한다.).

## 5. 측정결과

〈표 3-7〉 각 포트의 전력측정

| 주파수 〔GHz〕 | $P_1$(표 3-1 참조) | $P_2$ | | $P_3$ | | $P_4$ | |
|---|---|---|---|---|---|---|---|
| | 입력전력 〔dBm〕 | 출력전압 〔V〕 | 출력전력 〔dBm〕 | 출력전압 〔V〕 | 출력전력 〔dBm〕 | 출력전압 〔V〕 | 출력전력 〔dBm〕 |
| 1.4 | | | | | | | |
| 1.5 | | | | | | | |
| 1.6 | | | | | | | |
| 1.7 | | | | | | | |
| 1.8 | | | | | | | |
| 1.9 | | | | | | | |
| 2.0 | | | | | | | |

* 참고 : P1값은 <표 3-1>의 출력전력[dBm] 값을 입력한다.

## 6. 검토사항

① 측정된 결합기는 1.7~1.9[GHz]의 범위에서 커플링 평균값은 얼마인가? 즉 몇 데시벨[dB] 커플러라 할 수 있는가? 또한, 이때 사용 가능한 커플러의 주파수 범위는?

② 측정에 포함되지 않는 포트를 정합시키지 않고 그대로 두면 어떠한 문제가 야기되는가?

③ [그림 3-34]에서 포트 1에 주파수 1.8[GHz]이고, 전력 10[dBm]인 신호를 입력하면 포트 2, 3, 4에 각각 얼마의 신호가 나타나는지 <표 3-7>를 참조하여 구하시오.

④ 포트 2에 VCO 입력신호를 연결한다면 포트 1, 3, 4의 출력신호는 어떻게 변하는지 설명하시오.

⑤ Hybrid Ring Coupler에 대한 정의와 원리에 대해서 설명하시오.

⑥ Hybrid Ring Coupler를 이용한 응용회로의 예를 찾아서 설명하시오.

# 3.3 Attenuator, Matched, Unmatched, 정재파비

## 3 3.1 Attenuator 이론과 실습

### 1. 목적

ED-3300G(Attenuator)의 동작 원리와 사용 목적을 ED-3300C(VCO) 모듈과 ED-3300B(Detector) 모듈을 사용하여 알아본다.

### 2. 이론

감쇠기를 간단히 말하면 전기신호의 진폭을 줄이기 위한 장치라고 정의 내릴 수 있다. 감쇠기는 신호 진폭을 작게 할 뿐이고 신호파형을 변형시키지 않기 때문에 감쇠기의 입출력 임피던스는 모두 전송선로의 특성 임피던스와 일치시켜야 된다. 회로 내에서 감쇠기의 용도는 레벨 조정, 안정성 개선 및 정합 개선의 3가지 용도로 가장 많이 사용된다. 여기서 안정성 개선과 정합 개선은 둘 중 한 가지를 개선하면 나머지가 함께 개선되는 경향이 있다. 전력 레벨을 조정하는 용도 이외로 감쇠기가 사용되는 경우는 발진회로의 출력단, 믹서의 LO 입력단, IF 출력단 및 증폭기 출력단 등에 사용된다.

발진회로는 그 출력에 연결되는 부하의 영향을 많든 적든 받게 된다. 여기서 부하의 영향을 덜 받도록 발진회로의 주파수와 출력레벨의 안정성을 개선하기 위해 감쇠기가 사용된다. 일반적으로는 수[dB] 정도의 감쇠기가 많이 사용된다.

믹서에서는 LO(국부발진회로), IF(중간주파회로)와의 정합을 개선하기 위해 사용된다. 예를 들어 반사손실이 특성이 안 좋은 포트에 3[dB]의 감쇠기를 연결하면, 반사손실은 6[dB]가 개선된다.

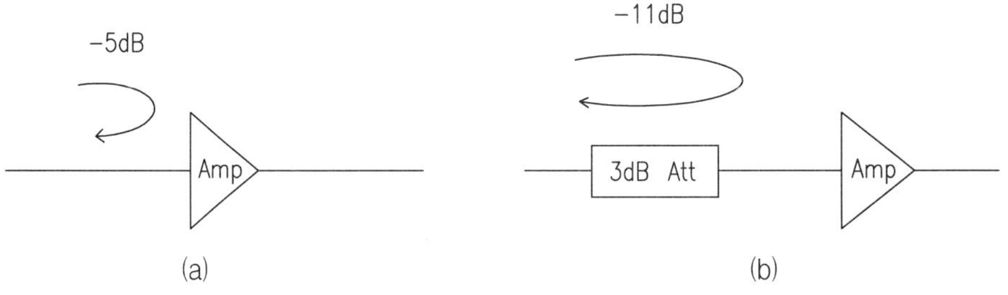


그림 3-37 감쇠기를 이용한 반사손실 개선

[그림 3-37]의 (a)와 같이 반사손실이 5[dB]인 증폭기 회로의 입력단에 (b)와 같은 3[dB] 감쇠기를 연결하면 6[dB]가 추가되어 반사손실이 11[dB]로 개선된다. 이와 같이 감쇠기는 임피던스 정합이 어려운 회로의 중간에 감쇠기를 삽입하여 강제적으로 반사파를 줄이는 정합 개선 용도로도 사용한다. [그림 3-38]은 T형과 π형 고정감쇠기의 외형과 회로 구성을 나타낸 것이다.

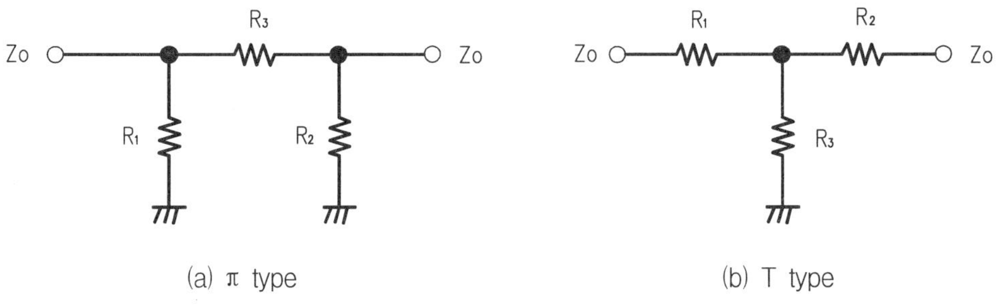


그림 3-38 π형, T형 감쇠기

감쇠기의 감쇠량을 L(dB)로 했을 때 정합을 고려한 각 저항값은 아래 식에서 구할 수 있다.

| π 형 | T 형 |
|---|---|
| $R_3 = \frac{Z_0}{2} = (10^{\frac{L}{10}} - 1) \times 10^{-\frac{L}{20}}$ <br> $R_1 = R_2 = \cfrac{1}{\cfrac{10^{\frac{L}{10}}+1}{Z_o(10^{\frac{L}{10}}-1)} - \cfrac{1}{R_3}}$ | $R_3 = \frac{2Z_0 10^{\frac{L}{20}}}{10^{\frac{L}{10}} - 1}$ <br> $R_1 = R_2 = \frac{10^{\frac{L}{10}}+1}{10^{\frac{L}{10}}-1} Zo - R_3$ |

예를 들어 3[dB] 감쇠기는 아래와 같이 계산된다($Z_o$ = 50[Ω]).

π 형 : $R_1 = R_2$ =296.5[Ω], $R_3$ = 17.6[Ω]

T 형 : $R_1 = R_2$ = 8.6[Ω], $R_3$ = 141.9[Ω]

## 3. 측정장비

| 모듈명 | 품명 | 수량 |
|---|---|---|
| ED-4770 | Combo Tester | 1 |
| ED-3300A | VCO | 1 |
| ED-3300B | Detector | 1 |
| ED-3300G | Attenuator | 1 |
| ED-3300S | Bias3(Butterfly) | 1 |
| Accessory | Banana-Banana | 2 |
| Accessory | BNC-Banana | 1 |
| Accessory | 10dB Att. | 1 |
| Accessory | 20dB Att. | 1 |

## 4. 실험 방법

① [그림 3-39]와 같이 회로를 연결한다.

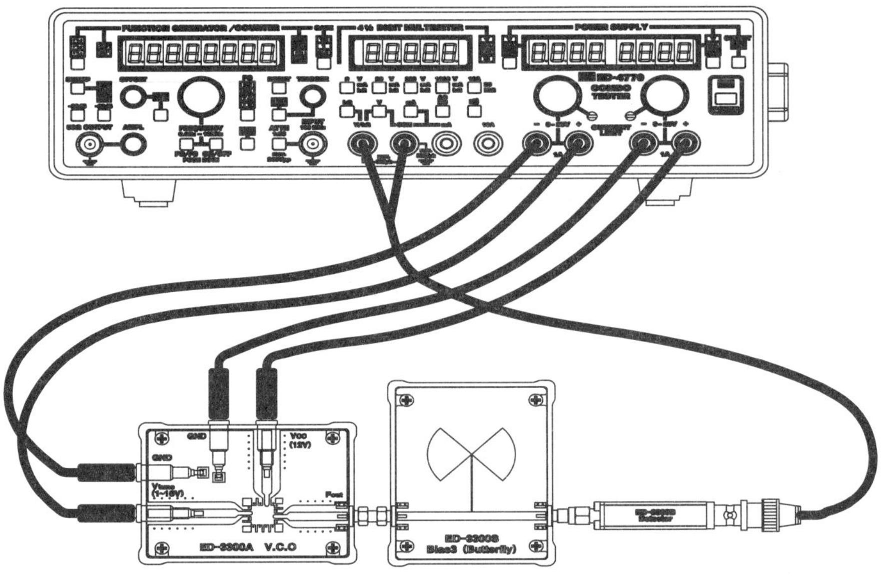


그림 3-39 Attenuator 실험 1

② 기준신호 측정을 위해 ED-3300S(또는 3300Q, R) 모듈을 연결한다(Butterfly Bias 모듈의 IL(Insertion Loss)은 0.1dB 정도이기 때문에 손실의 영향은 무시해도 무관하다.).

③ ED-3300A(VCO) 모듈에 동작 전원 $V_{CC}$와 튜닝전압 $V_{tune}$을 공급하기 위해 ED-4770 채널 1의 전압을 1[V]로 채널 2의 전압을 12[V]로 조정한다.

* 주의 : ED-3300A(VCO) 모듈의 $V_{CC}$와 $V_{tune}$ 단자에 정격전압 보다 높은 전압이 가해질 경우 회로 고장의 원인이 되므로 특별히 주의한다.

④ ED-3300A(VCO) 모듈의 채널 1 $V_{tune}$ 전압을 <표 3-8> 주파수 값이 출력될 수 있도록 가변하면서 Detector에서 검출되는 양을 측정하여 결과를 <표 3-8>의 입력신호에 기록한다(주파수는 <표 4-1>을 참조해서 $V_{tune}$ 전압으로 조정한다.).

⑤ [그림 3-40]과 같이 회로를 연결한다.

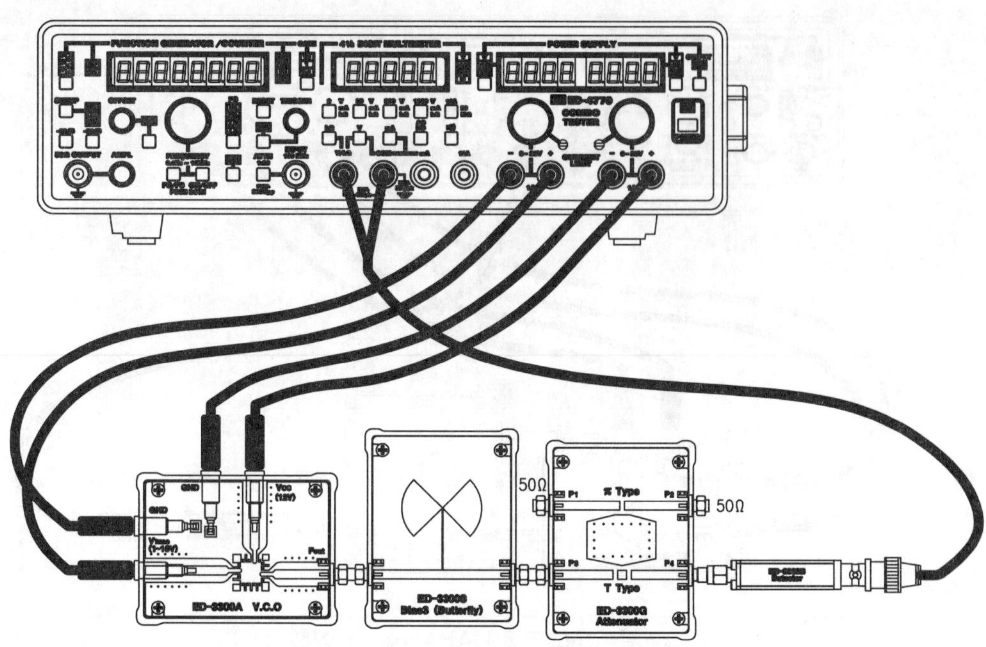


그림 3-40 Attenuator 실험 2

⑥ ED-3300G(Attenuator) 모듈의 T형 감쇠기를 연결한다.

⑦ ED-3300A(VCO) 모듈에 동작 전원 $V_{CC}$와 튜닝전압 $V_{tune}$을 공급하기 위해 ED-4770 채널 1의 전압을 1[V]로 조정하고 채널 2의 전압을 12[V]로 조정한다.

⑧ ED-3300A(VCO) 모듈의 채널 1 $V_{tune}$ 전압을 <표 3-8> 주파수값이 출력될 수 있도록 가변하면서 Detector에서 검출되는 양을 측정하여 결과를 <표 3-8>의 출력신호에 기록한다(주파수는 <표 4-1>을 참조해서 $V_{tune}$ 전압으로 조정한다.).

⑨ 입력신호[dBm] - 출력신호[dBm]를 <표 3-8>의 감쇠량에 기록한다.

⑩ [그림 3-41]과 같이 회로를 연결한다.

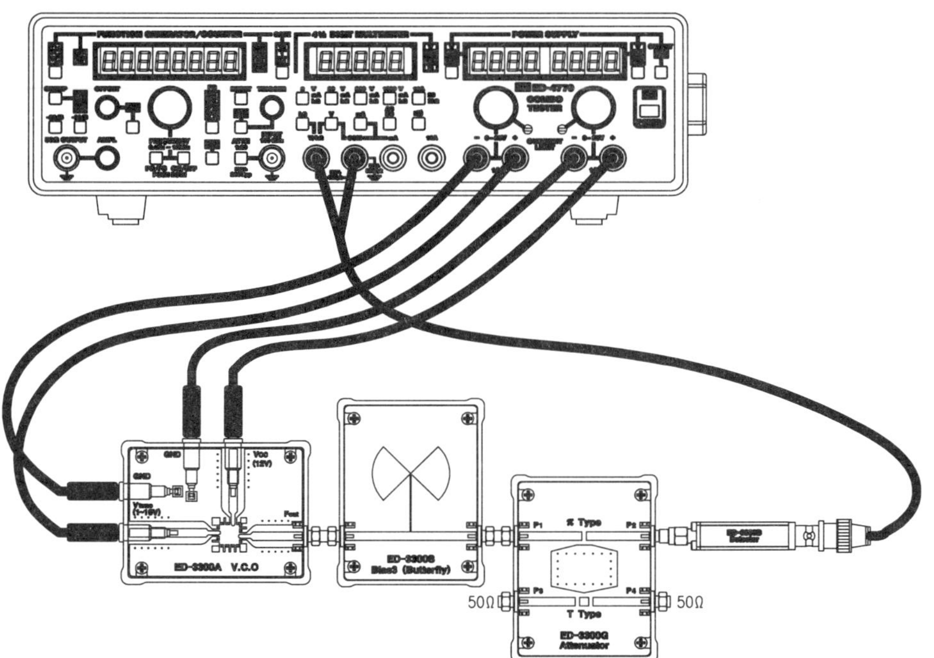


그림 3-41 Attenuator 실험 3

⑪ ED-3300G(Attenuator) 모듈의 π형 감쇠기를 연결한다.

⑫ ED-3300A(VCO) 모듈에 동작 전원 $V_{CC}$와 튜닝전압 $V_{tune}$을 공급하기 위해 ED-4770 채널 1의 전압을 1[V]로 조정하고 채널 2의 전압을 12[V]로 조정한다.

⑬ ED-3300A(VCO) 모듈의 채널 1 $V_{tune}$ 전압을 <표 3-8> 주파수값이 출력될 수 있도록 가변하면서 Detector에서 검출되는 양을 측정하여 결과를 <표 3-8>의 출력신호에 기록한다(주파수는 <표 4-1>을 참조해서 $V_{tune}$ 전압으로 조정한다.).

⑭ 입력신호[dBm] - 출력신호[dBm]를 <표 3-8>의 감쇠량에 기록한다.

## 5. 측정결과

〈표 3-8〉 T형 π형 감쇠기의 특징

| 주파수 | 입력신호 | | T형 감쇠기 | | | π형 감쇠기 | | |
|---|---|---|---|---|---|---|---|---|
| [GHz] | 전압[V] | [dBm] | 전압[V] | [dBm] | 감쇠량[dB] | 전압[V] | [dBm] | 감쇠량[dB] |
| 1.5 | | | | | | | | |
| 1.6 | | | | | | | | |
| 1.7 | | | | | | | | |
| 1.8 | | | | | | | | |
| 1.9 | | | | | | | | |

⑮ T형 또는 π형 대신에 10[dB] 또는 20[dB] 동축 Attenuator를 연결한다.

⑯ 실험과정 ⑫~⑭를 반복하여 <표 3-9>에 기록한다.

〈표 3-9〉 10, 20dB 동축 감쇠기의 특성

| 주파수 | 입력신호 | | 10dB Att. | | | 20dB Att. | | |
|---|---|---|---|---|---|---|---|---|
| [GHz] | 전압[V] | [dBm] | 전압[V] | [dBm] | 감쇠량[dB] | 전압[V] | [dBm] | 감쇠량[dB] |
| 1.5 | | | | | | | | |
| 1.6 | | | | | | | | |
| 1.7 | | | | | | | | |
| 1.8 | | | | | | | | |
| 1.9 | | | | | | | | |

※ 참고 : 입력 신호는<표 3-8>과 동일하므로 다시 측정할 필요는 없다.

## 6. 검토사항

① 측정된 Attenuator는 1.7~1.9[GHz]의 범위에서 감쇠되는 평균값은 얼마인가? 즉 몇 데시벨[dB] Attenuator라 할 수 있는가?

② 측정한 Attenuator들의 대역폭을 비교하시오.

③ 10dB T형 Attenuator를 설계하시오.

④ [그림 3-42]에서 ED-3300S(Bias3)가 있을 때와 없을 때의 차이점을 설명하시오.

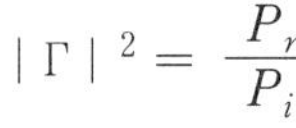

## 3.2 Matched, Unmatched 이론과 실습

### 1. 목적

전송선로의 한쪽 끝이 임의의 부하로 종단된 부정합 회로(ED-3300E)에서 반사되는 전력을 측정하고, λ/4 변환기와 병렬 스터브(ED-3300F)로 정합하는 방법을 알아본다.

### 2. 이론

#### 1) 부정합과 반사

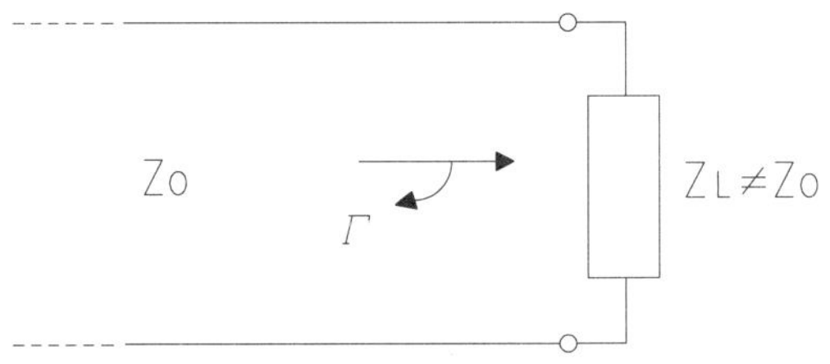


그림 3-42 전송선로에서의 반사

[그림 3-42]와 같이 선송선로의 특성 임피던스 $Z_0$가 종단에 연결된 부하 임피던스 $Z_L$과 다를 때 부하에서 입사파의 일부가 반사되고 선로에 정재파가 생성된다.

전압 반사계수는

$$\Gamma = \frac{V_r}{V_i} = \frac{Z_L - Z_o}{Z_L + Z_o}$$

이다. 단, $V_r$은 반사된 전압의 진폭, $V_i$는 입사된 전압의 진폭이다.

이 때 입사전력과 반사전력의 비는

$$|\Gamma|^2 = \frac{P_r}{P_i}$$

이다. 단, $P_r$은 반사파 전력, $P_i$는 입사파 전력이다.

선로의 종단에 있는 부하가 특성임피던스와 같을 때 선로는 정합 되었다고 하며 반사는 일어나지 않고 총 입사전력이 부하에 전달된다. 즉 $Z_L = Z_o$이면 $\Gamma = 0$이고 $P_r = 0$이다.

반사로 인하여 야기되는 문제점은 아래와 같다.

- 전송선로에서 정재파 생성
- 전송전력의 손실
- 회로 불안정으로 인한 발진의 가능성
- 민감한 소자들의 손상
- 고전력 회로의 아크방전을 야기
- 원치 않는 다른 신호와의 간섭

이상과 같이 반사가 일어나면 시스템의 성능이 저하되고 많은 문제를 일으킨다. 그래서 시스템에서 마이크로파 에너지를 전송하는 입출력 선로에 부하를 정확히 정합하여 소자를 보호하고 반사를 최소화하는 것은 매우 중요하다.

### 2) 전송선로를 이용한 임피던스 정합

임피던스 정합(impedance matching) 방법은 [그림 2-14]와 같이 집중정수소자를 이용한 방법과 지금부터 설명하는 분포정수소자를 이용한 방법이 있다.

① 전송선로의 길이에 따른 임피던스의 변화

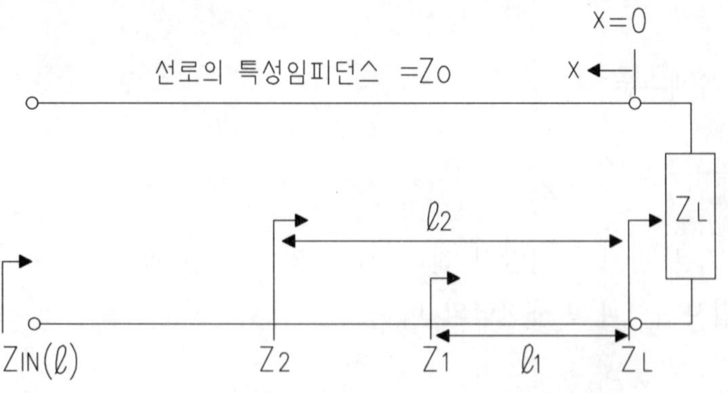


그림 3-43 전송선로의 길이에 따른 부하 임피던스의 변화

[그림 3-43]과 같이 임의의 부하에 전송선로를 연결하고 임피던스를 관찰하면 전송선로의 길이에 따라 임피던스가 다양하게 변화함을 알 수 있다. x=0인 위치에서 부하를 보면 $Z_L$이지만 x가 $\ell_1$, $\ell_2$로 증가함에 따라 $Z_L \neq Z_1 \neq Z_2 \neq Z_{\in}$이다. 만일 부하 임피던스 $Z_L$이 순수한 저항이라 하더라도 $Z_2$, $Z_3$은 복소수이다(저항과 커패시턴스 또는 인덕턴스 성분이 결합된 형태). 다시 말하면 부하에 전송선로를 달고 길이를 적절히 조절하면 임피던스를 원하는 값으로 바꿀 수 있다. 참고로 이와 같은 임피던스의 변화는 전송선로의 길이가 λ/2일 때마다 반복된다(부록 16. 전송선로에 따른 임피던스의 변화 참조).

② 단락 또는 개방된 전송선로의 임피던스

전송선로 종단의 부하가 단락 또는 개방된 경우 전체 임피던스는 전송선로의 길이에 따라 용량성 또는 유도성 부하가 된다. [그림 3-44]와 같이 특성 임피던스가 $Z_0$인 전송선로 끝단을 단락시키고 길이 $\ell$만큼 떨어진 지점에서 임피던스 $Z_{sc}$를 측정하면 $Z_{sc} = jZ_o \cdot \tan(\beta l)\ (= jwL)$이다.

단, 길이 $\ell$이 $0 < \ell < \frac{\lambda}{4}$이고, $\beta = \frac{2\pi}{\lambda}$이다.

즉, $Z_{sc}$가 인덕터$\left(L = \frac{Z_0 \cdot \tan(\beta l)}{w}\right)$의 역할을 할 수 있으며, 이와 같이 전송선로를 이용하여 인덕턴스 성분을 갖도록 한 소자를 분포정수소자라 한다.

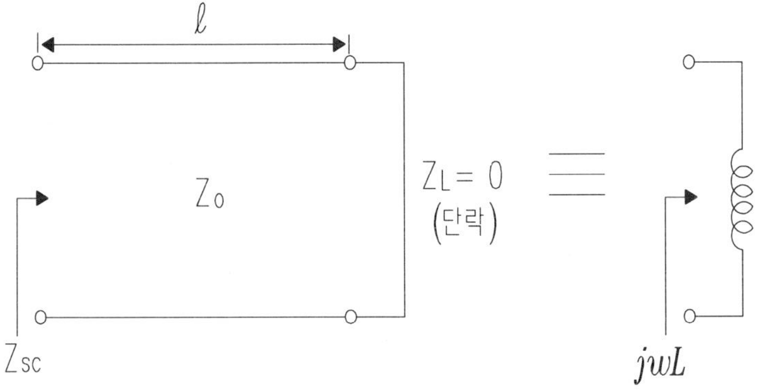


그림 3-44 단락 선로의 임피던스

마찬가지로 [그림 3-45]와 같이 전송선로 끝단을 개방시키고 길이 $\ell$만큼 떨어진 지점에서 임피던스 $Z_{oc}$를 측정하면 $Z_{oc}=\frac{-j}{wC}=-jZ_0 \cdot \cot(\beta l)=\frac{-j}{wC}$이다. 즉 $Z_{oc}$가 커패시터$\left(C=\frac{1}{wZ_0 \cdot \cot(\beta l)}\right)$의 역할을 할 수 있다.

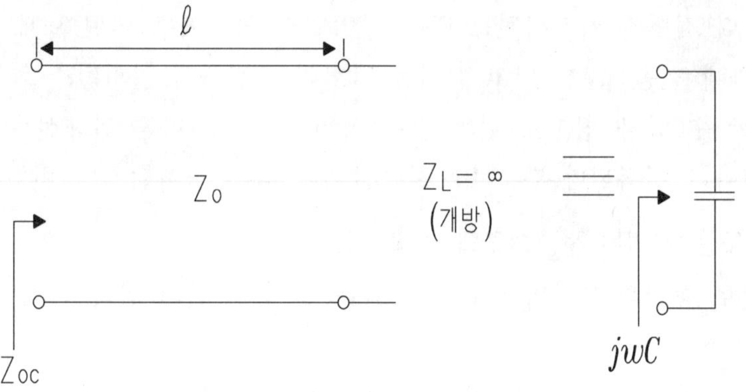


그림 3-45 개방 선로의 임피던스

③ 스터브(Stub)를 이용한 임피던스 정합

[그림 3-46]과 같이 부하 임피던스 $Z_L = R_L + jX_L$일 때 전송선로의 특성 임피던스 $Z_0=50$이면 반사가 일어난다. 이때 그림 (b)와 같이 정합회로를 삽입하여 입력 임피던스 $Z_T=50$으로 맞추면 $Z_T = Z_0$가 되어 반사계수 $\Gamma=0$이 되고 정합이 이루어진다.

정합하는 방법을 일례로 들면, $Z_L = R_L + jX_L$일 때 여기에 전송선로를 연결하여 새로운 임피던스 $50 + jX_L'$를 얻을 수 있도록 전송선로의 길이를 조정한다. 다시 여기에 $-jX_L'$를 직렬로 연결하면 전체 임피던스는 $Z_T=50 + jX_L' - jX_L'=50$이 되어 정합을 할 수 있다. 회로를 직렬로 연결하는 것은 실제적인 어려움이 있으므로 일반적으로 병렬로 연결하는 방법으로 정합한다.

[그림 3-46]의 (b)에 나타난 정합회로를 전송선로를 이용하여 설계하는 방법을 알아보자. $Z_0$에 정합하려고 하는 회로의 부하 임피던스가 $Z_L = R_L + jX_L$일 때 여기에 [그림 3-47]의 (a)와 같이 전송선로를 연결하여 어드미턴스 $Y_1$이 $Y_1=\frac{1}{Z_1}=\frac{1}{50}+jB_1$ 되도록 길이 $\ell_1$을 조정한다.

이와는 별개로 그림 (b)와 같이 끝이 단락(또는 개방)된 전송선로의 어드미턴스 $Y_2$가 $Y_2 = \frac{1}{Z_2} = -jB_1$ 되도록 길이 $\ell_2$를 조정한다.

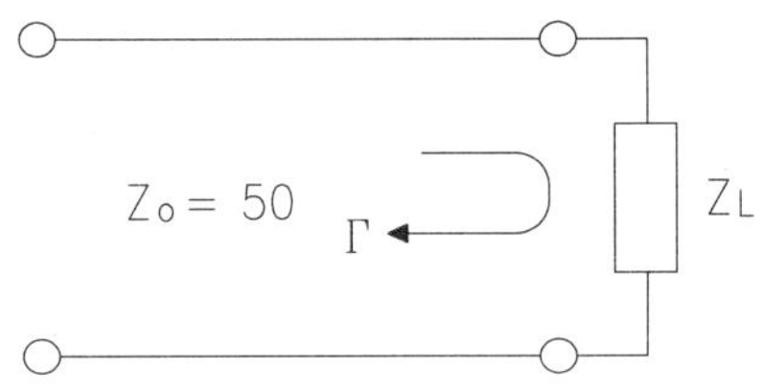


(a) 부정합인 경우

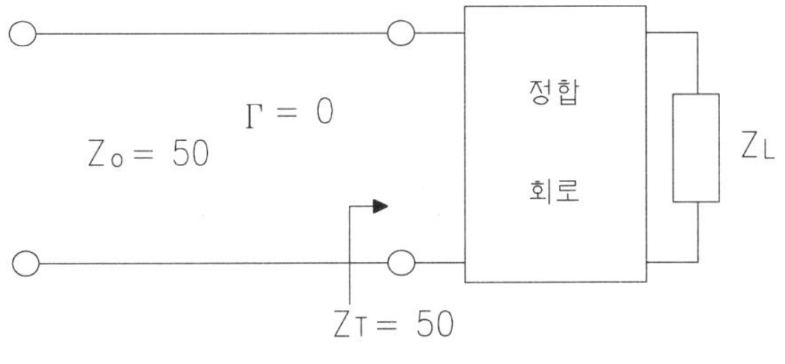


(b) 정합인 경우

**그림 3-46 정합/부정합 회로**

그림 (a)와 (b)를 그림 (c)와 같이 병렬로 연결한다. 이와 같이 병렬로 연결하는 전송선로(분포정수 소자로서)를 스터브(stub)라 한다. 이 때 전체 어드미턴스 $Y_T$는

$$Y_T = Y_1 + Y_2 = (\frac{1}{50} + jB_1) + (-jB_1) = \frac{1}{50}$$

이다. 따라서 전체 임피던스 $Z_T$는

$$Z_T = \frac{1}{Y_T} = 50(= Z_0)$$

로서 정합을 할 수 있다. 이와 같은 방법으로 정합하는 것을 병렬 스터브 정합이라 한다(이와 같은 스터브 정합은 집중정수소자를 이용한 정합에 비해 대역폭이 좁은 단점이 있다.).

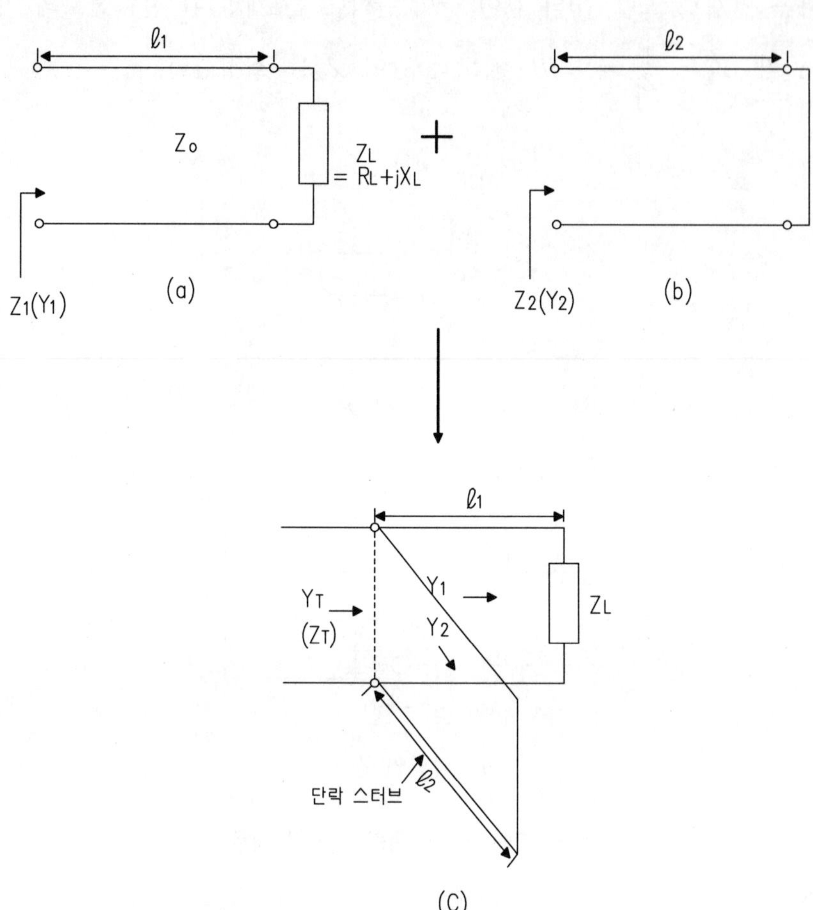


그림 3-47 스터브를 이용한 정합

### 3) $\frac{\lambda}{4}$ 전송선로를 이용한 정합

[그림 3-48]과 같이 부하의 임피던스 $Z_L$에 $\frac{\lambda}{4}$ 길이를 갖는 전송선로를 연결하면 전체 임피던스 $Z_{IN}$은

$$Z_{IN} = \frac{{Z_1}^2}{Z_L}$$

이다. 이러한 특성을 이용하면 저항성 부하를 정합할 수 있다. 단, $Z_1$은 $\frac{\lambda}{4}$ 전송선로의 임피던스이다. 정합을 위해 $Z_{IN}$을 $Z_0$로 맞추려면 $Z_1$을

$$Z_1 = \sqrt{Z_{IN} \cdot Z_L}$$

과 같이 결정한다.

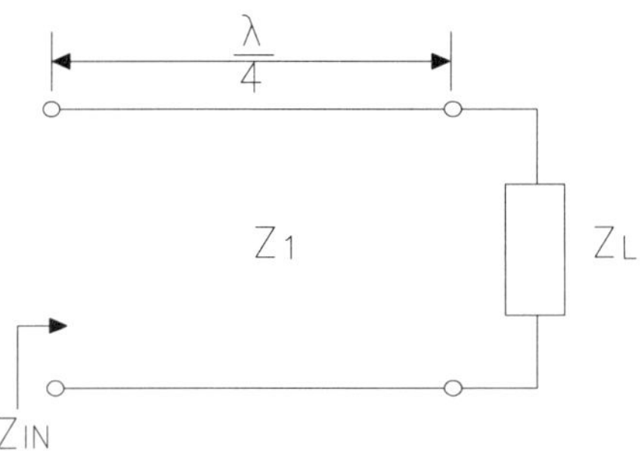


그림 3-48 $\frac{\lambda}{4}$ 전송선로의 임피던스

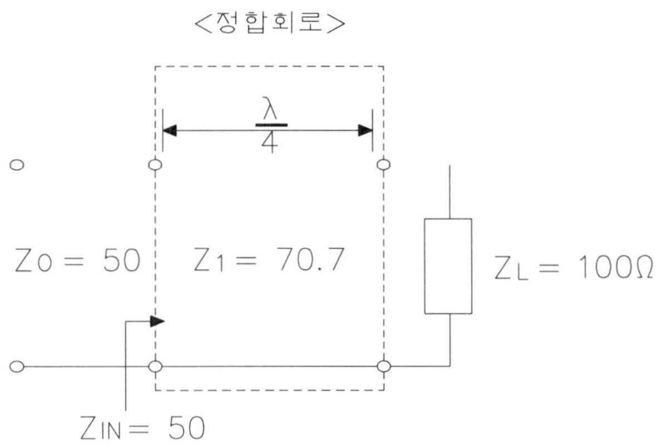


그림 3-49 $\frac{\lambda}{4}$ 전송선로를 이용한 정합

만일 $Z_L$=100[Ω]인 경우 $Z_0$=50[Ω]인 선로에 정합하기 위하여 $Z_1$은

$$Z_1 = \sqrt{50 \cdot 100} = 70.7[\Omega]$$

으로 결정된다. 즉 $\frac{\lambda}{4}$선로의 특성 임피던스 $Z_1 = 70.7[\Omega]$으로 하면 전체 임피던스 $Z_{IN} = 50[\Omega]$으로 정합된다.

결과를 다시 확인하면, $Z_1 = 70.7$일 때 $Z_{IN}$은

$$Z_{IN} = \frac{70.71^2}{100} = 50[\Omega]$$

이 되어 정합된다.

이와 같은 방법을 $\frac{\lambda}{4}$전송선로를 이용한 정합이라 한다. 저항성 부하가 아닌 임의의 복소수 부하를 정합하기 위해서는 [그림 3-43]과 같이 또 다른 전송선로를 연결하여 복소수를 저항성 부하로 변환한 다음 $\frac{\lambda}{4}$정합을 한다.

[그림 3-50]은 마이크로스트립 전송 선로를 이용한 정합의 예이다.

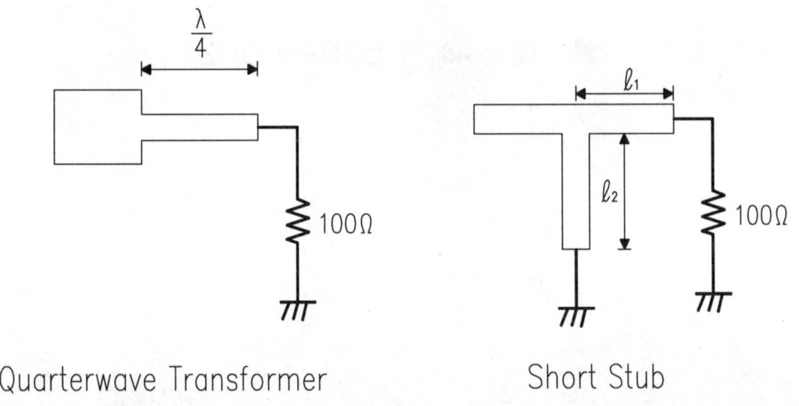


그림 3-50 마이크로스트립 선로를 이용한 정합회로

4) 저항형 임피던스 변환기

[그림 3-51]에서 나타내는 회로는 저항을 이용한 입출력 매칭 회로이다. 이 회로는 서로 다른 임피던스 단 사이에 감쇠기를 삽입하여 적당한 매칭이 이루어지는 최소한의 감쇠량을 구현한 회로로 가정할 수 있다. 저항형 임피던스 변환기의 특징은 DC에서부터 초고주파 대까지 매우 광대역으로 매칭이 가능하다. 그 때문에 넓은 주파수대역을 사용해야 하는 계측기의 Calibration 용도

로 많이 이용된다. 하지만 광대역이 가능한 반면 저항을 이용한 정합이기 때문에 삽입손실은 많아지게 된다.

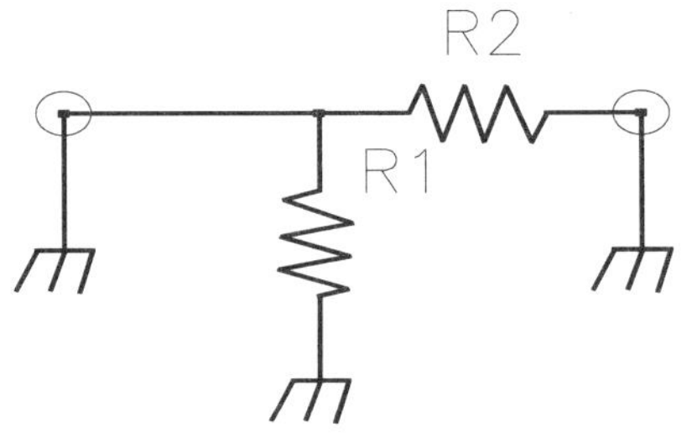


그림 3-51 광대형 저항형 임피던스 변환기

[그림 3-51] 회로는 π형 감쇠기를 변형한 형태로 π형 감쇠기 회로에서 좌우 대칭 형태로 되어있는 저항을 삭제한 형태이다. 매칭 소자의 입력과 출력 임피던스가 대칭이 아니기 때문에 양쪽에 저항이 존재하여도 좌우 비대칭이 되어야만 된다.

## 3. 측정장비

| 모듈명 | 품명 | 수량 |
|---|---|---|
| ED-4770 | Combo Tester | 1 |
| ED-3300A | VCO | 1 |
| ED-3300B | Detector | 1 |
| ED-3300C | Circulator | 1 |
| ED-3300D | Directional Coupler | 1 |
| ED-3300E | Unmatched Load | 1 |
| ED-3300F | Matched Load | 1 |
| Accessory | Banana-Banana | 2 |
| Accessory | 50[Ω] Load | 2 |
| Accessory | BNC-Banana | 1 |

## 4. 실험 방법

① [그림 3-52]와 같이 회로를 연결한다.

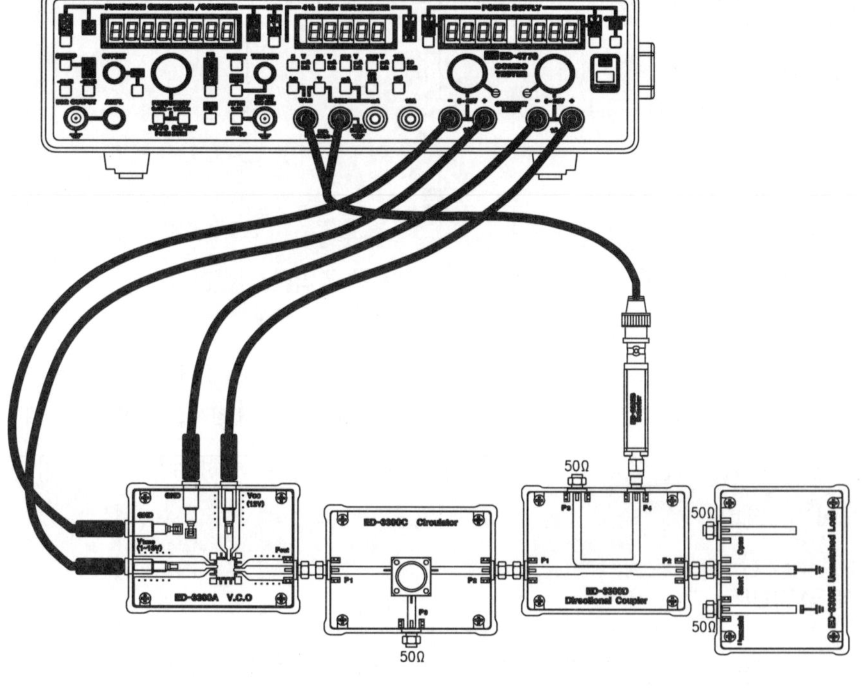


그림 3-52 부정합 측정

② ED-3300A(VCO) 모듈에 동작 전원 $V_{CC}$와 튜닝전압 $V_{tune}$을 공급하기 위해 ED-4770 채널 1의 전압을 1[V]로 조정하고 채널 2의 전압을 12[V]로 조정한다.

* 주의 : ED-3300A(VCO) 모듈의 전원과 $V_{tune}$ 단자에 정격전압 보다 높은 전압이 가해질 경우 회로 고장의 원인이 되므로 특별히 주의한다.

③ ED-3300A(VCO) 모듈의 채널 1 $V_{tune}$전압을 <표 3-10> 주파수값이 출력될 수 있도록 가변하면서 실제 입사전력 $P_i$를 구하기 위하여 부하에 단락(Short)을 연결하고 방향성 결합기의 포트 4에 연결된 Detector에서 검출되는 양을 측정하여 결과를 <표 3-10> $P_i'$란에 기록한다. 단, 단락(Short)일 때 완전반사 한다고 가정한다(주파수는 <표 4-1>을 참조해서

$V_{tune}$ 전압으로 조정한다.).

④ [그림 3-53]과 같이 부하에 100[Ω] 저항(Unmatched)을 연결하고 주파수를 변화시키면서 반사된 전력을 측정한다. 즉 포트 4에서의 전력을 $P_r'$라 하고 <표 3-10>에 기록한다.

단, $\Gamma = \sqrt{\dfrac{P_r'[W]}{P_i'[W]}} = 10^{-\frac{RL[dB]}{20}}$ 이다.

(VCO 주파수 조정은 실험과정 ②, ③과 동일하게 조정한다.)

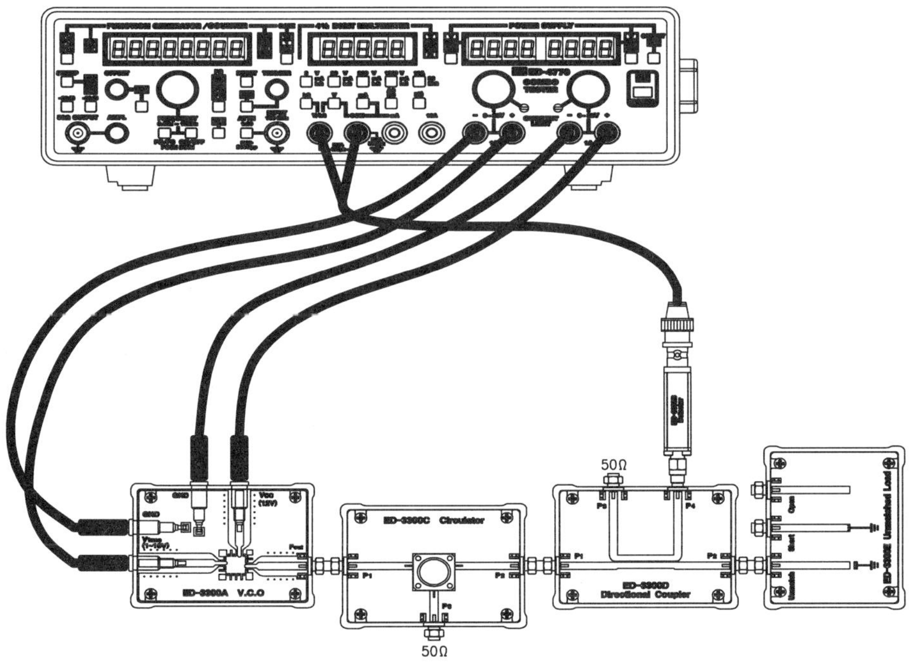


그림 3-53 100[Ω] 부정합 측정

⑤ [그림 3-54]과 같이 부하에 λ/4 정합회로(Stub)를 연결하고 반사된 전력을 측정하여 <표 3-11> $P_r'$란에 기록한다(VCO 주파수 조정은 실험과정 ②, ③과 동일하게 조정한다.).

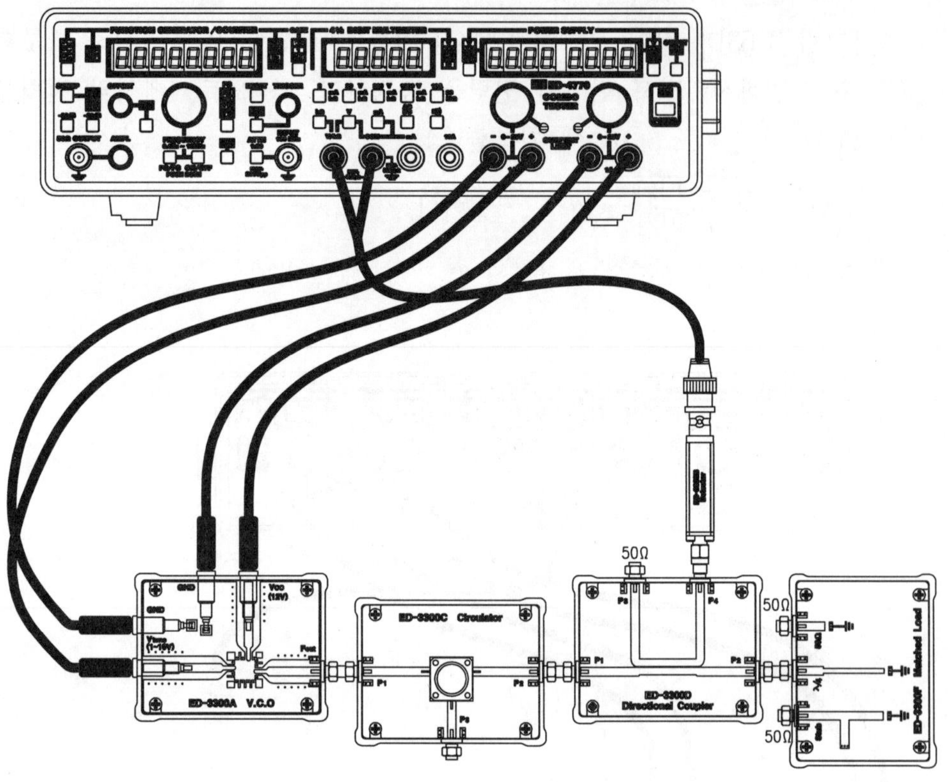


그림 3-54 λ/4 정합 측정

⑥ [그림 3-55]과 같이 부하에 Stub 정합회로를 연결하고 반사된 전력을 측정하여 <표 3-12> $P_r'$란에 기록한다(VCO 주파수 조정은 실험과정 ②, ③과 동일하게 조정한다.).

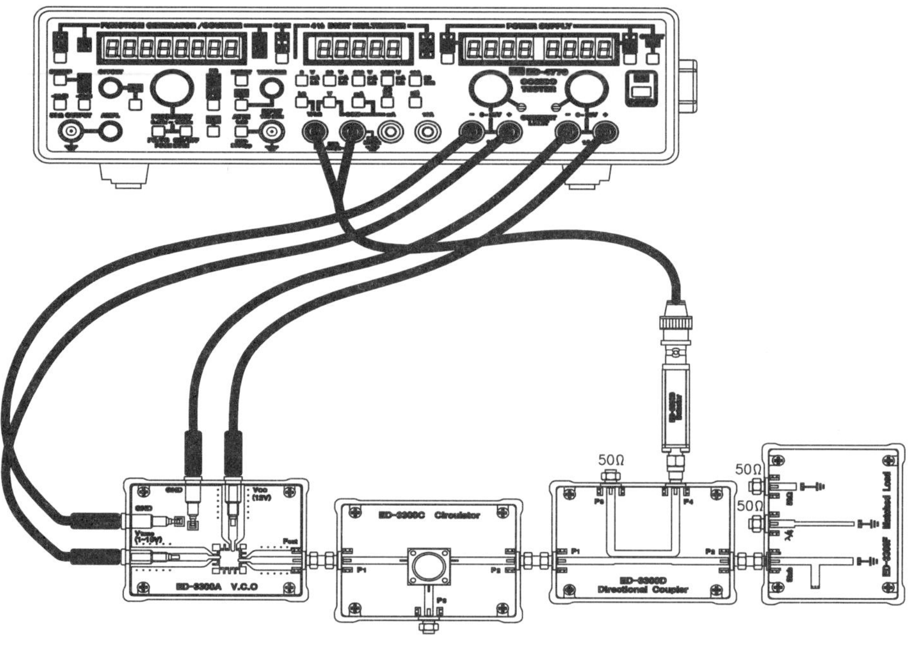


그림 3-55 스터브 정합 측정

## 5. 측정결과

〈표 3-10〉 100〔Ω〕 부하의 반사 측정

| 주파수 〔GHz〕 | $P_i'$ 〔V〕 | $P_i'$ 〔dBm〕 | $P_r'$ 〔V〕 | $P_r'$ 〔dBm〕 | Γ | RL(반사손실) 〔dB〕= $P_i'$〔dBm〕-$P_r'$〔dBm〕 |
|---|---|---|---|---|---|---|
| 1.6 | | | | | | |
| 1.7 | | | | | | |
| 1.8 | | | | | | |
| 1.9 | | | | | | |
| 2.0 | | | | | | |

* 참고 : $P_i'$는 주파수에 따라 약간씩 다르며, $P_i'$보다 $P_r'$가 더 큰 경우는 잘못 측정된 실험이다.

〈표 3-11〉 λ/4 전송선로를 이용한 정합 회로의 반사 측정

| 주파수 〔GHz〕 | $P_i'$ | | $P_r'$ | | Γ | 반사손실 〔dB〕= $P_i'$〔dBm〕-$P_r'$〔dBm〕 |
|---|---|---|---|---|---|---|
| | 〔V〕 | 〔dBm〕 | 〔V〕 | 〔dBm〕 | | |
| 1.6 | | | | | | |
| 1.7 | | | | | | |
| 1.8 | | | | | | |
| 1.9 | | | | | | |
| 2.0 | | | | | | |

* 참고 : $P_i'$는 <표 3-10>과 동일하므로 다시 측정할 필요는 없다.

〈표 3-12〉 Stub를 이용한 정합회로의 반사 측정

| 주파수 〔GHz〕 | $P_i'$ | | $P_r'$ | | Γ | 반사손실 〔dB〕= $P_i'$〔dBm〕-$P_r'$〔dBm〕 |
|---|---|---|---|---|---|---|
| | 〔V〕 | 〔dBm〕 | 〔V〕 | 〔dBm〕 | | |
| 1.6 | | | | | | |
| 1.7 | | | | | | |
| 1.8 | | | | | | |
| 1.9 | | | | | | |
| 2.0 | | | | | | |

* 참고 : $P_i'$는 <표 3-10>과 동일하므로 다시 측정할 필요는 없다.

## 6. 검토사항

① <표 3-10>에서 Γ와 반사손실(Retune Loss)과의 관계를 확인하시오. ( $-20\log\Gamma$ = 반사손실[$dB$])

② 스터브 정합과 λ/4 전송선로를 이용한 정합의 장단점을 비교하시오.

③ 부하 임피던스가 30[Ω]일 때 λ/4 전송선로를 이용하여 정합하려고 한다. λ/4 전송선로의 특성임피던스와 길이는?(단, 주파수는 1[GHz]이고 비유전율 $\varepsilon_r$은 1이다.)

④ <표 3-10>의 측정된 반사계수 Γ로부터 부하저항(약 100[Ω] 예상)을 구하시오. 오차는 어느 정도이며, 오차가 크다면 그 이유는?

⑤ 전력을 dB로 변환할 때 $10\log_{10}P$, 반사손실을 dB로 변환할 때 $20\log_{10}\Gamma$로 계산한다. 앞의 계수가 10과 20으로 서로 다른 이유는?

## 3.3 정재파비 측정 이론과 실습

### 1. 목적

마이크로스트립 선로의 종단이 단락, 개방 또는 정합되었을 때 전송선로에 생성되는 정재파비를 측정하고 반사계수와 파장을 측정하여 반사파와 정재파의 개념을 익힌다.

### 2. 이론

[그림 3-56]의 (a)와 같이 전송선로가 무한히 놓여 있을 때, 마이크로파 신호를 인가하면 선로에서는 진행하는 파만이 존재한다. 또는, 그림 (b)와 같이 전송선로의 특성 임피던스 $Z_0$(보통, 마이크로파에서는 50[Ω]의 선로를 사용한다)와 부하 임피던스 $Z_L$이 같을 때($Z_L=Z_0$)도 모든 입사파가 부하에 전달되고 진행파만이 존재하게 되며, 이때를 정합(Matching)되었다고 한다.

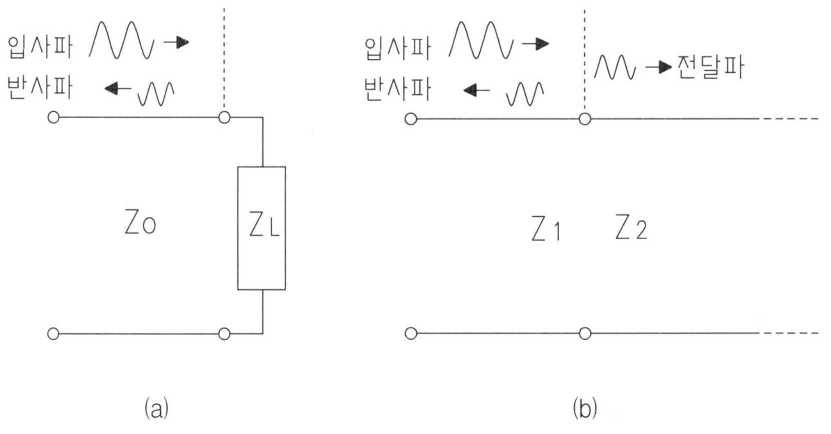


그림 3-56 정합된 전송선로에서의 전파

그러나 [그림 3-57]의 (a)와 같이 선로의 특성 임피던스와 부하 임피던스가 같지 않으면($Z_L \neq Z_0$), 일부는 반사가 일어나고 나머지만 부하에 전달된다. 그림 (b)와 같이 특성 임피던스 $Z_1$인 전송선로와 다른 임피던스 $Z_2$의 무한 전송선로가 연결되었을 때도 마찬가지이며, 이때를 부정합(Mismatching)되었다고 한다.

부정합 회로에서 전압의 입사파와 반사파의 비인, 전압 반사계수 Γ(Gamma)는

$$\Gamma = \frac{V_r}{V_i} = \frac{Z_L - Z_o}{Z_L + Z_o}$$

이다. 단, $V_r$은 반사된 전압의 크기, $V_i$는 입사된 전압의 크기, $Z_0$는 선로의 특성임피던스이고, $Z_L$는 부하임피던스이다.

이 때 입사전력과 반사전력의 비는

$$|\Gamma|^2 = \frac{P_r}{P_i}$$

이다. 단, $P_r$ = 반사파 전력, $P_i$ = 입사파 전력이다.

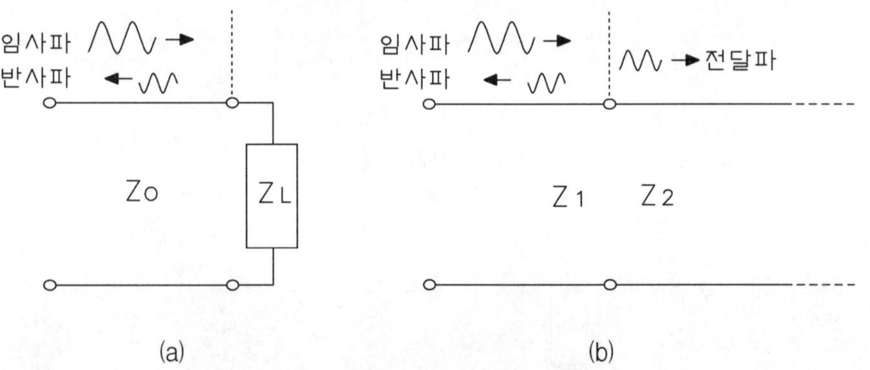


그림 3-57 부정합 전송선로에서의 전파

입사파와 반사파가 선로 상에서 동시에 존재하지만 실제로는 두 파가 서로 합해진 형태로 관측된다. 부하가 단락되어 Γ=-1로 완전반사일 때 [그림 3-58]에 두 파가 합성되어 정재파가 형성되는 과정을 보였다.

그림의 (a)는 반사파, (b)는 입사파이고, (c)는 반사파와 입사파가 합해져서 나타나는 파형이다. 시간이 지남에 따라 크기는 변하지만 기준선을 지나는 마디는 항상 고정되어 있다.

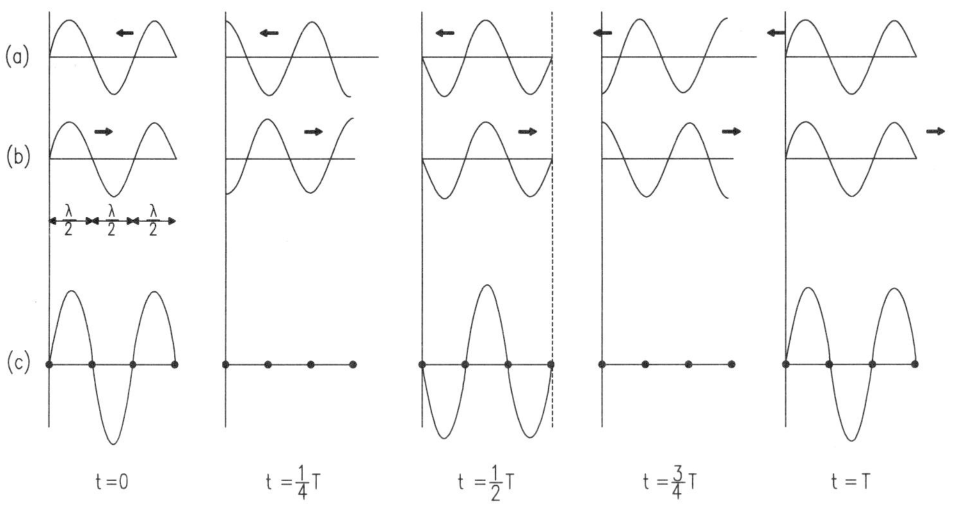


그림 3-58 입사파와 반사파에 의한 정재파의 생성과정

이와 같이 입사파와 반사파가 전송선로 상에 동시에 존재하면서 두 파가 합성되어 정지되어 있는 것처럼 보이는 파형을 정재파(Standing Wave)라 한다.

전송선로의 특성 임피던스와 부하 임피던스가 같아서 정합이 되면 [그림 3-59]의 (a)와 같이 선로상에 나타나는 정재파 전압의 크기는 일정하게 된다. 그러나 (b)와 같이 선로와 부하가 부정합이 되면 전송선로에 입사파와 반사파가 동시에 존재하게 되고, 두 개의 파가 합성되어 정재파가 나타난다. 정재파는 λ/2 주기로 나타나며 반사가 클수록 파고와 파저의 차이가 크다. 그림에는 나타나 있지 않지만 전류도 마찬가지로 정재파가 생긴다.

정재파의 최대값과 최소값의 비를 전압 정재파비 VSWR(Voltage Standing Wave Ratio, ρ)라 하며 아래와 같이 정의한다.

$$VSWR = \rho = \frac{V_{max}}{V_{min}} = \frac{1+|\Gamma|}{1-|\Gamma|} \text{(VSWR=1}\sim\infty)$$

일반적으로 SWR(정재파비)이라 하면 VSWR(전압 정재파비)을 가리킨다. 또는, VSWR을 알면 반사계수 크기를 알 수 있다.

$$|\Gamma| = \frac{VSWR-1}{VSWR+1} (\Gamma=-1\sim1)$$

사실상, SWR은 부하의 반사정도로 알려진 반사계수와 같은 현상이다. 정합된 부하는 반사계수가 0이고 VSWR의 값은 1이다. 정재파비는 주로 차원이 없는 수로 표현되고, 1에서 ∞의 값을 가진다. 가끔 VSWR을 아래와 같이 dB로 표현하기도 한다.

$$\text{VSWR[dB]} = 20\log_{10} \text{VSWR}$$

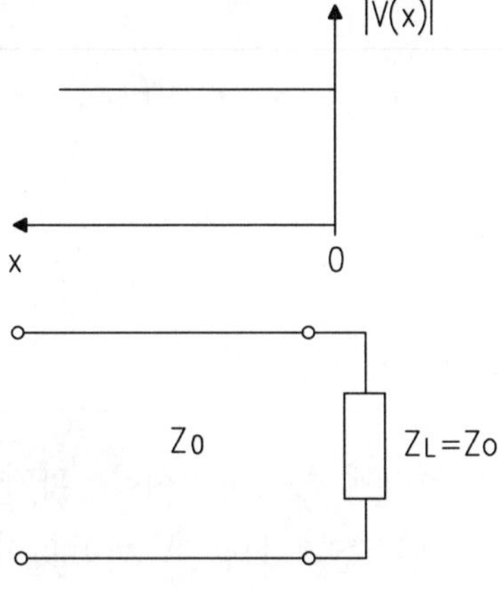


(a) $Z_L = Z_0$(정합)인 경우

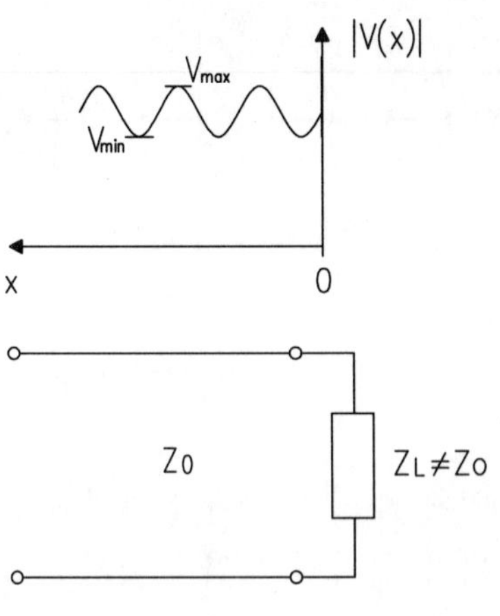


(b) $Z_L \neq Z_0$(부정합)인 경우

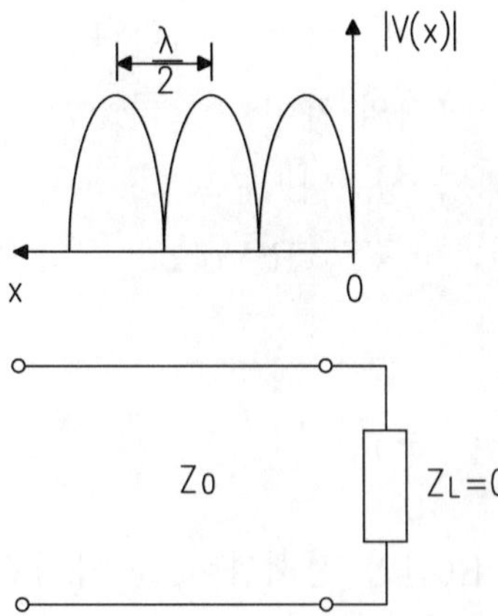


(c) $Z_L = 0$(단락)인 경우

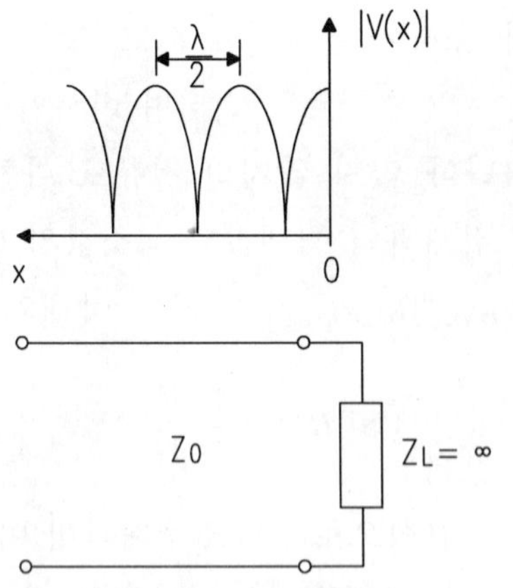


(d) $Z_L = \infty$(개방)인 경우

그림 3-59 전송선로에서 정재파의 실효값 변화

그림 (c)와 같이 부하가 단락 된 경우는 반사계수 $\Gamma$=-1이고, (d)와 같이 부하가 개방된 경우는 반사계수 $\Gamma$=1이며, 두 경우 모두 완전반사가 이루어지고 VSWR은 ∞이다. 단락인 경우 부하에서(x = 0인 위치) 전압은 최소가 되고, 개방인 경우는 최대가 된다.

전송선로에 생기는 정재파는 마이크로스트립 선로에서 관내파장의 절반($\lambda_g/2$)을 주기로 반복된다. 따라서 최소값 간의 거리 또는 최대값 간의 거리를 측정하면 관내파장을 알 수 있고, 이로부터 자유공간의 파장을 구할 수 있다. 즉 입사되는 마이크로파의 주파수를 계산할 수 있다. 주파수를 미리 알면 측정된 관내파장으로부터 마이크로스트립 선로의 실효유전율을 알 수 있다.

즉,

$$\lambda_0 = \frac{c\ (\text{빛의 속도})}{f} = \frac{3\times10^8}{f}[\text{m}]$$

$$\varepsilon_{eff} = \left(\frac{\lambda_0}{\lambda_g}\right)^2$$

이다.

**예제 3-1** 측정된 전압의 최대값(또는 최소값) 간의 거리가 54[mm]인 경우 다음을 구하시오.

① 관내파장(마이크로스트립선로에서의 파장) $\lambda_g$는?

② 자유공간에서의 파장 $\lambda_0$는?

③ 이 때 주파수 f는?

**해**

① $\lambda_g = 2\times54[\text{mm}] = 108[\text{mm}]$

② $\lambda_0 = \lambda_g \times \sqrt{\varepsilon_{eff}}$

특성 임피던스 50[Ω]인 Duroid 6002기판의 경우

실효유전율 $\varepsilon_{eff}$는 2.387(2.4 참조)

$\lambda_0 = 2\times54[\text{mm}] \times\sqrt{2.387} = 167[\text{mm}] = 0.167[\text{meter}]$

③ $f = \frac{c(\text{광속})}{\lambda_0(\text{파장})} = \frac{3\times10^8}{0.167} = 2\times10^9 Hz = 2[\text{GHz}]$

## 3. 측정장비

| 모듈명 | 품명 | 수량 |
|---|---|---|
| ED-4770 | Combo Tester | 1 |
| ED-3300A | VCO | 1 |
| ED-3300B | Detector | 1 |
| ED-3300C | Circulator | 1 |
| ED-3300V | Standing Wave Detector | 1 |
| ED-3300E | Unmatched Load | 1 |
| ED-3300F | Matched Load | 1 |
| Accessory | SMA 50[Ω] Load | 1 |
| Accessory | SMA Short | 1 |
| Accessory | SMA Open | 1 |
| Accessory | BNC-Banana | 1 |
| Accessory | Banana-Banana | 2 |

## 4. 실험 방법

① [그림 3-60]과 같이 회로를 연결한다.

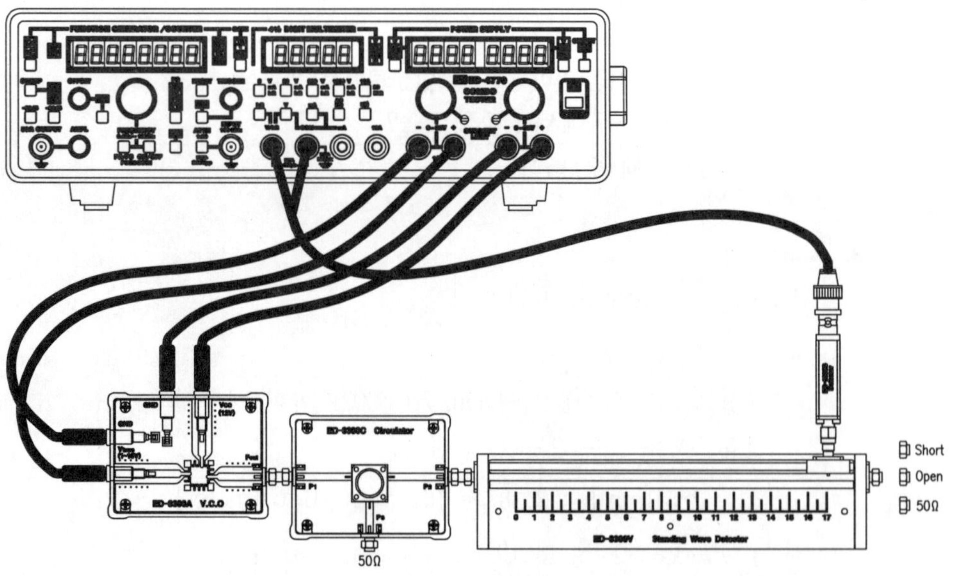


그림 3-60 정재파비 측정

② ED-3300A(VCO) 모듈에 동작 전원 $V_{CC}$와 튜닝전압 $V_{tune}$을 공급하기 위해 ED-4770 채널 1의 전압을 6.2[V]로 조정하고 채널 2의 전압을 12[V]로 조정한다.

* 참고 : Accessory로 제공된 SMA 형태의 50[Ω], Short 및 Open을 테스터기로 저항값을 확인한 후에 실험한다.

* 주의 : ED-3300A(VCO) 모듈의 $V_{CC}$와 $V_{tune}$ 단자에 정격전압 보다 높은 전압이 가해질 경우 회로 고장의 원인이 되므로 특별히 주의한다.

③ ED-3300W(정재파비 측정기)의 출력에 Short를 연결하고, 탐침기를 왼쪽 끝에서 오른쪽으로 천천히 이동하면서 전압계에서 측정되는 피크값과 위치를 <표 3-13>의 항목 1에 기록한다. 단, 탐침기를 이동 할 때는 항상 일정한 힘이 가해지도록 주의한다.

④ 다시 같은 방향으로 탐침기를 이동하면서 전압계에서 측정되는 인접 최소값과 그 위치를 <표 3-13>의 항목 1에 기록한다.

〈표 3-13〉 부하가 Short 일 때 정재파비 측정

| 항목 | 부하(포트-2) : Short | | | |
|---|---|---|---|---|
| 1 | 피크값 1[V] | 위치[cm] | 최소값 1[V] | 위치[cm] |
| | | | | |
| | | | | |
| 2 | 피크값 2[V] | 위치[cm] | 최소값 2[V] | 위치[cm] |
| | | | | |
| | | | | |
| 3 | 피크값 3[V] | 위치[cm] | 최소값 3[V] | 위치[cm] |
| | | | | |
| | | | | |
| 계산 | 피크값 간의 평균거리[cm] | | 최소값 간의 평균거리[cm] | |
| | | | | |
| | 평균 관내파장($\lambda_g$)[cm] | | 평균 정재파비 $\left(\frac{피크값[V]}{최소값[V]}\right)$ | |
| | | | | |

* 주의 : 측정 시 오차가 많을 수 있으므로 반복 측정하여 평균값을 기록한다. 이론상 VSWR은 ∞이지만 장비의 특성상 최소점의 위치와 최소전압을 측정하기 어려워 상당히 큰 정재파비를 얻는데 만족해야한다.

⑤ 탐침기를 계속 오른쪽으로 이동하면서 전압계에서 측정되는 다음 피크값과 위치를 표의 항목 2에 기록한다. 다시 같은 방향으로 탐침기를 이동하면서 전압계에서 측정되는 그 다음 인접 최소값과 그 위치를 기록한다.

⑥ <표 3-13>에서 측정된 항목 1, 2, 3의 결과를 이용하여 계산 항목의 관내파장과 정재파비를 계산하여 표를 완성한다. 단, 관내파장은 피크값 간의 거리 또는 최소값 간의 거리에 2를 곱한 값이다.

⑦ 정재파비 측정기의 포트-2에 Open 또는 50[Ω] 정합을 연결하고 실험과정 ③~⑥을 반복하여 <표 3-14>와 <표 3-15>에 기록하고 표를 완성한다.

〈표 3-14〉 부하가 Open일 때 정재파비 측정

| 항목 | 부하(포트-2) : Open | | | |
|---|---|---|---|---|
| 1 | 피크값 1[V] | 위치[cm] | 최소값 1[V] | 위치[cm] |
| | | | | |
| | | | | |
| 2 | 피크값 2[V] | 위치[cm] | 최소값 2[V] | 위치[cm] |
| | | | | |
| | | | | |
| 3 | 피크값 3[V] | 위치[cm] | 최소값 3[V] | 위치[cm] |
| | | | | |
| | | | | |
| 계산 | 피크값 간의 평균거리[cm] | | 최소값 간의 평균거리[cm] | |
| | | | | |
| | 평균 관내파장($\lambda_g$)[cm] | | 평균 정재파비 $\left(\frac{\text{피크값[V]}}{\text{최소값[V]}}\right)$ | |
| | | | | |

〈표 3-15〉 부하가 50〔Ω〕 정합 일 때 정재파비 측정

| 항목 | 부하(포트-2) : 50〔Ω〕 정합 | | | |
|---|---|---|---|---|
| 1 | 피크값 1[V] | 위치[cm] | 최소값 1[V] | 위치[cm] |
| | | | | |
| 2 | 피크값 2[V] | 위치[cm] | 최소값 2[V] | 위치[cm] |
| | | | | |
| 계산 | | | 평균 정재파비 $\left(\frac{피크값[V]}{최소값[V]}\right)$ | |
| | | | | |

## 5. 측정결과

⑧ [그림 3-61]과 같이 회로를 연결한다.

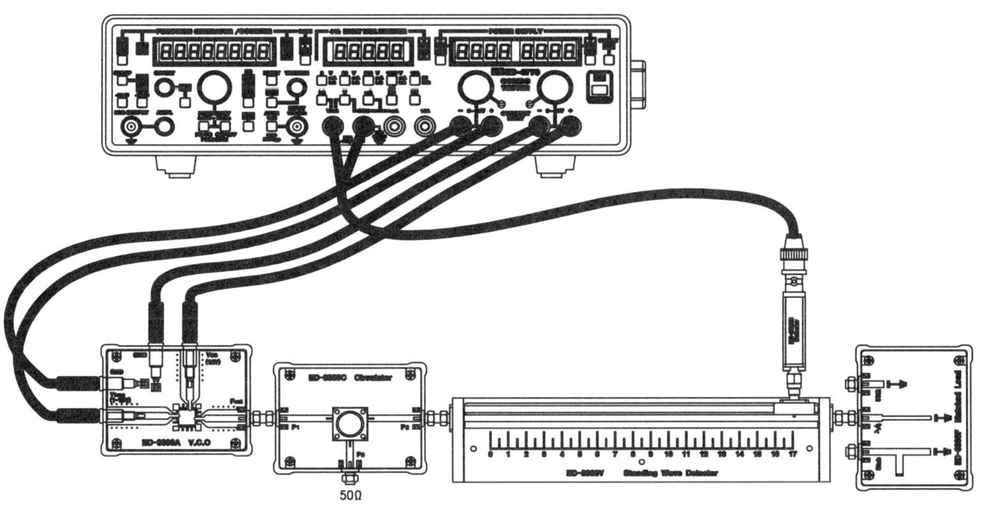


그림 3-61 반사계수 측정

⑨ ED-3300V(Standing Wave Detector)에 ED-3300E(Unmatched Load)의 100[Ω] 또는 ED-3300F(Matched Load)의 $\frac{\lambda}{4}$ 또는 스터브 정합회로를 연결하고 각각의 정재파비를 측정하여 <표 3-16>에 기록한다. Γ와 반사손실은 계산하여 기입한다.

〈표 3-16〉 정재파비 측정기를 이용한 반사 측정

| 부하 회로 | 주파수 〔GHz〕 | VSWR | $\Gamma$ | 반사손실 〔dB〕= $-20\log_{10}\Gamma$ |
|---|---|---|---|---|
| ① 100[Ω] | 1.6 | | | |
| | 1.7 | | | |
| | 1.8 | | | |
| | 1.9 | | | |
| | 2.0 | | | |
| ② $\frac{\lambda}{4}$정합회로 | 1.6 | | | |
| | 1.7 | | | |
| | 1.8 | | | |
| | 1.9 | | | |
| | 2.0 | | | |
| ③ stub 정합회로 | 1.6 | | | |
| | 1.7 | | | |
| | 1.8 | | | |
| | 1.9 | | | |
| | 2.0 | | | |

* 참고 : 단, $|\Gamma| = \frac{VSWR-1}{VSWR+1}$ 이다.

## 6. 검토사항

① 부하가 Short일 때와 Open일 때 정재파비가 예상한 만큼 큰 값이 측정되었는가? 그렇지 않다면 그 이유는?

② 측정된 관내파장으로 미루어 인가된 주파수를 알 수 있다. VCO에서 공급한 신호의 주파수와 일치하는가? 단, $\varepsilon_{eff} = 2.8$이다.

③ 정재파비 측정기의 포트 3을 좌우로 움직이며 최대/최소점을 찾는 경우, 신호원 쪽으로 진행할 때마다 측정되는 최대/최소점의 전압이 다르다면 그 이유는?

④ <표 3-13, 14>에서 구한 정재파비로부터 $\Gamma$의 크기를 역으로 산출하시오. 또, 반사계수 $\Gamma$를 알면 부하임피던스를 알 수 있다. 선로의 특성임피던스 $Z_0$가 50[Ω]일 때 $Z_L$은 얼마인가?

# 3.4 PIN Diode Switch, Wilkinson Power Divider

## 3 4.1 PIN Diode Switch 이론과 실습

### 1. 목적

마이크로파 신호를 임의의 전송선로에서 다른 전송선로로 연결하거나, 신호를 On/Off시키는 PIN 다이오드 스위치에 대하여 알아본다.

### 2. 이론

마이크로파 스위치는 기계적인 스위치와 전기적인 스위치가 있다. 전기적인 스위치는 주로 PIN 다이오드를 이용한다. PIN 다이오드는 스위치 뿐 만 아니라 가변 감쇠기, 리미터(limiter), 변조기 등에 자주 사용된다.

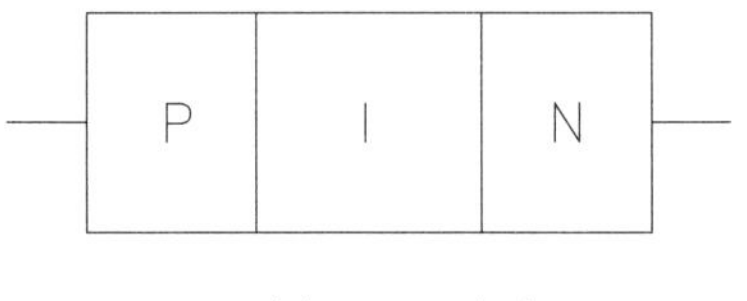


(a) PIN 다이오드

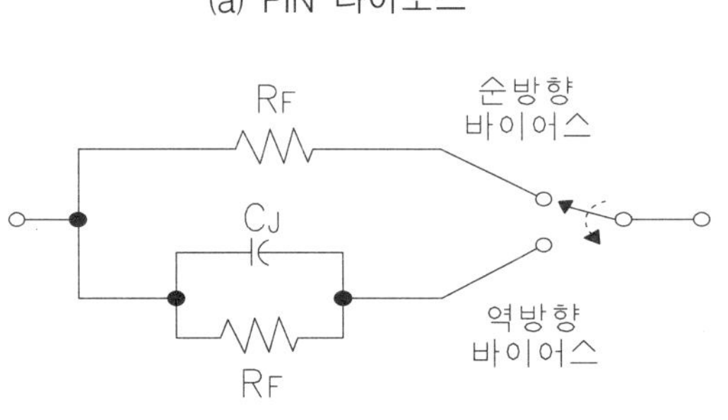


(b) PIN 다이오드의 등가회로

그림 3-62 PIN 다이오드의 구조

PIN 다이오드는 [그림 3-62]의 (a)와 같이 PN접합 사이에 도핑을 거의 하지 않은 고저항의 반도체 I영역(진성층) 접합으로 이루어져있다.

이 다이오드에 순방향 전류가 흐르면, 정공과 전자는 I영역에 주입되지만 이들은 전부가 다 재결합할 수 없기 때문에 그 일부가 저장전하로 머물게 된다. 이 전하들로 말미암아 I영역은 저항치가 낮아지게 된다. 100[MHz]까지는 보통 다이오드와 같은 정류특성을 보이나, 주파수가 더 높아지면 가변저항의 특성을 보인다. 이는 저장전하와 I영역 통과 소요시간 때문에 생기는 현상이고, 순방향 직류 전압치에 따라 단락상태에서 1[kΩ] 정도의 저항치를 나타낸다.

순방향과 역방향 바이어스 조건에서 패키지의 기생성분과 리드선의 인덕턴스를 제외한 PIN 다이오드의 단순한 등가회로가 그림 (b)에 나타나 있다. $R_F$는 순방향 전압일 때의 등가저항으로서 보통 0~1[kΩ]의 값을 가지며 순방향 전류가 클수록 작아진다. $R_R$은 역방향 저항으로 약 10[kΩ]~1[MΩ]이며, $C_J$는 역방향 접합 커패시턴스로서 약 0.1~2[pF]의 값을 가지며 역방향전압이 커질수록 작아진다.

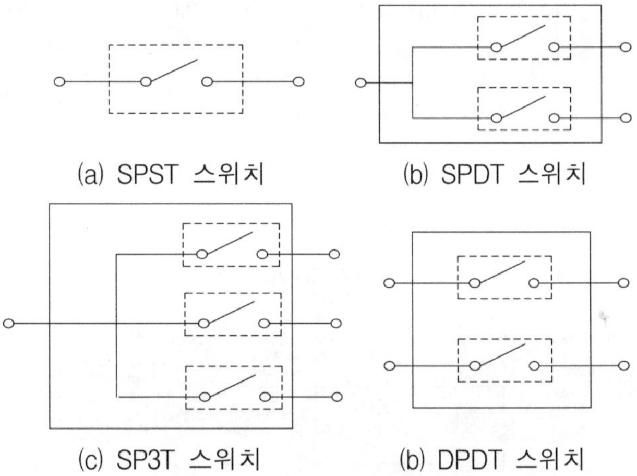

(a) SPST 스위치

(b) SPDT 스위치

(c) SP3T 스위치

(b) DPDT 스위치

그림 3-63 각종 스위치

[그림 3-63]은 PIN 다이오드를 이용한 각종 스위치의 예를 나타내고 있다. 그림의 점선으로 나타낸 부분이 PIN 다이오드이다. 그림 (a)는 하나의 신호를 다른 포트로 연결 또는 단절하는 스위치로서 SPST(Single Pole Single Through) 스위치라 한다. 그림 (b)는 SPDT(Single Pole Double Through)스위치, 기타 (c), (d)와 같이 용도에 따라 SP3T, DPDT(Double Pole Double

Through) 등 여러 가지 스위치를 구성할 수 있다. [그림 3-64]는 PIN 다이오드를 이용한 SPDT 스위치의 회로도로서, 2개의 바이어스 전압 $V_2$와 $V_3$에 따라 경로가 선택된다. 소자는 휴렛팩커드사의 HSMP-3824로, 한 패키지 안에 두 개 다이오드의 음극단자가 같이 묶여있는 형태(common cathode type)이다.

순방향 바이어스는 저항 $R_B$를 통해서 공급함으로써 순방향 전류를 조절하여 과다전류로 인한 PIN 다이오드의 손상을 막는다. 이 때 전류는 $R_B \rightarrow L \rightarrow D1 \rightarrow L$을 통하여 접지로 흐르고, 각 포트로는 흐르지 못하도록 블락킹 커패시터 CB를 연결한다. $C_P$는 교류잡음을 제거하기 위한 바이패스 커패시터이다. 따라서 [그림 3-64]의 모든 커패시터를 개방하고 인덕터를 단락하면 [그림 3-65]의 (a)와 같이 직류등가회로를 구할 수 있다. 반대로 모든 커패시터를 단락하고 인덕터를 개방시키면 그림 (b)와 같은 교류등가회로를 구할 수 있다.

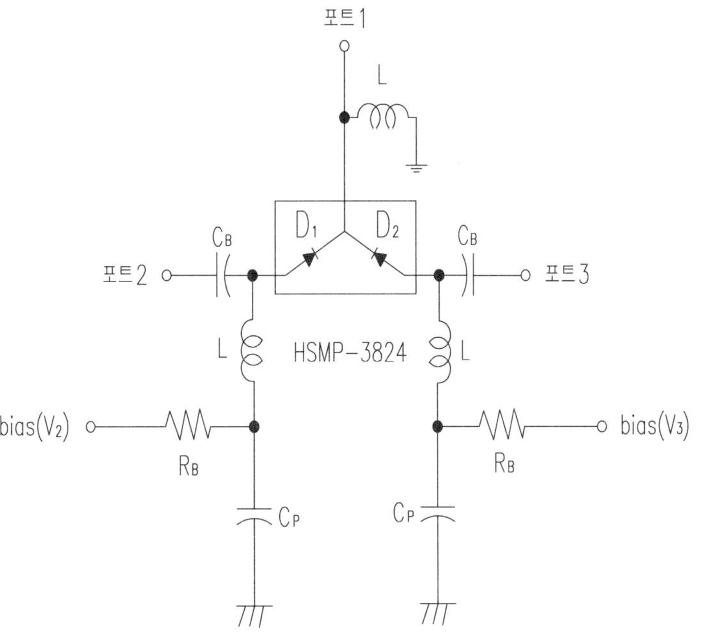


그림 3-64 SPDT 스위치의 회로도

$V_2$에 순방향 전압을 인가하고 $V_3$에 역방향 전압을 인가하면 $D_1$은 On되고 $D_2$는 Off되어, 포트 1에서 포트 2로는 신호가 전달되고 포트 3으로는 전달되

지 않는다. 물론 포트 2와 3은 격리되어 있다. 또는 반대로 $V_2$에 역방향 전압을 인가하고 $V_3$에 순방향 전압을 인가하면, 포트 1에서 포트 3으로는 신호가 전달되고 포트 2로는 전달되지 않는다.

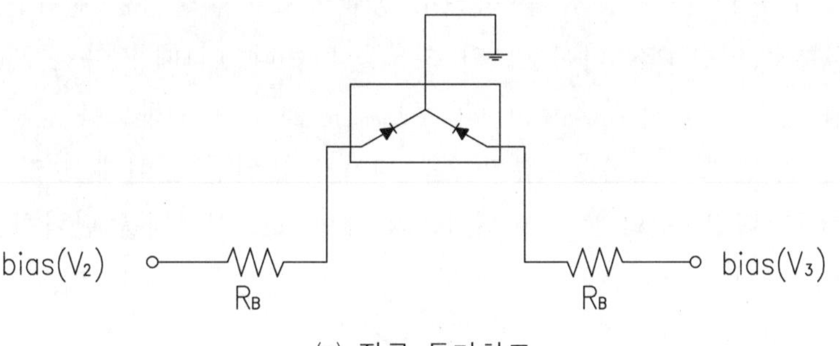


(a) 직류 등가회로

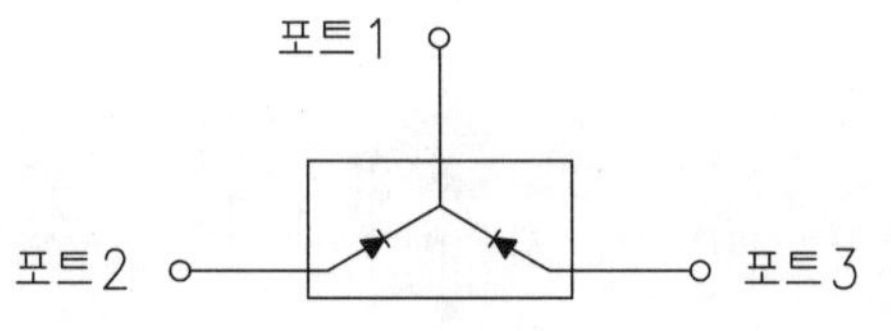


(b) 교류 등가회로

**그림 3-65 스위치의 직류 및 교류 등가회로**

[그림 3-66]에 나타난 PIN 다이오드 SPDT 스위치는 마이크로스트립 선로에 다이오드가 직렬로 삽입된 실제 구현회로이다. DC 바이어스($V_2$와 $V_3$)는 높은 임피던스의 $\lambda_g/4$선로로 공급된다. 마이크로파 신호의 관점에서 이 선로의 한 쪽 끝은 임피던스가 0(접지)이지만 $\lambda_g/4$ 떨어진 점에서는 $\infty$의 임피던스를 갖는다. 따라서 마이크로파 선로에 아무런 영향을 주지 않고 DC 바이어스가 다이오드에 공급된다.

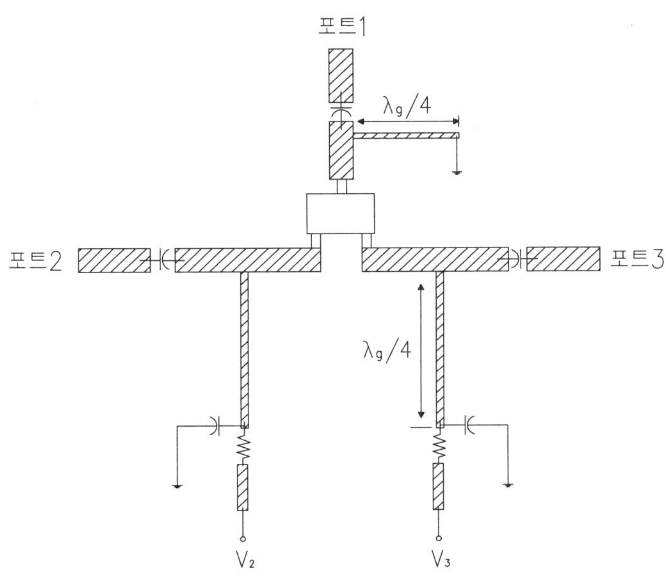


그림 3-66 마이크로스트립 선로로 구현된 스위치

다음 그림은 PIN Diode Switch 모듈에 사용한 소자의 사양을 나타낸 것이다.

# Surface Mount RF PIN Switch and Limiter Diodes

## Technical Data

**HSMP-382x Series and HSMP-482x Series**

### Features

- **Diodes Optimized for:**
  Low Current Switching
  Low Distortion Attenuating
- **Power Limiting/Circuit Protection**
- **Surface Mount SOT-23 and SOT-323 Packages**
  Single and Dual Versions
  Tape and Reel Options Available
- **Low Failure in Time (FIT) Rate**[1]
- **Lead-free Option Available**

**Note:**
1. For more information see the Surface Mount PIN Reliability Data Sheet.

### Package Lead Code Identification, SOT-23 (Top View)

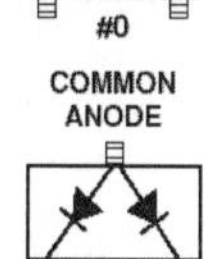


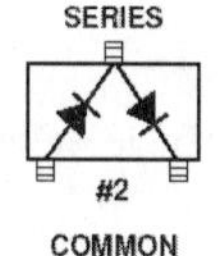


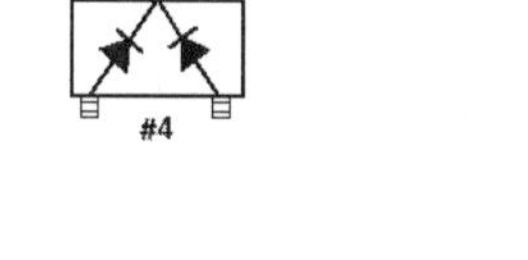


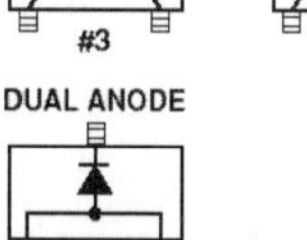


### Package Lead Code Identification, SOT-323 (Top View)

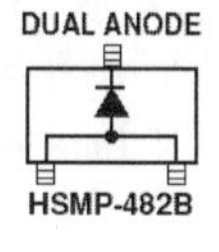

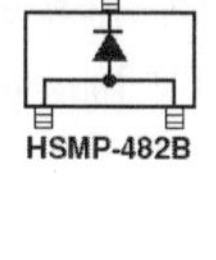

## Typical Parameters at $T_C$ = 25°C (unless otherwise noted), Single Diode

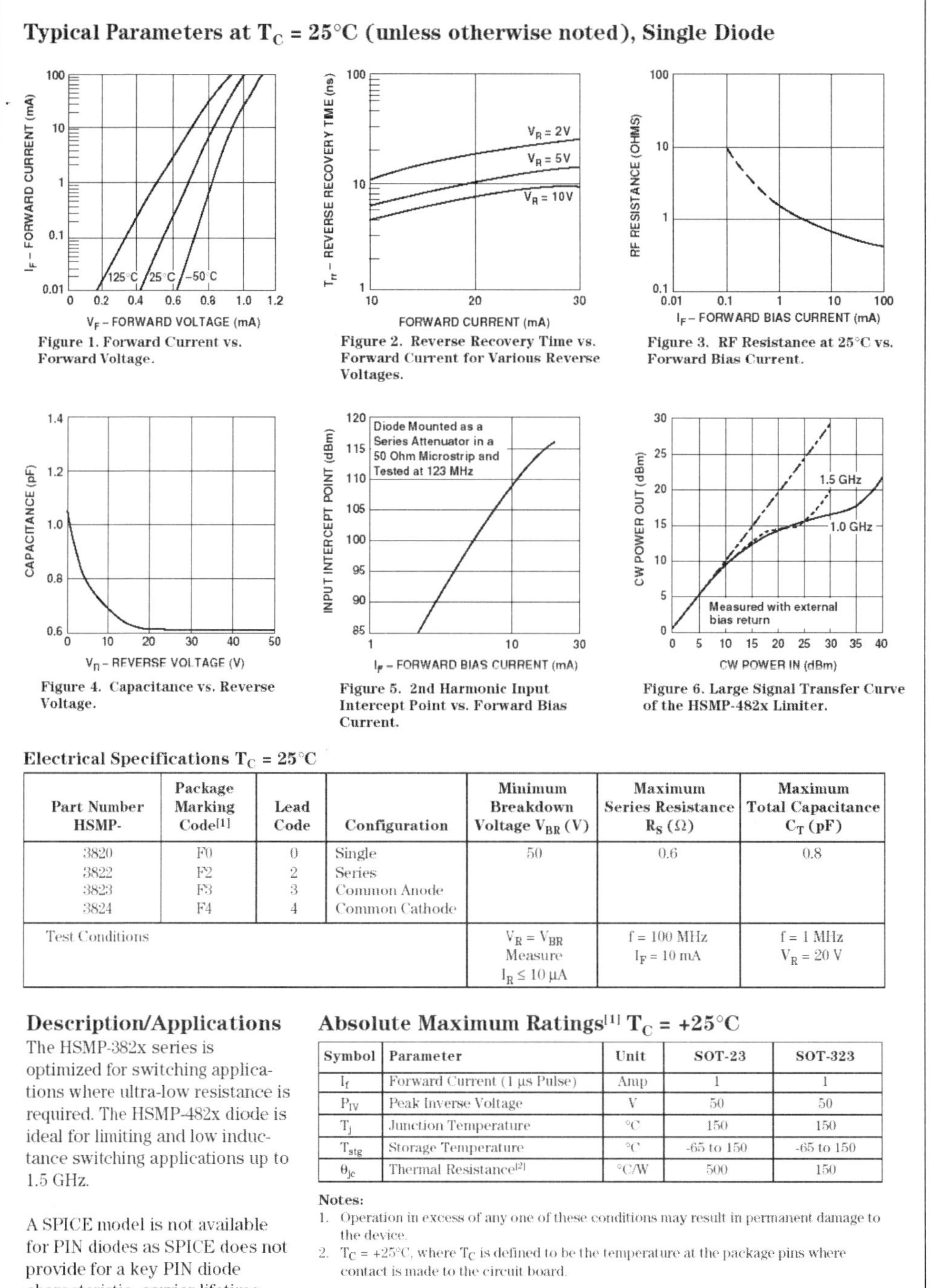


**Figure 1.** Forward Current vs. Forward Voltage.

**Figure 2. Reverse Recovery Time vs. Forward Current for Various Reverse Voltages.**

**Figure 3. RF Resistance at 25°C vs. Forward Bias Current.**

**Figure 4. Capacitance vs. Reverse Voltage.**

**Figure 5. 2nd Harmonic Input Intercept Point vs. Forward Bias Current.**

**Figure 6. Large Signal Transfer Curve of the HSMP-482x Limiter.**

### Electrical Specifications $T_C$ = 25°C

| Part Number HSMP- | Package Marking Code[1] | Lead Code | Configuration | Minimum Breakdown Voltage $V_{BR}$ (V) | Maximum Series Resistance $R_S$ (Ω) | Maximum Total Capacitance $C_T$ (pF) |
|---|---|---|---|---|---|---|
| 3820 | F0 | 0 | Single | 50 | 0.6 | 0.8 |
| 3822 | F2 | 2 | Series | | | |
| 3823 | F3 | 3 | Common Anode | | | |
| 3824 | F4 | 4 | Common Cathode | | | |
| Test Conditions | | | | $V_R = V_{BR}$ Measure $I_R \le 10\ \mu A$ | f = 100 MHz $I_F$ = 10 mA | f = 1 MHz $V_R$ = 20 V |

### Description/Applications

The HSMP-382x series is optimized for switching applications where ultra-low resistance is required. The HSMP-482x diode is ideal for limiting and low inductance switching applications up to 1.5 GHz.

A SPICE model is not available for PIN diodes as SPICE does not provide for a key PIN diode characteristic, carrier lifetime.

### Absolute Maximum Ratings[1] $T_C$ = +25°C

| Symbol | Parameter | Unit | SOT-23 | SOT-323 |
|---|---|---|---|---|
| $I_f$ | Forward Current (1 μs Pulse) | Amp | 1 | 1 |
| $P_{IV}$ | Peak Inverse Voltage | V | 50 | 50 |
| $T_j$ | Junction Temperature | °C | 150 | 150 |
| $T_{stg}$ | Storage Temperature | °C | -65 to 150 | -65 to 150 |
| $\theta_{jc}$ | Thermal Resistance[2] | °C/W | 500 | 150 |

**Notes:**

1. Operation in excess of any one of these conditions may result in permanent damage to the device.
2. $T_C$ = +25°C, where $T_C$ is defined to be the temperature at the package pins where contact is made to the circuit board.

## Description/Applications

The HSMP-382x series is optimized for switching applications where ultra-low resistance is required. The HSMP-482x diode is ideal for limiting and low inductance switching applications up to 1.5 GHz.

A SPICE model is not available for PIN diodes as SPICE does not provide for a key PIN diode characteristic, carrier lifetime.

## Absolute Maximum Ratings[1] $T_C$ = +25°C

| Symbol | Parameter | Unit | SOT-23 | SOT-323 |
|---|---|---|---|---|
| $I_f$ | Forward Current (1 μs Pulse) | Amp | 1 | 1 |
| $P_{IV}$ | Peak Inverse Voltage | V | 50 | 50 |
| $T_j$ | Junction Temperature | °C | 150 | 150 |
| $T_{stg}$ | Storage Temperature | °C | -65 to 150 | -65 to 150 |
| $\theta_{jc}$ | Thermal Resistance[2] | °C/W | 500 | 150 |

**Notes:**
1. Operation in excess of any one of these conditions may result in permanent damage to the device.
2. $T_C$ = +25°C, where $T_C$ is defined to be the temperature at the package pins where contact is made to the circuit board.

## Typical Applications for Multiple Diode Products, continued

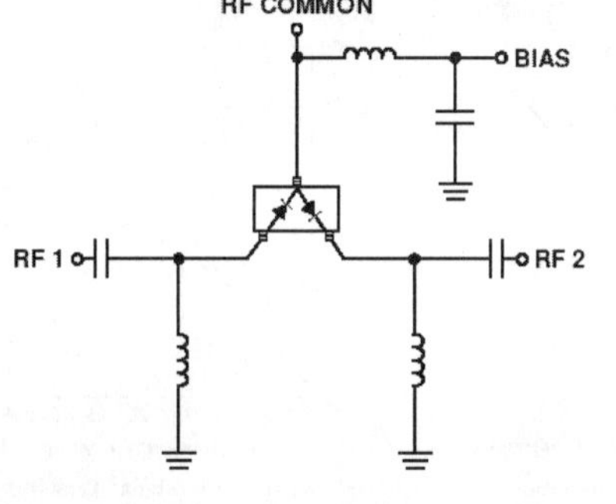


**Figure 9. Switch Using Both Positive and Negative Bias Current.**

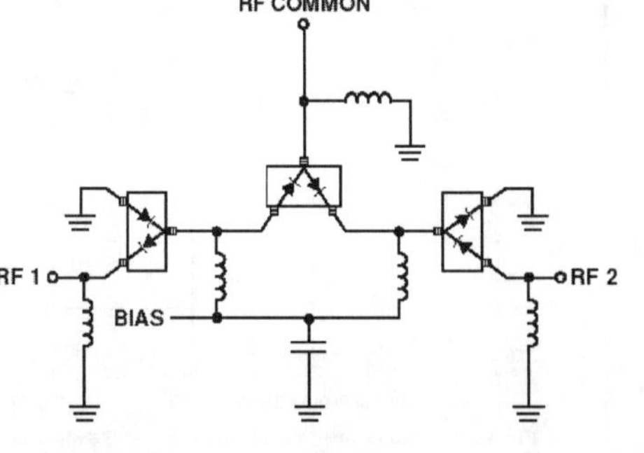


**Figure 10. Very High Isolation SPDT Switch, Dual Bias.**

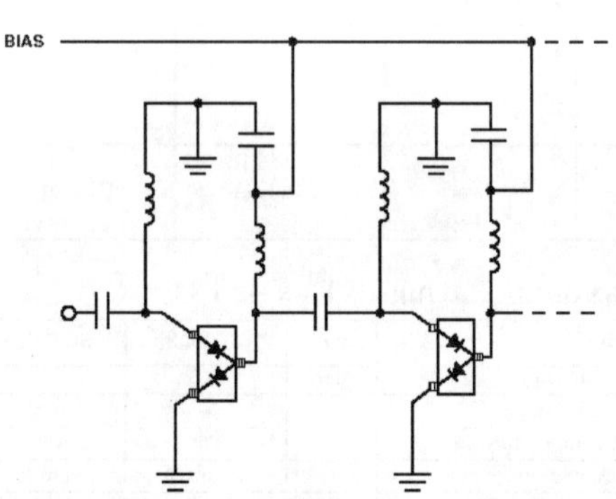


**Figure 11. High Isolation SPST Switch (Repeat Cells as Required.**

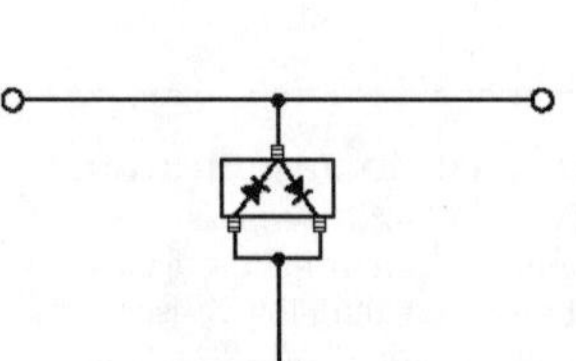

**Figure 12. Power Limiter Using HSMP-3822 Diode Pair. See Application Note 1050 for details.**

**Typical Applications for Multiple Diode Products**

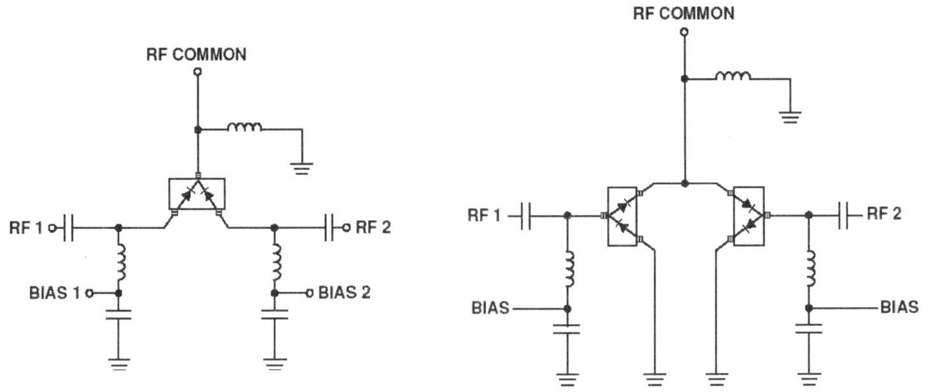

RF COMMON
RF 1
RF 2
BIAS 1
BIAS 2

Figure 7. Simple SPDT Switch, Using Only Positive Current.

RF COMMON
RF 1
RF 2
BIAS
BIAS

Figure 8. High Isolation SPDT Switch, Dual Bias.

## 3. 측정장비

| 모듈명 | 품명 | 수량 |
|---|---|---|
| ED-4770 | Combo Tester | 1 |
| ED-3300A | VCO | 1 |
| ED-3300B | Detector | 1 |
| ED-3300D | Directional Coupler | 1 |
| ED-3300K | Pin Diode Switch | 1 |
| Accessory | SMA 50[Ω] Load | 2 |
| Accessory | BNC-Banana | 1 |
| Accessory | Banana-Banana | 4 |

## 4. 실험 방법

① 스위치에 인가할 입사전력을 측정하기 위해 [그림 3-67]과 회로를 연결한다.

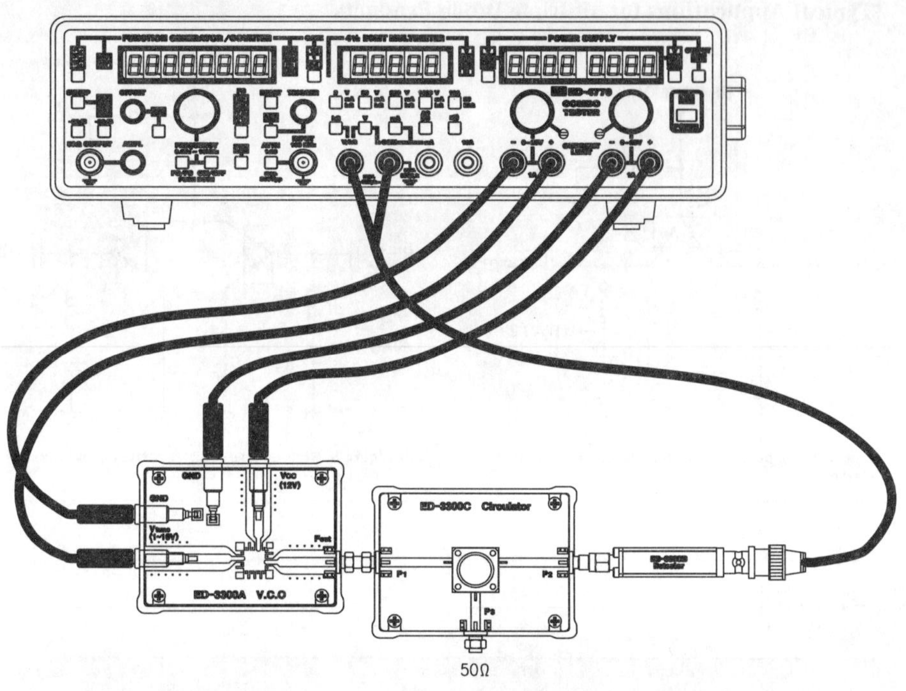


그림 3-67 스위치의 입사전력 측정

② ED-3300A(VCO) 모듈에 동작 전원 $V_{CC}$와 튜닝전압 $V_{tune}$을 공급하기 위해 ED-4770 채널 1의 전압을 1[V]로 조정하고 채널 2의 전압을 12[V]로 조정한다.

③ ED-3300A(VCO) 모듈의 채널 1 $V_{tune}$ 전압을 <표 3-17> 주파수값이 출력될 수 있도록 가변하면서 Detector에서 검출되는 양을 측정하여 <표 3-17> $P_1$란에 기록한다.

* 주의 : ED-3300A(VCO) 모듈의 VCC와 Vtune 단자에 정격전압 보다 높은 전압이 가해질 경우 회로 고장의 원인이 되므로 특별히 주의한다.

④ [그림 3-68]과 같이 회로를 연결한다.

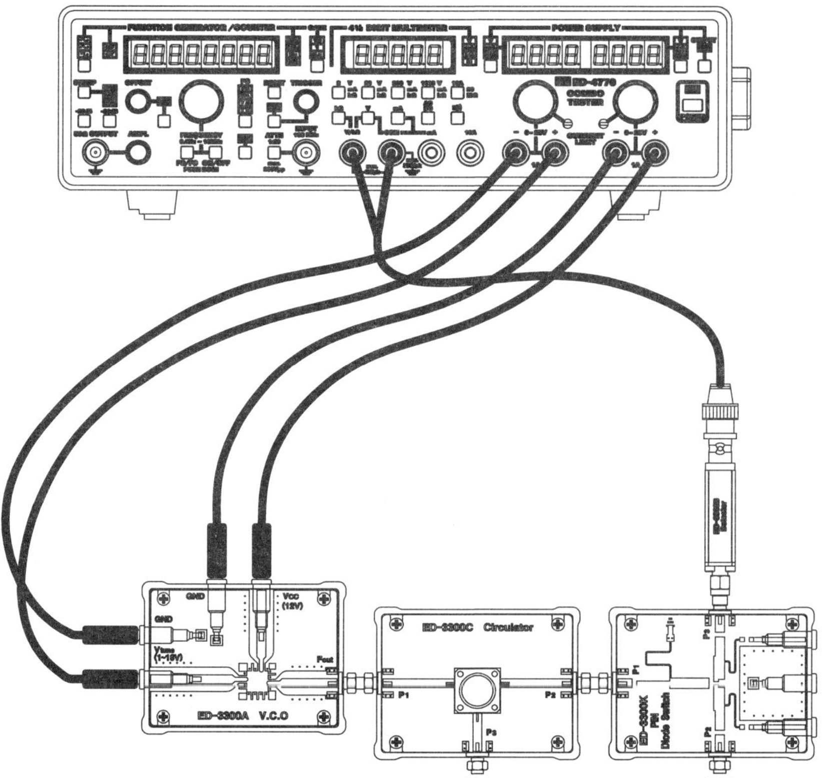

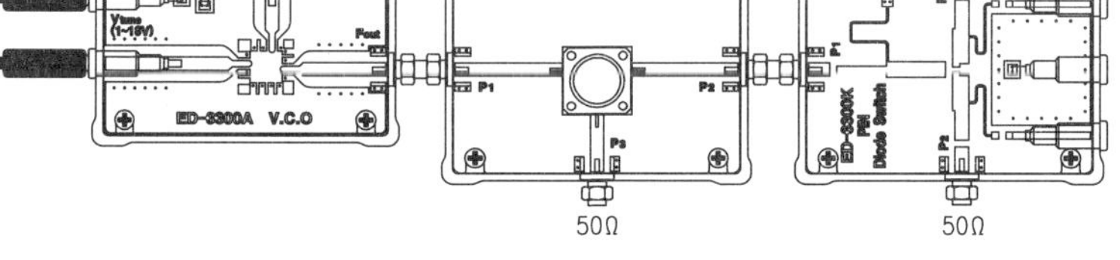


그림 3-68 스위치의 특성 측정

⑤ $V_2$에 5[V]를 인가하고 $V_3$에는 -5[V]를 인가한 후, 포트 2에는 검출기를 연결하고 포트 3은 50[Ω] 정합한다. 검출기의 결과로부터 포트 2로 전달되는 신호를 측정하여 <표 3-17> $P_2$란에 기록한다.

⑥ 다시, 검출기를 포트 3에 연결하고 포트 2는 50[Ω] 정합한다. 검출기의 결과로부터 포트 3으로 전달되는 신호를 측정하여 <표 3-17> $P_3$란에 기록한다.

⑦ 측정된 결과로부터 전달손실과 격리손실을 계산하여 <표 3-17>에 기입한다.

⑧ 전압을 반대로 $V_2$에 -5[V]를 인가하고 $V_3$에는 5[V]를 인가한 후, 과정 ⑤~⑦을 반복하여 <표 3-18>에 기록한다.

⑨ $V_2$와 $V_3$에 모두 5[V]를 인가한 후, 과정 ⑤~⑦을 반복하여 <표 3-19>에 기록한다.

## 5. 측정결과

〈표 3-17〉 스위치의 특성 측정 Ⅰ($V_2$=5[V], $V_3$=-5[V]일 때)

| 주파수 | 입력전력 $P_1$ | | 출력전력 $P_2$ | | 출력전력 $P_3$ | | 전달손실[dB] | 격리손실[dB] |
|---|---|---|---|---|---|---|---|---|
| [GHz] | [V] | [dBm] | [V] | [dBm] | [V] | [dBm] | $P_1$-$P_2$[dBm] | $P_1$-$P_3$[dBm] |
| 1.5 | | | | | | | | |
| 1.6 | | | | | | | | |
| 1.7 | | | | | | | | |
| 1.8 | | | | | | | | |
| 1.9 | | | | | | | | |

* 주의 : <표 3-17>의 입력전력 $P_1$과 <표 3-2>의 $P_2$값은 같은 값이다. 값의 차이가 많으면 다시 확인한다.

〈표 3-18〉 스위치의 특성 측정 Ⅱ($V_2$=-5[V], $V_3$=5[V]일 때)

| 주파수 | 입력전력 $P_1$ | | 출력전력 $P_2$ | | 출력전력 $P_3$ | | 전달손실[dB] | 격리손실[dB] |
|---|---|---|---|---|---|---|---|---|
| [GHz] | [V] | [dBm] | [V] | [dBm] | [V] | [dBm] | $P_1$-$P_2$[dBm] | $P_1$-$P_3$[dBm] |
| 1.5 | | | | | | | | |
| 1.6 | | | | | | | | |
| 1.7 | | | | | | | | |
| 1.8 | | | | | | | | |
| 1.9 | | | | | | | | |

* 참고 : $P_1$란은 <표 3-17>과 같다.

〈표 3-19〉 스위치의 특성 측정 Ⅲ($V_2$=5[V], $V_3$=5[V]일 때)

| 주파수 | 입력전력 $P_1$ | | 출력전력 $P_2$ | | 출력전력 $P_3$ | | 전달손실 1[dB] | 전달손실 2[dB] |
|---|---|---|---|---|---|---|---|---|
| [GHz] | [V] | [dBm] | [V] | [dBm] | [V] | [dBm] | $P_1$-$P_2$[dBm] | $P_1$-$P_3$[dBm] |
| 1.5 | | | | | | | | |
| 1.6 | | | | | | | | |
| 1.7 | | | | | | | | |
| 1.8 | | | | | | | | |
| 1.9 | | | | | | | | |

* 참고 : $P_1$란은 <표 3-17>과 같다.

### 6. 검토사항

① [그림 3-69]의 ED-3300K(PIN Diode Switch)에서 DC 바이어스를 위한 $\lambda_g/4$ 선로의 임피던스를 크게(선로폭을 좁게)하는 이유는?
② <표 3-17, 18>의 실험결과, 스위치의 전달이나 격리는 타당한 값인가?
③ 마이크로스트립 선로로 구현된 스위치의 원리를 설명하시오.

## 3 4.2 Wilkinson Power Divider 이론과 실습

### 1. 목적

Wilkinson Power Divider의 전력 분배를 통해 Coupler와 Divider의 차이점을 이해하고 Wilkinson Power Divider의 특성을 측정한다.

### 2. 이론

#### 1) Power Divider

Coupler는 RF 신호 경로에서 일부 신호를 커플링하는 수동소자를 지칭하고, Power Divider는 전력을 분배하기 위한 수동소자를 말한다. 즉 divider는 많은 전력을 분배한다는 관점에서 사용되는 소자를 통칭하고 Coupler는 divider의 개념과 전력분배가 아닌 전력검출의 개념까지 포함한 보다 큰 개념이다. coupler 중에서 많은 전력을 커플링해서 균등하게 전력을 분배하게 될 때 Power Divider라 할 수 있고, Divider는 Coupler 의 한 용도개념으로 표현할 수 있다. Power Divider는 용도에 따라 전력을 1 : 2, 1 : N의 여러 갈래로 균등하게 분배하거나 또는 비균등하게 분배하는 경우도 있다. Power Divider의 출력과 입력을 바꾸어서 간단하게 구현할 수 있다. [그림 3-69]는 기능별로 나누어진 Coupler의 예를 나타낸 것이다.

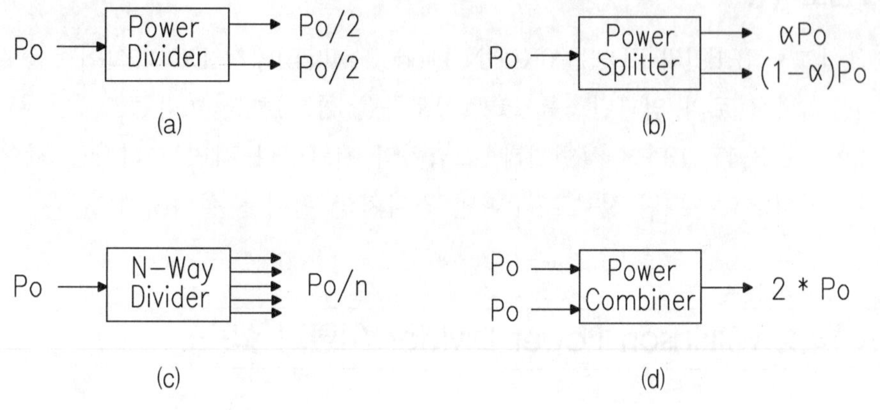


그림 3-69 Coupler의 기능별 분류

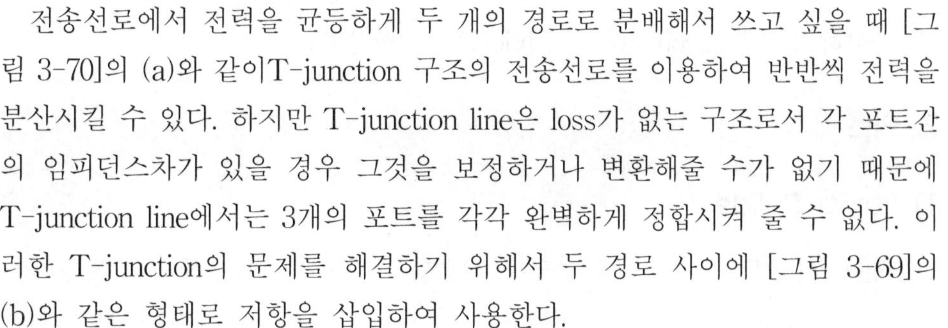

전송선로에서 전력을 균등하게 두 개의 경로로 분배해서 쓰고 싶을 때 [그림 3-70]의 (a)와 같이T-junction 구조의 전송선로를 이용하여 반반씩 전력을 분산시킬 수 있다. 하지만 T-junction line은 loss가 없는 구조로서 각 포트간의 임피던스차가 있을 경우 그것을 보정하거나 변환해줄 수가 없기 때문에 T-junction line에서는 3개의 포트를 각각 완벽하게 정합시켜 줄 수 없다. 이러한 T-junction의 문제를 해결하기 위해서 두 경로 사이에 [그림 3-69]의 (b)와 같은 형태로 저항을 삽입하여 사용한다.

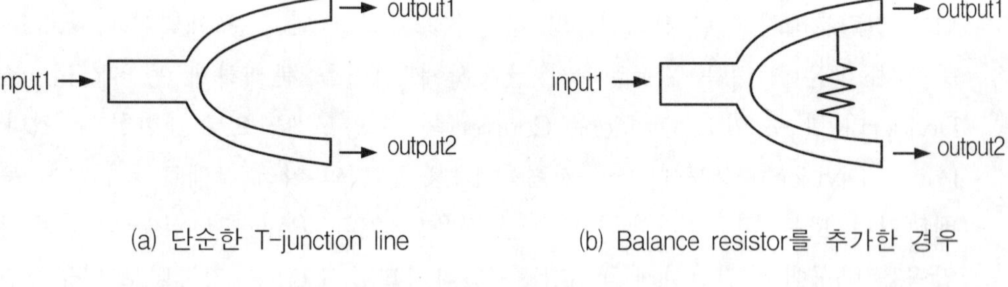


(a) 단순한 T-junction line (b) Balance resistor를 추가한 경우

그림 3-70 T-junction 구조

고주파 RF에서 완벽하게 정합된 전력분배를 위해서 각 포트간의 임피던스 변환과 평형(balance)을 유지시켜주어야 하는데 이러한 여러 가지 고주파 RF 특성을 고려해서 만들어진 것이 Wilkinson Power Divider이다.

[그림 3-71]은 Wilkinson Power divider 구조와 임피던스 관계를 나타낸 것이다.

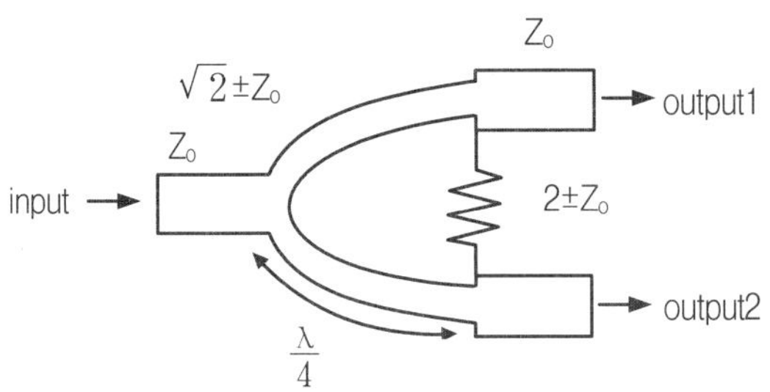


그림 3-71 Wilkinson Power Divider 구조와 임피던스 관계

## 2) Wilkinson Power Divider

Wilkinson Power Divider는 출력 포트 간에 격리가 이루어지고 모든 포트가 정합되도록 만들어진 손실 있는 3포트 분배기이다. 이 Divider는 출력 포트가 정합되었을 때 손실이 없으며 단지 반사된 전력만이 손실된다. Wilkinson Power Divider는 임의의 전력 분배가 가능하게 제작할 수 있고 Microstrip이나 Stripline 형태로 만들 수 있다. 여기서는 등분배(3[dB])의 경우를 대상으로 하고, 분석 방법은 출력 포트에 대칭적 그리고 비대칭적인 신호를 주어 두 개의 단순한 회로로 만들어 해석하는 Even-Odd Mode 분석 기법이 이용된다.

[그림 3-72]와 같이 Divider를 Even Mode(짝모드)와 Odd Mode(홀모드)에 의한 중첩의 원리로 해석하기 위해 포트 2에 내부 임피던스가 $Z_0$인 2[V]의 전원을 인가하고 나머지 포트 1과 2는 $Z_0$만을 종단시키면 [그림 3-34]의 (a) 및 (b)와 같이 Even Mode와 Odd Mode의 중첩으로 간주할 수 있다. 이와 같은 Even-Odd Mode 해석법은 Directional Coupler, Branch Line Coupler 및 Hybrid Ring Coupler를 해석하는데도 사용되며, 전자회로에서 연산증폭기의 입력단에 주로 사용되는 차동증폭기를 해석하는데도 적용된다.

[그림 3-73]에서 포트 2에 가한 입력으로부터 두 모드를 중첩한 각 단자의 결과식은

$$V_2 = V_{2e} + V_{20} = 1$$

$$V_1 = V_{1e} + V_{10} = -j0.707$$

$$V_3 = V_{2e} - V_{2o} = 0$$

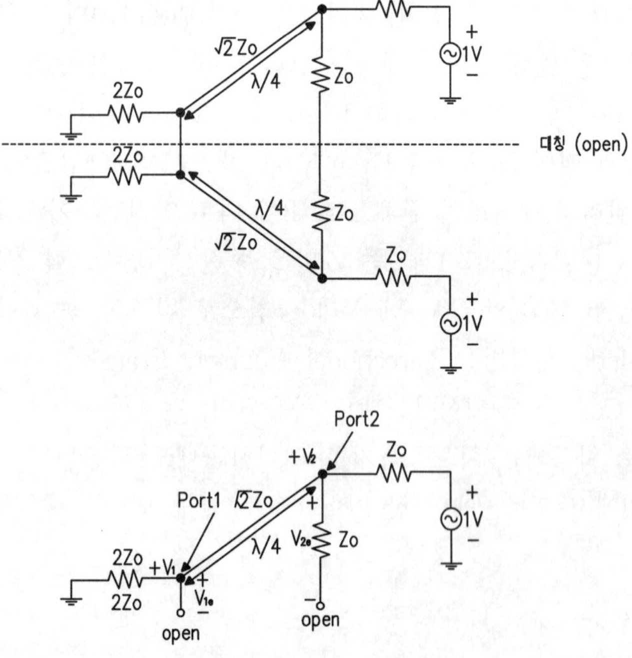


그림 3-72 대칭성을 갖는 Wilkinson Power Divider

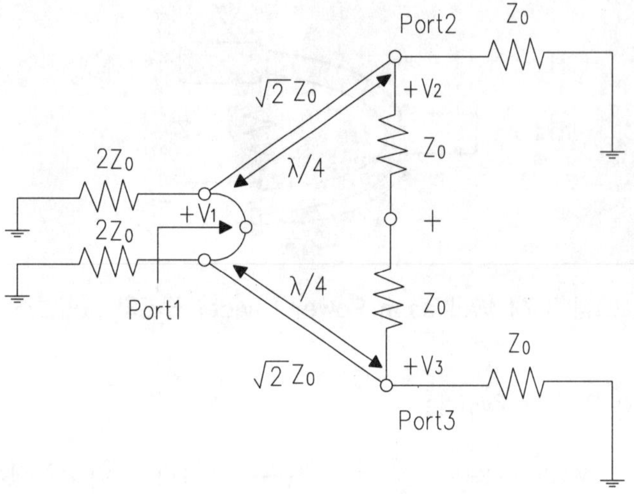


(a) Even-Mode Excitation

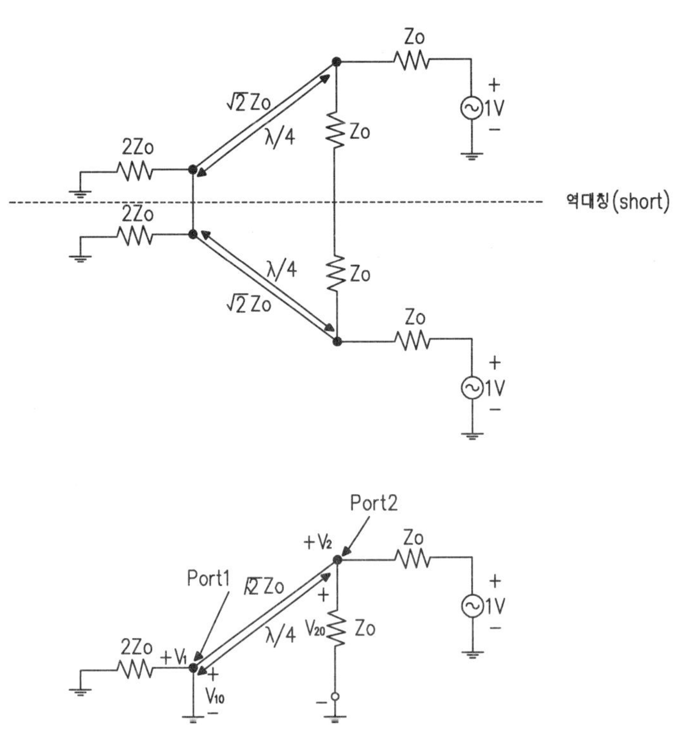


(b) Odd-Mode Excitation

그림 3-73 Wilkinson Power Divider의 Even, Odd Mode의 해석

$$[S] = \begin{bmatrix} S_{11} & S_{12} & S_{13} \\ S_{21} & S_{22} & S_{23} \\ S_{31} & S_{32} & S_{33} \end{bmatrix} = \begin{bmatrix} 0 & -j0.707 & -j0.707 \\ -j0.707 & 0 & 0 \\ -j0.707 & 0 & 0 \end{bmatrix}$$

포트 2에 신호를 인가하면 포트 1에 0.707 또는 $\left(\frac{1}{\sqrt{2}}\right)$배 만큼 나타나고 (또는 전력의 절반) 나머지 $S_{12} = S_{13} = S_{21} = S_{31} = -j0.707$도 마찬가지로 0.707배 나타나며 위상은 90° 만큼 지연된다. 각 포트도 정합이 되어있으므로 $S_{11} = S_{22} = S_{33} = 0$이고, 포트 2와 포트 3은 서로 격리되어 있으므로 $S_{23} = S_{32} = 0$이다. 만일 포트 1로 입력이 들어가고 출력 포트가 정합되어 있을 때 저항에서는 Power가 소비되지 않는다. 그러므로 출력들이 정합되었을 때 Divider는 무손실이 되고, 포트 2와 3이 부정합 되었을 때 반사 전력만이 저항에서 소비된다.

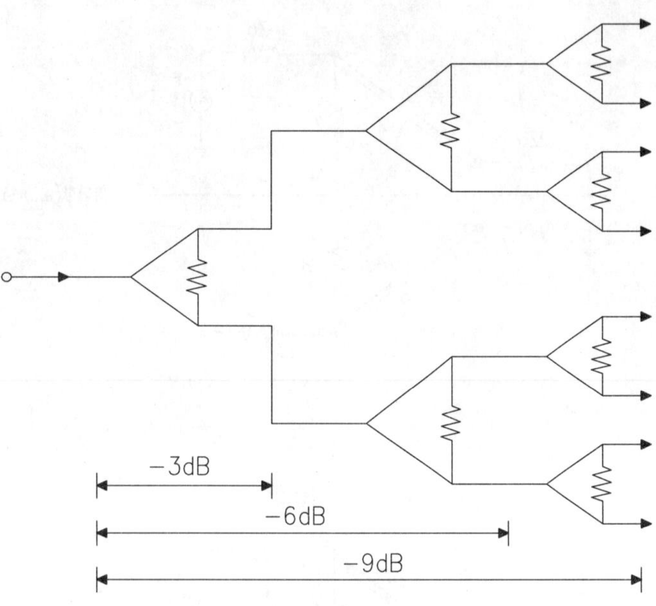


그림 3-74 1X8 Divider

이상과 같이 설명한 Wilkinson Power Divider는 2-Way Divider이다. 이를 활용하면 4-Way, 8-Way … Divider를 만들 수 있다. [그림 3-74]에 나타난 8-Way Divider와 같이 Divider 한 단을 지날 때 마다 입력 신호가 3[dB]씩 감쇠된다. 예를 들어 입력에 7[dBm]의 신호를 인가하면 최종적으로 8개의 -2[dBm] 신호를 얻을 수 있다.

## 3. 측정장비

| 모듈명 | 품명 | 수량 |
|---|---|---|
| ED-4770 | Combo Tester | 1 |
| ED-3300A | VCO | 1 |
| ED-3300B | Detector | 1 |
| ED-3300C | Circulator | 1 |
| ED-3300H | Wilkinson Power Divider | 1 |
| Accessory | 50[Ω] Load | 2 |
| Accessory | BNC-Banana | 1 |
| Accessory | Banana-Banana | 2 |

## 4. 실험 방법

① [그림 3-75]와 같이 회로를 연결한다.

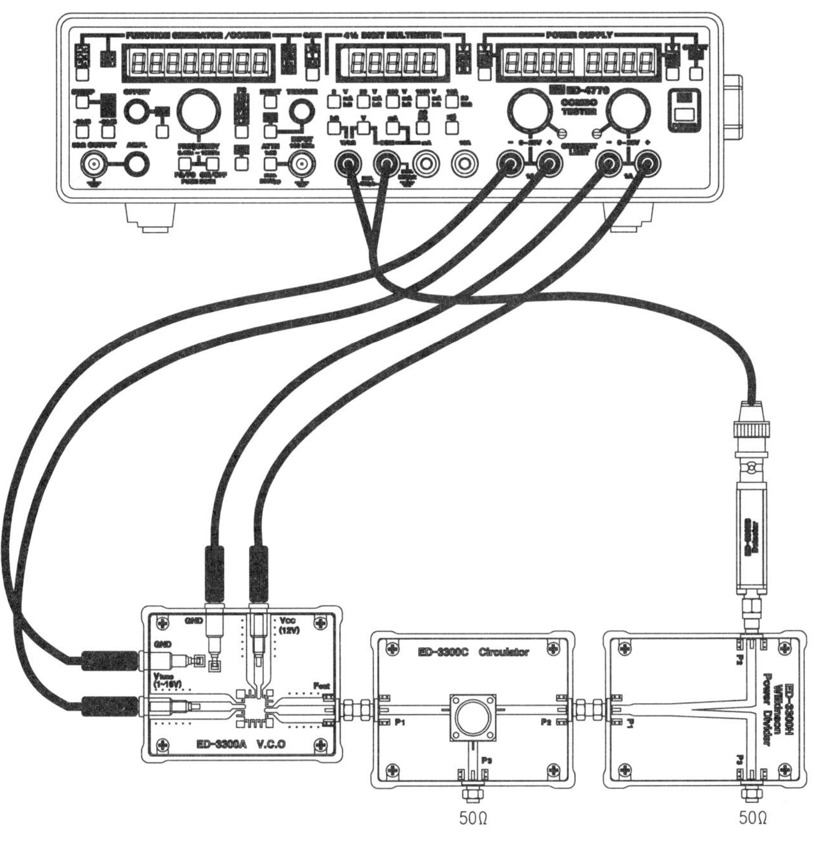

 그림 3-75 Wilkinson Power Divider의($P_1$→) $P_2$ 측정

② 포트 2에 나타나는 신호를 측정하기 위하여 포트 2에 검출기와 전압계를 연결하고 사용하지 않는 포트 3은 50[Ω] 정합시킨다(포트 3을 정합하지 않으면 반사된 신호가 포트 1로 역류되어 정확한 측정을 기대할 수 없다.).

③ ED-3300A(VCO) 모듈에 동작 전원 $V_{CC}$와 튜닝전압 $V_{tune}$을 공급하기 위해 ED-4770 채널 1의 전압을 1[V]로 조정하고 채널 2의 전압을 12[V]로 조정한다.

* 주의 : ED-3300A(VCO) 모듈의 $V_{CC}$와 $V_{tune}$ 단자에 정격전압 보다 높은 전압이 가해질 경우 회로고장의 원인이 되므로 특별히 주의한다.

④ ED-3300A(VCO) 모듈의 채널 1 $V_{tune}$ 전압을 <표 3-20>의 주파수값이 출력될 수 있도록 가변하면서 Detector에서 검출되는 양을 측정하여 <표 3-20>의 $P_2$란에 기록한다($V_{tune}$ 전압은 <표 4-1>을 참조해서 조정한다.).

⑤ [그림 3-76]과 같이 회로를 연결한다.

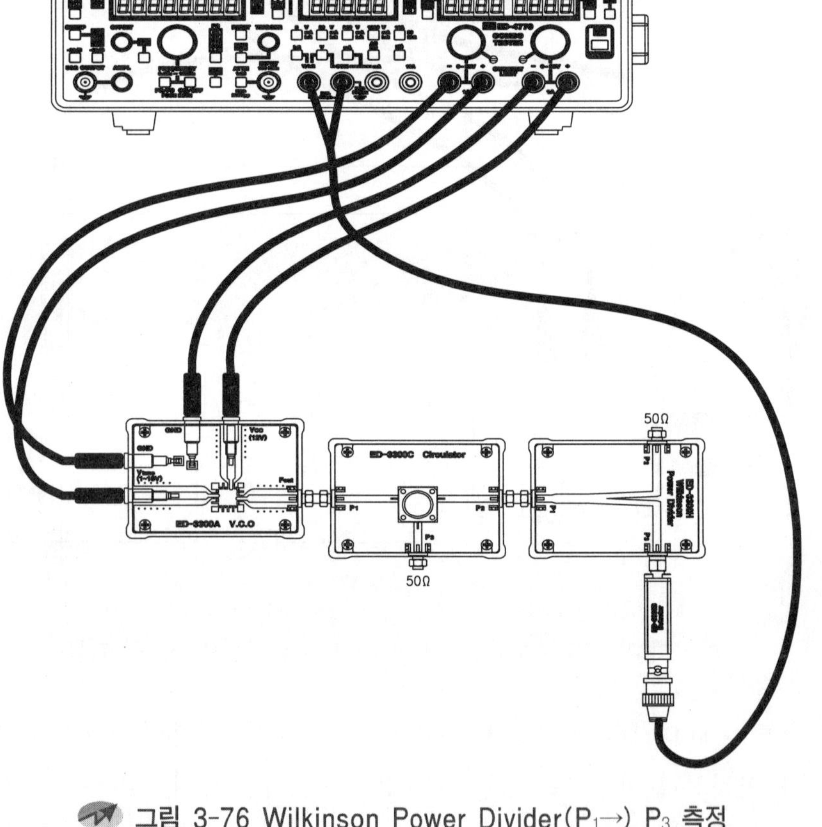


그림 3-76 Wilkinson Power Divider($P_1 \rightarrow$) $P_3$ 측정

⑥ 포트 3에 나타나는 신호를 측정하기 위하여 포트 3에 검출기와 전압계를 연결하고 사용하지 않는 포트 2는 50[Ω] 정합시킨다.

⑦ ED-3300A(VCO) 모듈의 채널 1 $V_{tune}$ 전압을 <표 3-20>의 주파수값이

출력될 수 있도록 가변하면서 Detector에서 검출되는 양을 측정하여 <표 3-20>의 $P_3$'란에 기록한다($V_{tune}$ 전압은 <표 4-1>를 참조해서 조정한다.).

⑧ [그림 3-77]과 같이 회로를 연결한다.

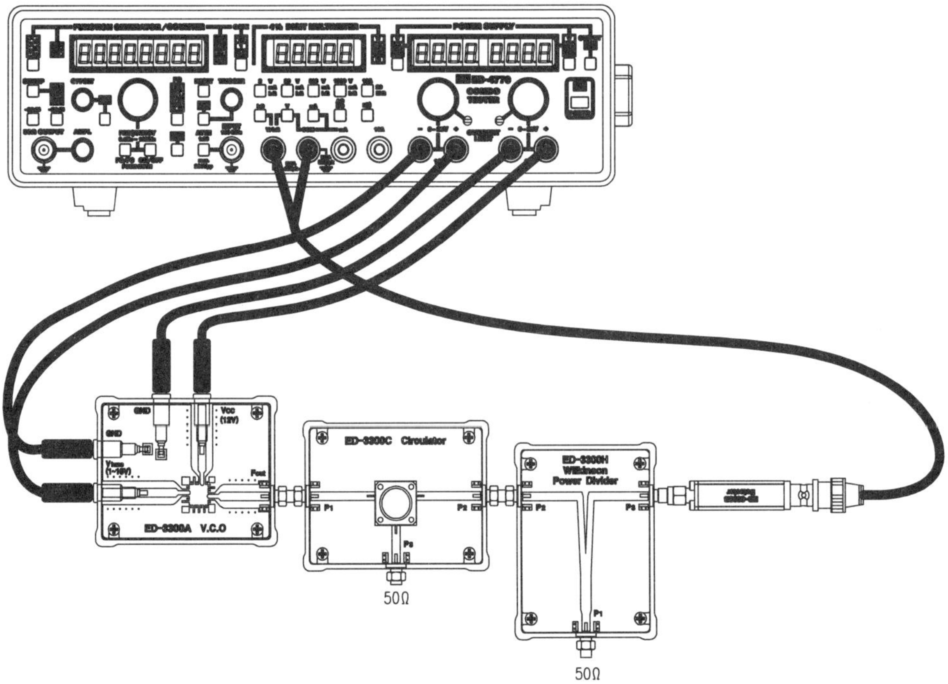

그림 3-77 Wilkinson Power Divider($P_2 \rightarrow$) $P_3$ 측정

⑨ 포트 2에서 포트 3으로 전달되는 신호를 측정하기 위하여 포트 3에 검출기와 전압계를 연결하고 사용하지 않는 포트 1은 50[Ω] 정합시킨다.

⑩ ED-3300A(VCO) 모듈의 채널 1 $V_{tune}$ 전압을 <표 3-20>의 주파수값이 출력될 수 있도록 가변하면서 Detector에서 검출되는 양을 측정하여 <표 3-20>의 $P_3$란에 기록한다($V_{tune}$ 전압은 <표 4-1>를 참조해서 조정한다.).

## 5. 측정결과

〈표 3-20〉 Wilkinson power divider의 분배

| 주파수 [GHz] | 입력전력 $P_1$ | | 출력전력 $P_2$ | | 출력전력 $P_3$ | | 출력전력 $P_3'$ | | 전달손실[dBm] $P_1$-$P_2$[dBm] |
|---|---|---|---|---|---|---|---|---|---|
| | [V] | [dBm] | [V] | [dBm] | [V] | [dBm] | [V] | [dBm] | |
| 1.5 | | | | | | | | | |
| 1.6 | | | | | | | | | 전달손실[dBm] $P_1$-$P_3$[dBm] |
| 1.7 | | | | | | | | | |
| 1.8 | | | | | | | | | 격리손실[dBm] $P_1$-$P_3'$[dBm] |
| 1.9 | | | | | | | | | |

* 참고 : $P_3$ 값은 <표 3-1>의 출력전력[dBm] 값을 입력한다.

## 6. 검토사항

① 측정된 결합기는 1.7~1.9[GHz]의 범위에서 Wilkinson Power Divider에 분배된 전력의 평균값은 얼마인가? 즉 몇 데시벨[dB] Divider라 할 수 있는가?
($P_1$값은 <표 3-1>에서 측정한 VCO의 출력 측정값의 측정치를 사용한다.)

② [그림 3-80]의 세 번째 실험에서 측정에 포함되지 않는 포트를 정합시키지 않고 그대로 두면 어떠한 문제가 야기되는가?

③ 실험결과로부터 포트 2에 주파수 1.8[GHz]이고, 전력 10[dBm]인 신호를 입력하면 포트 1, 3에 각각 얼마의 신호가 나타날 것으로 예상되는가?

④ <표 3-20>의 실험 결과로부터 $P_1 \rightarrow P_2$, $P_1 \rightarrow P_3$ 및 $P_2 \rightarrow P_3$ 및 $P_2$의 값을 dB로 구하시오.

⑤ 전력을 분배, 결합 또는 일부를 커플링하는 또 다른 형태의 소자에 대하여 알아보시오.

⑥ Wilkinson Power Divider의 포트 1에 대한 Return Loss 또는 $S_{11}$을 구하기 위해서 실험 기자재의 모듈들을 사용하여 실험세트를 구성해 보시오(ED-3300D 또는 ED-3300V를 사용).

# 3.5 Ring Resonator, Low Pass Filter, Band Pass Filter

## 3 5.1 Ring Resonator 이론과 실습

### 1. 목적

ED-3300W(Ring Resonator) 모듈을 사용하여 공진의 원리와 특성을 이해하고 ED-3300A(VCO) 모듈의 출력주파수를 가변하면서 공진기의 특성을 측정한다.

### 2. 이론

공진이란 특정 주파수에 에너지가 모이는 현상을 말한다. 공진에는 전기적 공진과 구조적 공진으로 나눌 수 있는데 전기적 공진은 L과 C의 서로 상반된 허수의 에너지 교환을 통해 이루어지며 구조직 공진은 그 주파수의 파장에 비례하여 그 반파장 혹은 1/4파장의 배수가 될 때 공진이 발생한다. 공진의 원리를 이용한 것 중 하나가 바로 필터이다. 광범위하게 공진의 의미를 정의하면 주파수 선택적 특성을 가지는 현상을 의미한다. 모든 RF 시스템은 각자 사용하는 주파수대역이 정해져 있어 사용하는 특정 주파수 성분만 선택해서 신호를 처리해야 하는데 이렇게 주파수를 선택해야 하는 모든 경우에 공진의 개념이 적용될 수 있다. 공진은 이렇듯 필터와 발진기, 주파수 측정기, 안테나 등 많은 RF 회로소자에서 응용되는 기본개념이다.

그러면 전자회로에서 흔히 사용하는 전기적 공진에 대해서 좀 더 자세히 알아보도록 하자. 전기적 공진은 소위 말하는 LC 공진을 일컫는다. 인덕터와 커패시터는 전자기 에너지를 축적, 방출 하는 특성을 가지고 있으며 서로 정반대의 주파수 특성을 보인다. 인덕터는 주파수가 낮을수록 임피던스가 작아지고 커패시터는 반대로 주파수가 높을수록 임피던스가 작아지는 특성을 가지고 있다. 이러한 두 특성의 소자를 연결시키면 특정 주파수에서 공진이 발생할 것이다. L과 C의 4가지 조합으로 구성할 수 있는 공진회로를 [그림 3-78]에 나타내었다.

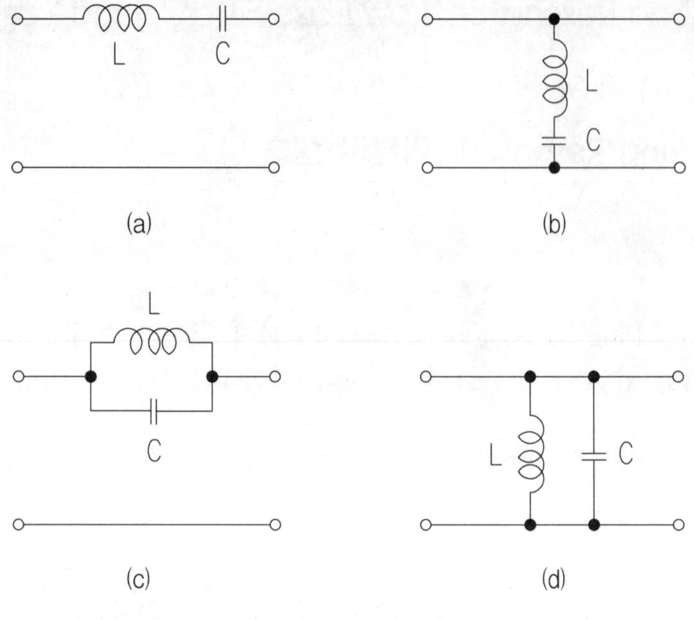


그림 3-78 4가지 기본공진회로와 전달 특성

4가지 회로 공진주파수는

$$\omega_r^2 = \frac{1}{LC}$$

$$f_r = \frac{1}{2\pi\sqrt{LC}}$$

이다.

공진주파수 $f_r$에서 LC 직렬 임피던스는 '0'이고, LC 병렬 임피던스는 '∞'이므로, [그림 3-78]의 (a), (b)는 신호가 손실 없이 전달되고 (b), (c)는 신호가 완전반사 된다. $f_r = 1.5$[GHz]라 하고 주파수에 따른 S-파라미터로 나타내면 [그림 3-79]와 같다.

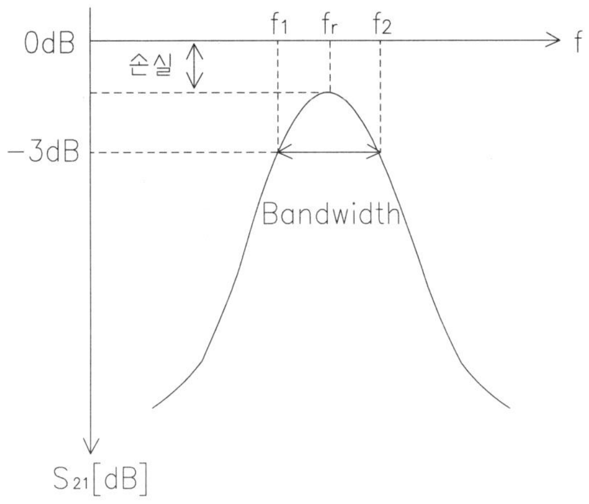


그림 3-79 손실이 있는 공진기의 주파수 특성

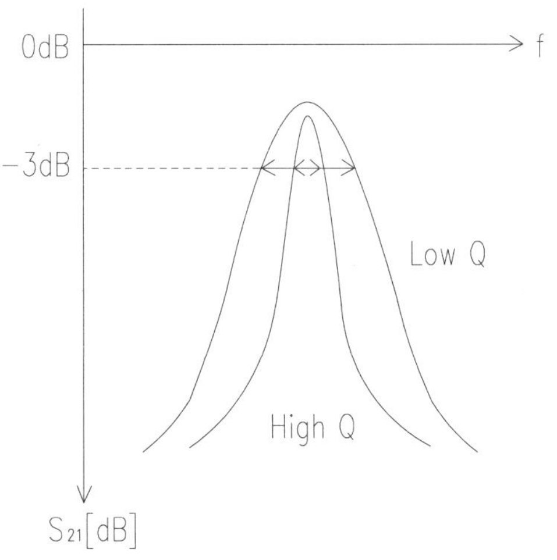


그림 3-80 Q값에 따른 공진기의 대역폭

실제 공진기에서는 약간의 손실(R)이 존재하는데, 이때 Q(Quality) Factor가 에너지 손실과 주파수 선택 특성을 결정하는 중요한 인자이다.

Q Factor는

$$Q = \frac{f_r}{f_1 - f_2} = \frac{Resonance\,Frequency}{3\text{dB}\,Bandwidth}$$

와 같이 정의한다. [그림 3-80]은 Q값에 따른 주파수 대역폭의 변화를 나타낸 것이다. Q가 작으면 대역이 넓다는 의미이고 높으면 협대역이라는 의미이다. LC 공진과 유사하게 마이크로스트립 선로와 도파관에서도 공진이 발생할 수 있으며 몇 가지 예를 [그림 3-81]에 나타냈다.

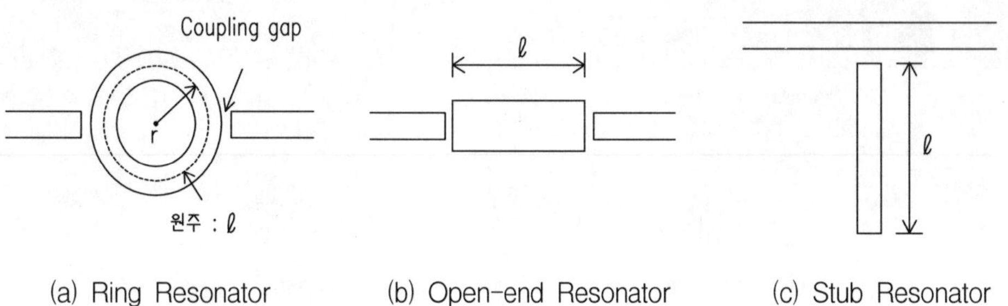


(a) Ring Resonator (b) Open-end Resonator (c) Stub Resonator

그림 3-81 여러 가지 마이크로스트립 Resonator

링 공진기의 경우

$$\ell = 2\pi r = n\lambda_g \quad n = 1, 2, 3....$$

Open-end의 경우

$$\ell = \frac{n\lambda_g}{2} \quad n = 1, 2, 3....$$

Open Stub의 경우

$$\ell = \frac{n\lambda_g}{4} \quad n = 1, 2, 3....$$

일 때 공진이 일어난다.

단, 파장은

$$\lambda_g = \frac{\lambda_0}{\sqrt{\varepsilon_{eff}}} = \frac{3\times 10^{10}}{f\sqrt{\varepsilon_{eff}}} \text{ [cm]}$$

이다.

Ring Resonator는 개방된 종단이 없고 방사손실이 거의 없으므로 Open-end나 Open Stub Resonator보다 더 정확한 측정이 가능한 장점이 있다. 기타 공진기로는 유전체 공진기와 도파관 공진기가 있다. [그림 3-82]에 나타난 유전체 공진기는 마이크로스트립 선로와 함께 사용되며 비유전율 $\varepsilon_r$을 30~50의 상당히 큰 값으로 제작하기 때문에 [그림 3-81]의 마이크로스트립 공진기 보다 작게 만들 수 있다.

유전체 공진기의 공진주파수는

$$\lambda_g = 34\frac{}{a\sqrt{\varepsilon_r}}\left(\frac{a}{H} + 3.45\right)[\text{GHz}]$$

이다.

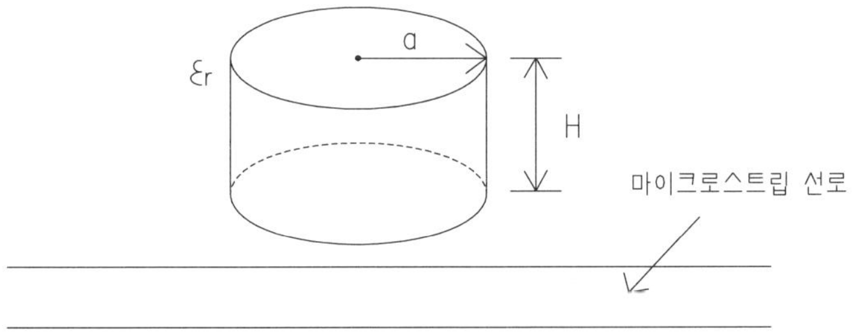

그림 3-82 Dielectric Resonator

참고로 마이크로스트립 공진기의 Q값은 200 이하이고, 유전체 공진기는 약 1000이며 도파관 공진기는 수천 정도이다.

## 3. 측정장비

| 모듈명 | 품명 | 수량 |
|---|---|---|
| ED-4770 | Combo Tester | 1 |
| ED-3300A | VCO | 1 |
| ED-3300B | Detector | 1 |
| ED-3300C | Circulator | 1 |
| ED-3300W | Ring Resonator | 1 |
| Accessory | 50[Ω] Load | 1 |
| Accessory | BNC-Banana | 1 |
| Accessory | Banana-Banana | 2 |

## 4. 실험 방법

① [그림 3-83]과 같이 회로를 연결한다.

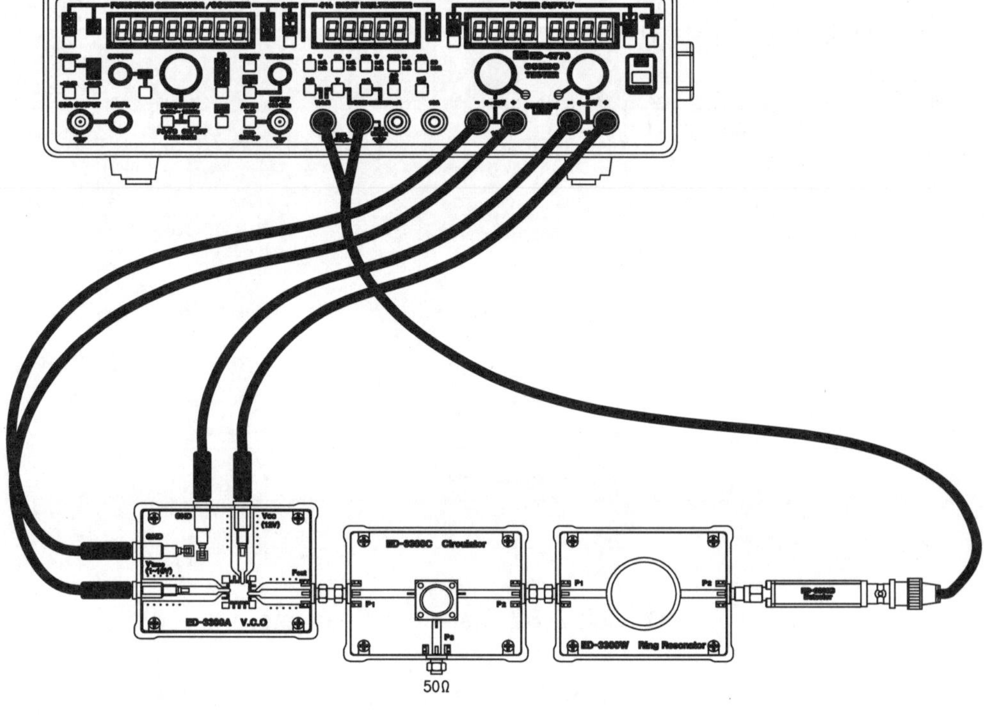


그림 3-83 Ring Resonator를 이용한 공진 실험

② ED-3300A(VCO) 모듈에 동작 전원 $V_{CC}$와 튜닝전압 $V_{tune}$을 공급하기 위해 ED-4770 채널 1의 전압을 1[V]로 조정하고 채널 2의 전압을 12[V]로 조정한다.

* 주의 : ED-3300A(VCO) 모듈의 $V_{CC}$와 $V_{tune}$ 단자에 정격전압 보다 높은 전압이 가해질 경우 회로 고장의 원인이 되므로 특별히 주의한다.

③ ED-3300A(VCO) 모듈의 채널 1 $V_{tune}$ 전압을 <표 3-20>의 주파수값이 출력될 수 있도록 가변하면서 Ring Resonator를 측정하기 위하여 Ring Resonator 출력단에 검출기와 전압계를 연결하여 결과를 <표 3-20> $P_2$란에 기록한다.

④ 다시 주파수를 1.5~2.0[GHz] 범위에서 천천히 변화시키면서 최대전력

이 검출되는 $f_r$과 최대전력에서 3[dB] 작은 주파수 $f_1$과 $f_2$를 구하고 Q값을 계산하여 <표 3-20>를 완성한다.

## 5. 측정결과

〈표 3-20〉 Ring Resonator 포트 측정

| 주파수 (GHz) | $P_2$ | | f = 1.5~2.0(GHz) |
|---|---|---|---|
| | 전압(V) | (dBm) | |
| 1.5 | | | |
| 1.6 | | | $f_r$=____ [GHz] |
| 1.7 | | | $f_1$=____ [GHz] |
| 1.8 | | | $f_2$=____ [GHz] |
| 1.9 | | | Q=____ [GHz] |
| 2.0 | | | |

## 6. 검토사항

① 측정된 결과 값으로부터 Ring Resonator의 주파수 특성을 그리시오.

② 측정된 결과 값으로부터 Ring Resonator의 공진주파수 $f_r$과 Q값을 구하시오.

③ 측정한 공진주파수 $f_r$로부터 계산한 링 공진기의 $\ell$값과 실제 ED-3300W 모듈의 원주는 일치하는가? 단, $\varepsilon_{eff}$ = 2.8이다

④ 도파관 공진기에 대해서 알아보시오.

# 3 5.2 Low Pass, Band Pass Filter 이론과 실습

## 1. 목적

마이크로스트립 전송선로를 이용한 Low Pass filter, Band Pass Filter를 사용하여 Filter의 원리를 이해하고 ED-3300A(VCO) 모듈의 출력주파수를 가변하면서 Filter의 주파수 특성을 측정한다.

## 2. 이론

필터는 입력된 여러 주파수 성분 중 원하는 주파수만 통과시키고 나머지는 감쇄시켜 버리는 역할을 하며, RF 시스템 전반에 걸쳐 가장 많이 사용되는 회로 중 하나이고 매우 다양한 종류와 형태로 구현될 수 있다

필터에 대해 여러 각도로 이해하기에 앞서 먼저 대표적인 고주파특성 그래프인 S Parameter를 이용하여 필터에 대해서 알아보기로 한다.

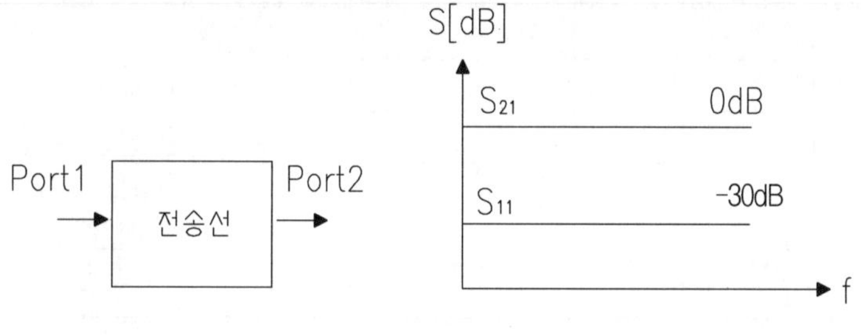


그림 3-84 S Parameter 전달 특성

일반적인 선로에 RF 신호를 인가하면 약간의 선로 손실을 제외하고는 [그림 3-84]와 같이 모든 RF신호는 출력에 나오게 된다. S Parameter에서 $S_{21}$이 0[dB]란 의미는 출력/입력의 비가 1이라는 의미이다. 즉 log 1 = 0이므로 아무 손실 없이 입력전력이 출력에 전달된다. $S_{11}$이 $S_{21}$보다 아래에 존재하는 것은 반사량이 아주 작다는 것이다.

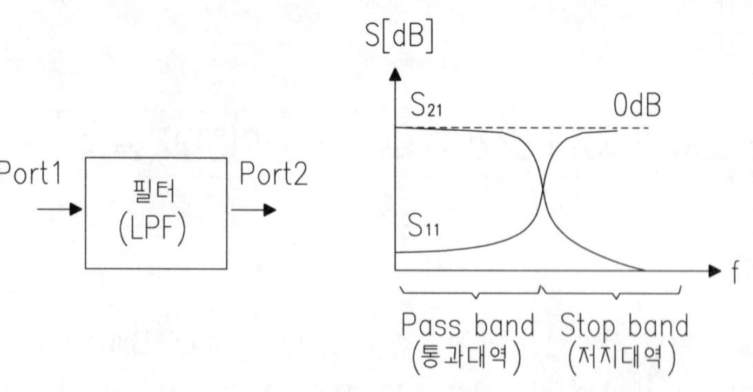


그림 3-85 Low Pass Filter S Parameter 전달 특성

[그림 3-85]에서 $S_{21}$이 0[dB] 근처를 유지하고 $S_{11}$이 낮은 값을 유지하는 경우는 해당주파수의 입력 신호가 최대한 출력으로 전달되고 반사는 최소한 발생한다는 의미이다. 즉 주파수 통과대역(Pass Band)에 해당한다. 반대로 $S_{21}$은 작고 $S_{11}$이 0[dB] 근처를 유지하는 경우는 해당주파수의 입력신호가 대부분 반사되어 전달되지 않는다는 의미가 되어 주파수 저지대역(Stop Band)이 되는 것이다. 이렇게 특정 주파수대역을 손실 없이 최대한 출력으로 모두 통과시켜 주고 그 이외의 주파수들은 통과시키지 않고 반사시키는 것이 필터가 하는 역할이다.

필터는 <표 3-21>와 같이 일반적으로 주파수 통과 대역에 따라 아래와 같이 5 종류로 구분된다.

① 저역통과필터(Low Pass Filter)

모든 필터의 기본형이라 할 수 있는 필터로서 고주파 신호를 차단하고 필요한 대역의 저주파 신호만을(차단주파수 이내) 전달하는 특성을 가지는 것이 바로 LPF(Low Pass Filter)이다. 가장 간단한 형태로 구현되어 이것을 기반으로 여러 가지 형태로 변환하여 다른 종류의 필터를 만들게 된다. 전원단에서 저주파 Ripple을 제거, 고주파 Spurious 제거, 고조파 억제, 각종 검파 등 전 분야에 걸쳐 고루 사용되는 필터 형태이다.

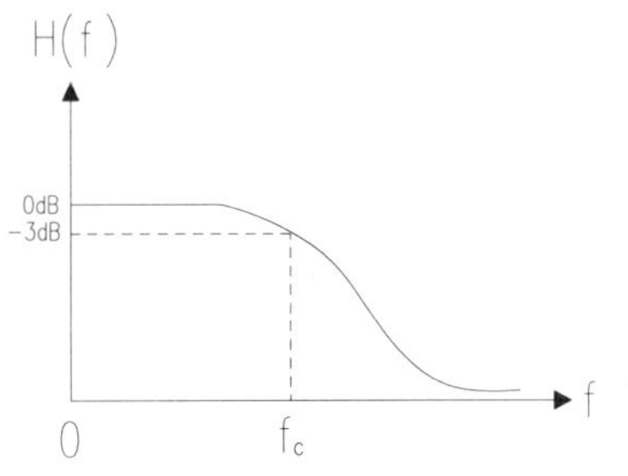


② 고역통과필터(High Pass Filter)

저주파 신호를 차단하고 필요한 대역 이상의(차단주파수 이상) 고주파 신호만을 전달하는 특성을 가지는 것이 바로 HPF(High Pass Filter)이다. HPF의 가장 큰 단점은 Distributed Element로는 구현하기가 어렵다는 게 가장 큰 문제이다.

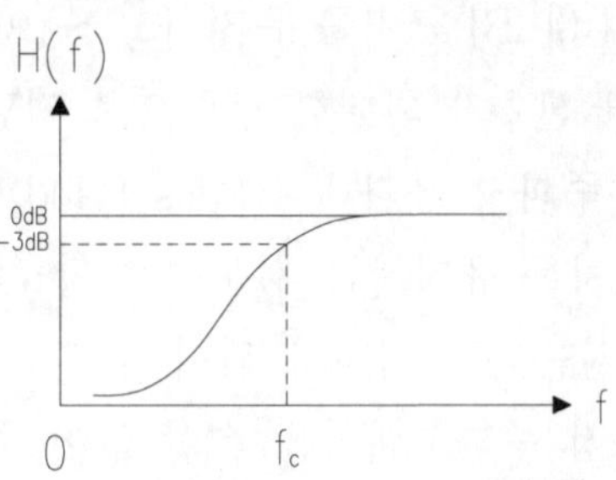


③ 대역통과필터(Band Pass Filter)

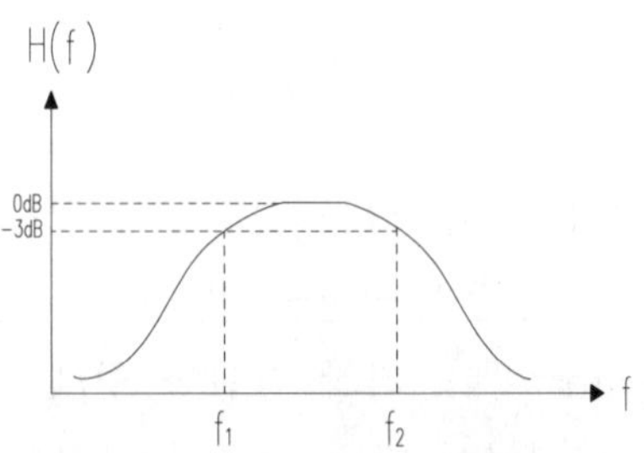


원하는 대역내의 신호만을 전달하고 원하지 않는 대역의 신호는 차단하는 특성을 가지는 것이 바로 BPF(Band Pass Filter)이다. BPF 필터는 송신신단에서 수많은 잡주파수 중에서 필요한 주파수만 정확히 골라내어 수신하거나 송신 할 경우 BPF를 사용하여 구현하게 된다.

④ 대역저지필터(Band-Stop Filter or Band-Reject Filter)

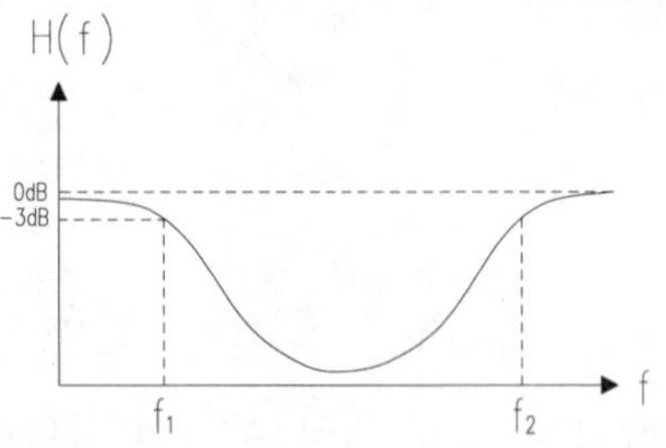


BPF와는 정반대로 원하는 대역내의 신호는 차단하고 그 외의 대역은 잘 통과 시키는 특성을 가지는 것이 바로 BSF(Band Stop Filter)이다. 주로 특정

주파수의 유입만 차단하기 위한 용도로 많이 사용하며 직렬 공진과 병렬공진을 배치하고 조합하여 구현된다.

⑤ 전대역 통과 필터(All Pass Filter)

모든 주파수 성분의 크기는 통과시키고 위상만을 지연시키는 것이 바로 APF(All Pass Filter)이다. 이 필터는 주로 위상지연회로에 많이 사용된다.

[그림 3-86]은 LC를 이용한 기본 필터 회로를 나타낸 것이다.

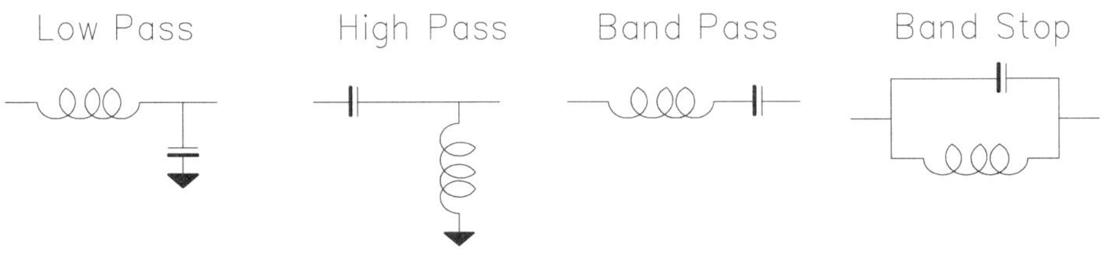


그림 3-86 LC를 이용한 기본 Filter 회로

[그림 3-87~89]는 마이크로스트립 전송선로를 이용한 필터 회로를 나타낸 것이다.

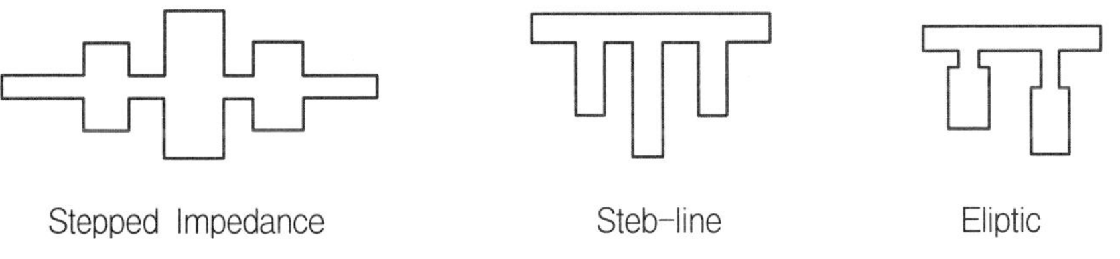


그림 3-87 마이크로스트립 전송선로를 이용한 Low Pass Filter

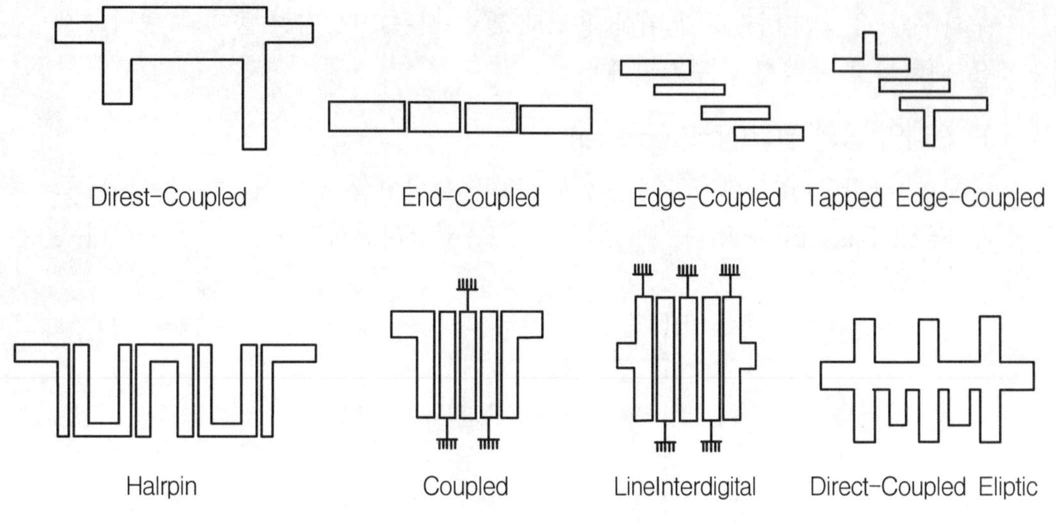


그림 3-88 마이크로스트립 전송선로를 이용한 Band Pass Filter

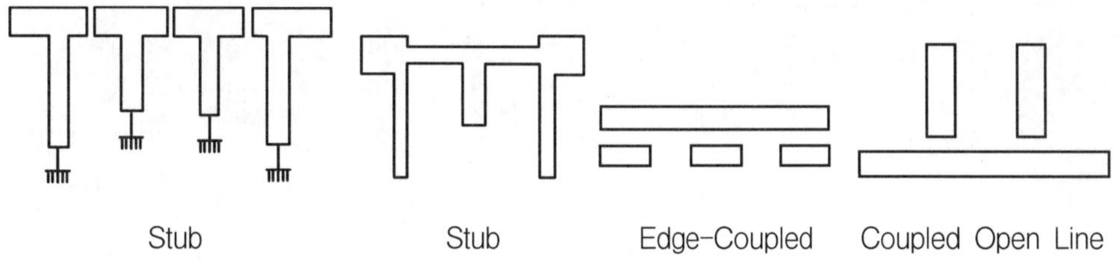


그림 3-89 마이크로스트립 전송선로를 이용한 Band Pass/Stop Filter

### ▸ 삽입손실과 스커트(skirt) 특성

필터의 특성을 말하는 가장 중요한 특성은 바로 삽입손실과 스커트이다. 삽입손실이란 신호가 필터를 통과하면서 발생하는 손실전력을 의미하며 Pass Band에서 $S_{21}$이 0[dB] 이하이면서 0[dB] 근처의 값을 갖는다. 여자의 치마 형태인 스커트 특성은 Pass Band와 Stop Band가 얼마나 명확히 구분이 잘되느냐를 말한다. 삽입손실은 적을수록 좋고 스커트 특성은 스커트 곡선의 경사가 급할수록 더 좋은 특성을 가진다.

[그림 3-90]은 삽입손실과 스커트 특성을 나타내기 위한 Low Pass Filter의 주파수특성이다. $S_{11}$은 반사손실(RL), $S_{21}$은 삽입손실(IL)을 의미한다.

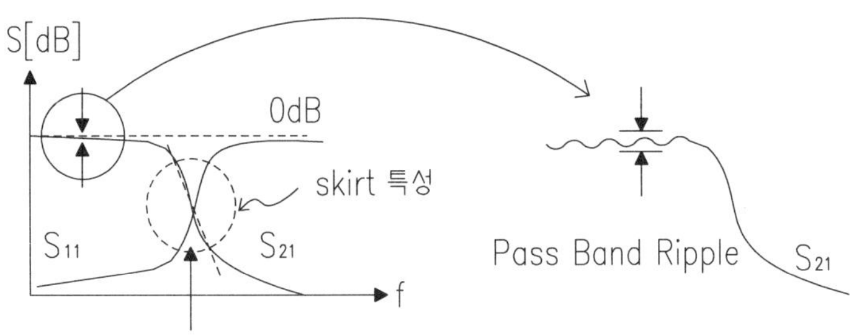


그림 3-90 LPF의 주파수 특성

## 3. 측정장비

| 모듈명 | 품명 | 수량 |
|---|---|---|
| ED-4770 | Combo Tester | 1 |
| ED-3300A | VCO | 1 |
| ED-3300B | Detector | 1 |
| ED-3300C | Circulator | 1 |
| ED-3300L | Low Pass Filter | 1 |
| ED-3300M | Band Pass Filter | 1 |
| Accessory | 50[Ω] Load | 2 |
| Accessory | BNC-Banana | 1 |
| Accessory | Banana-Banana | 2 |

## 4. 실험 방법

① [그림 3-91]와 같이 회로를 연결한다.

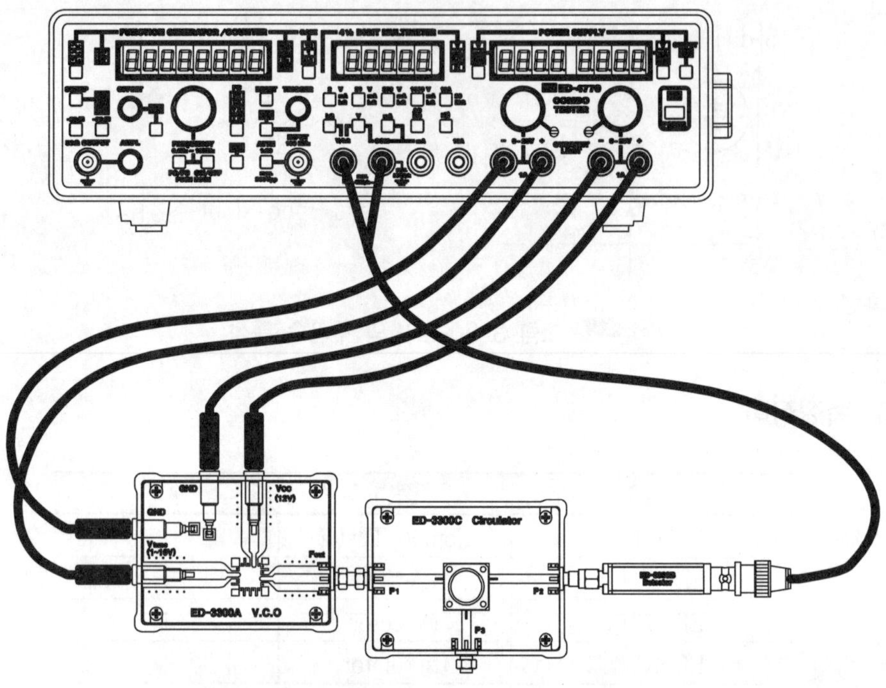


그림 3-91 Filter의 입사전력 측정

② ED-3300A(VCO) 모듈에 동작 전원과 $V_{CC}$와 튜닝전압 $V_{tune}$을 공급하기 위해 ED-4770 채널 1의 전압을 1[V]로 조정하고 채널 2의 전압을 12[V]로 조정한다.

* 주의 : ED-3300A(VCO) 모듈의 $V_{CC}$와 $V_{tune}$ 단자에 정격전압 보다 높은 전압이 가해질 경우 회로 고장의 원인이 되므로 특별히 주의한다.

③ ED-3300A(VCO) 모듈의 채널 1 $V_{tune}$ 전압을 <표 3-20>의 주파수값이 출력될 수 있도록 가변하면서 Detector에서 검출되는 양을 측정하여 <표 3-20>의 입력란에 기록한다($V_{tune}$ 전압은 <표 4-1>을 참조해서 조정한다.).

④ [그림 3-92]와 같이 Low Pass Filter 실험을 위해 회로를 연결한다.

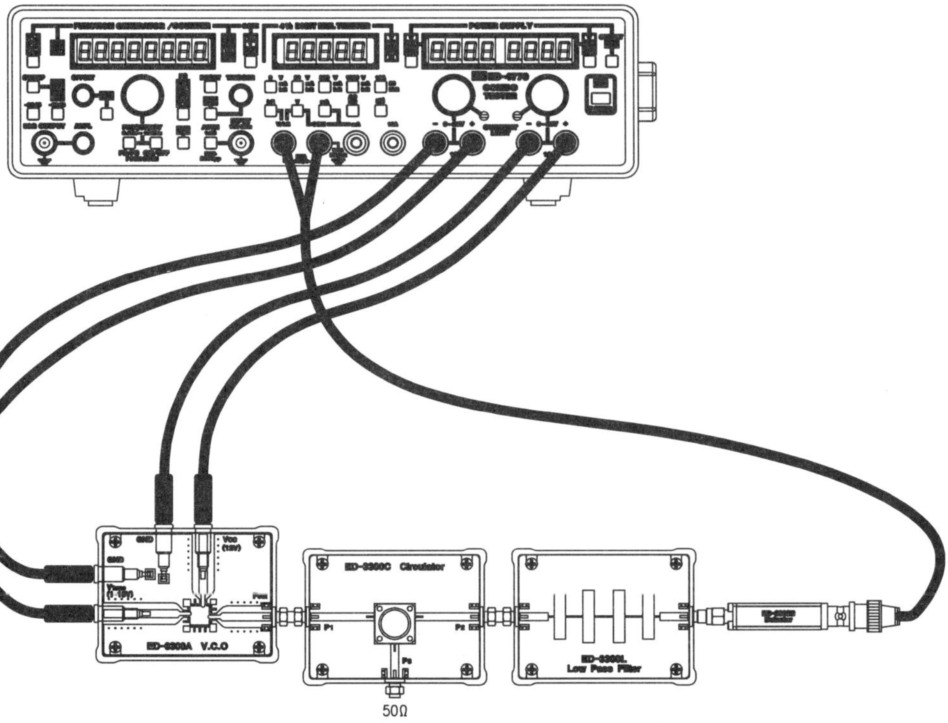

그림 3-92 Low Pass Filter 측정

⑤ ED-3300A(VCO) 모듈에 동작 전원 $V_{CC}$와 튜닝전압 $V_{tune}$을 공급하기 위해 ED-4770 채널 1의 전압을 1[V]로 조정하고 채널 2의 전압을 12[V]로 조정한다.

⑥ ED-3300A(VCO) 모듈의 채널 1 $V_{tune}$ 전압을 <표 3-22>의 주파수값이 출력될 수 있도록 가변하면서 Detector에서 검출되는 양을 측정하여 <표 3-22>에 Low Pass Filter 출력란에 기록한다(주파수는 <표 4-1>을 참조해서 $V_{tune}$ 전압으로 조정한다.).

⑦ [그림 3-93]과 같이 Band Pass Filter 실험을 위해 회로를 연결한다.

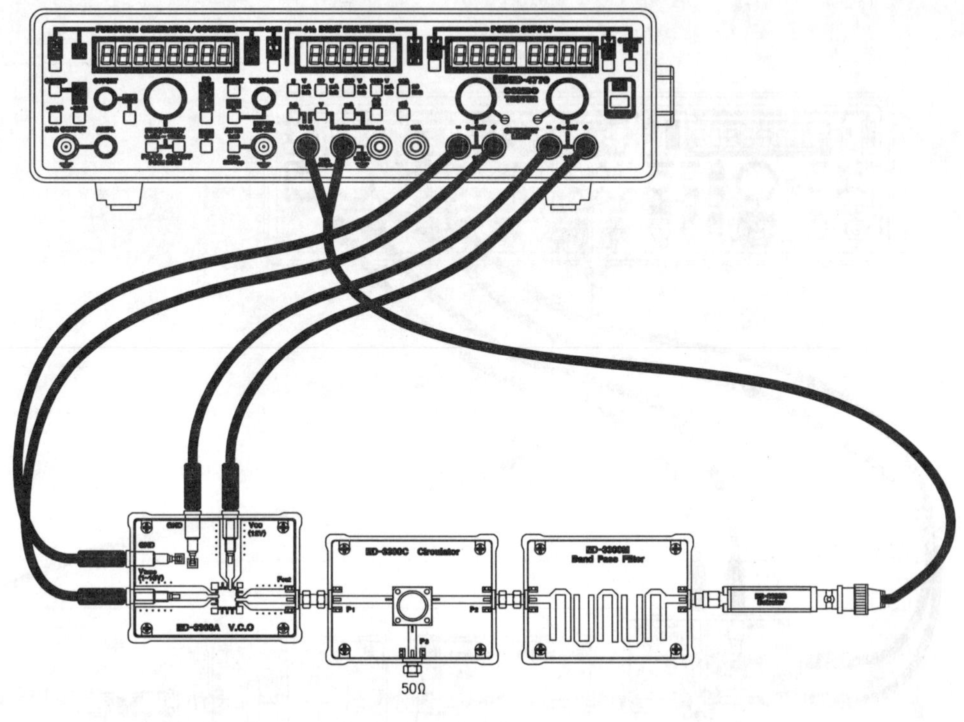


그림 3-93 Band Pass Filter 측정

⑧ ED-3300A(VCO) 모듈에 동작 전원 $V_{CC}$와 튜닝전압 $V_{tune}$을 공급하기 위해 ED-4770 채널 1의 전압을 1[V]로 조정하고 채널 2의 전압을 12[V]로 조정한다.

⑨ ED-3300A(VCO) 모듈의 채널 1 $V_{tune}$ 전압을 <표 3-22>의 주파수값이 출력될 수 있도록 가변하면서 Detector에서 검출되는 양을 측정하여 <표 3-23>에 Band Pass Filter 출력란에 기록한다(주파수는 <표 4-1>을 참조해서 $V_{tune}$ 전압으로 조정한다.).

## 5. 측정결과

〈표 3-22〉 Low Pass Filter 측정

| 주파수 〔GHz〕 | Low Pass Filter | | | | | | |
|---|---|---|---|---|---|---|---|
| | 입력전압 〔V〕 | 입력전력 〔mW〕 | 〔dBm〕 | 출력전압 〔V〕 | 출력전력 〔mW〕 | 〔dBm〕 | 삽입손실 〔dB〕 |
| 1.50 | | | | | | | |
| 1.55 | | | | | | | |
| 1.60 | | | | | | | |
| 1.65 | | | | | | | |
| 1.70 | | | | | | | |
| 1.75 | | | | | | | |
| 1.80 | | | | | | | |
| 1.85 | | | | | | | |
| 1.90 | | | | | | | |
| 1.95 | | | | | | | |
| 2.00 | | | | | | | |

〈표 3-23〉 Band Pass Filter 측정

| 주파수 〔GHz〕 | Band Pass Filter | | | | | | |
|---|---|---|---|---|---|---|---|
| | 입력전압 〔V〕 | 입력전력 〔mW〕 | 〔dBm〕 | 출력전압 〔V〕 | 출력전력 〔mW〕 | 〔dBm〕 | 삽입손실 〔dB〕 |
| 1.50 | | | | | | | |
| 1.55 | | | | | | | |
| 1.60 | | | | | | | |
| 1.65 | | | | | | | |
| 1.70 | | | | | | | |
| 1.75 | | | | | | | |
| 1.80 | | | | | | | |
| 1.85 | | | | | | | |
| 1.90 | | | | | | | |
| 1.95 | | | | | | | |
| 2.00 | | | | | | | |

* 주의 : 입력전력은 <표 3-22>와 같다.

## 6. 검토사항

① 측정된 두 Filter의 결과 값으로부터 삽입손실-주파수 특성을 그래프로 그리시오.

② 측정된 두 Filter의 결과 값을 통해서 Filter의 차단주파수를 구하시오.

③ 도파관 필터에 대하여 설명하시오.

④ L과 C를 이용하여 Band Pass Filter를 설계하시오.
Ripple = 0.5[dB], Center Frequency = 1[GHz]
Band Width = 10%, N = 3, Impedance : 50[Ω]

# 3.6 MMIC Amplifier, Patch Antenna

## 3 6.1 MMIC Amplifier 이론과 실습

### 1. 목적

ED-3300N(MMIC Amplifier) 모듈을 사용하여 MMIC를 이용한 증폭기의 원리를 이해하고 증폭이득과 $P_{1dB}$에 대한 특성을 측정한다.

### 2. 이론

증폭(Amplification)이란 원래의 신호를 유지하면서 크기를 증가시키는 것을 증폭이라 한다. 송수신단의 증폭기(Amplifier)는 사용 목적에 따라 특성이 달라진다. 송신단은 안테나에서 적절한 최대전력으로 신호를 방출해야 원하는 곳까지 진자파가 도달힐 수 있으므로 최대한 깅한 진력으로 증폭을 시겨야 하고, 수신단은 수신된 신호의 그 크기가 매우 작고 원래의 신호 외에도 잡음을 포함하고 있기 때문에 잡음을 최소화 하면서 증폭을 해야 한다. 송신단에는 주로 전력증폭기(Power Amplifier)가 사용되고 수신단에는 저잡음증폭기(Low Noise Amplifier)가 사용된다. 증폭기에 관한 중요한 사항들을 알아보자.

#### 1) Gain(이득)과 Maximum output power(최대출력전력)

이득과 최대출력전력의 관계를 같은 개념으로 생각하는 경우가 많은데 이득(gain)이란 입력신호에 대한 출력신호의 크기를 나타내는 것이다. 즉 출력신호의 크기가 입력신호에 비해 10배로 커졌다면 이 증폭기의 Gain은 10[dB]가 되는 것 이다. 그에 반해 최대출력전력(maximu output power)이란 증폭기 출력단에서 얼마나 많은 전력을 구동할 수 있느냐를 나타내며 출력할 수 있는 최대 전력(W, dBm)을 말하는 것이므로 최대출력전력의 크기와 gain의 크기와는 다른 개념으로 생각해야한다. 아래와 같은 종속접속으로 이득을 늘리는 방법을 나타낸 것이다. 하나의 증폭기로 원하는 이득을 얻을 수 없을 때 다단으로 여러 증폭기를 연결하여 사용한다.

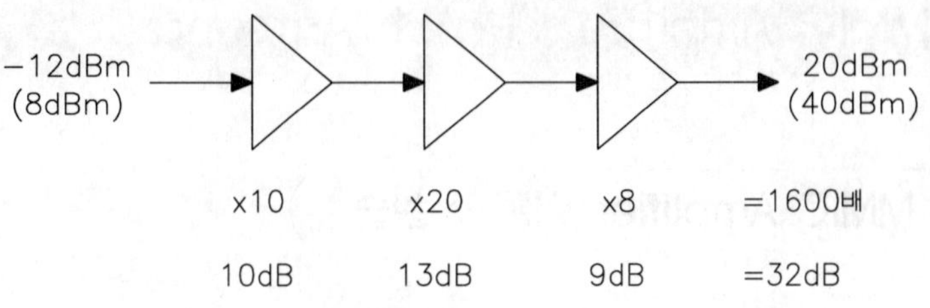


증폭기의 이득이 늘어나면 출력도 따라서 커지게 된다. 총 이득이 32[dB]인 증폭기의 입력에 -12[dBm]을 인가하면 출력이 40[dBm](10[W])이 되어서 일반 증폭기로는 출력을 감당할 수 없게 된다. 따라서 최종단 증폭기의 최대 가용 전력을 40[dBm] 이상으로 높여야 원하는 출력과 이득을 얻을 수 있다. 최대출력전력을 늘리기 위하여 [그림 3-94]와 같이 최종단에 2개의 증폭기를 병렬로 연결하여 이득은 그대로 유지하면서 원하는 출력을 얻는다. 필요하다면 추가로 더 많은 증폭기를 병렬로 연결할 수도 있다.

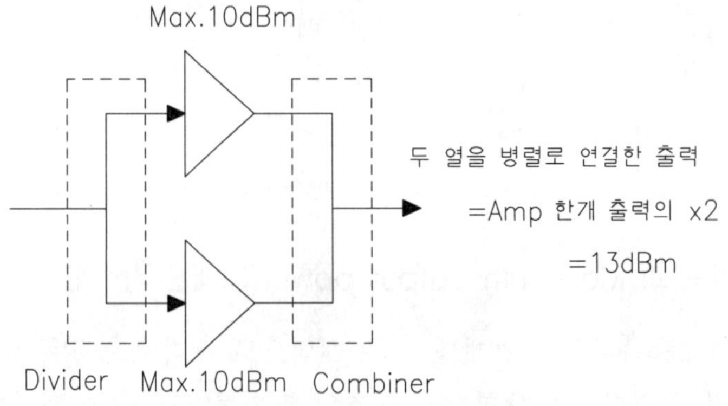


**그림 3-94 출력전력 증폭**

이와 같이 이득과 전력을 동시에 증가시키기 위해서는 [그림 3-95]와 같은 구조로 증폭기를 연결하면 된다.

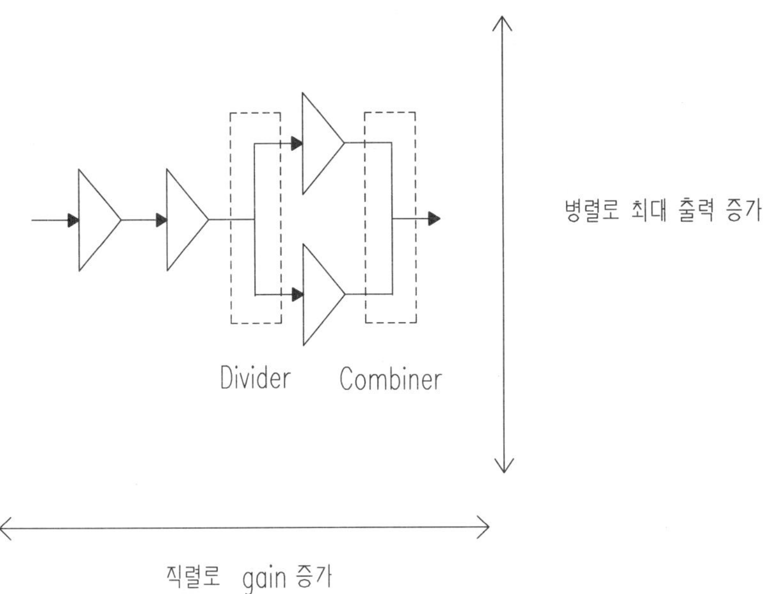


그림 3-95 Gain과 최대출력전력을 확대한 다단 전력 증폭기

## 2) $P_{1dB}$(1dB Gain Compression Point)

모든 증폭기는 무한정의 전력을 내보낼 수 없고 어떤 한계점에 도달하게 되는데 이런 한계점 즉 최대전력점을 표현하기 위한 지표가 $P_{1dB}$이다. 증폭기의 출력전력이 포화되지 않는다고 가정한다면 포화되지 않은 전력과 실제로 포화되기 시작한 곡선과의 차이가 1[dB]되는 출력전력이 바로 $P_{1dB}$이며 이대 이득을 $G_1$dB라 한다. 예를 들어 Gain이 20[dB]인 Amp에 0[dBm]이 입력되면 출력은 20[dBm]이지만, 10[dBm]이 입력되면 출력이 30[dBm]이 되리라는 보장은 없다. 입력전력이 올라갈수록 Gain은 조금씩 떨어지게 되어 어떤 수준 이상의 입력전력이 들어오면 출력전력이 포화되어 늘어나지 않는 포화현상이 발생하는 것이다. 즉 1[dB] Gain Compression Point는 이러한 포화전력에 도달하기 전에 실제로 이용 가능한 최대전력점을 나타내기 위한 용도로 사용된다. 결국 $P_{1dB}$는 Gain이 1[dB] 줄어든 지점의 전력을 의미한다. $P_{1dB}$는 실제 증폭기의 선형목적 여부에 따라 여러 가지 의미를 가질 수 있지만 기본적으로 그 증폭기에서 안정적으로 사용가능한 최대 선형 입출력 전력을 의미한다고

보면 된다. 보통 증폭기를 사용할 때는 $P_{1dB}$점보다 수 dB 아래 범위까지만 사용해야 안정적인 특성을 가질 수 있다.

[그림 3-96]는 증폭기의 최대전력점 보다 Gain이 1[dB] 줄어든 점에서의 입력-출력전력을 나타낸 그림이다.

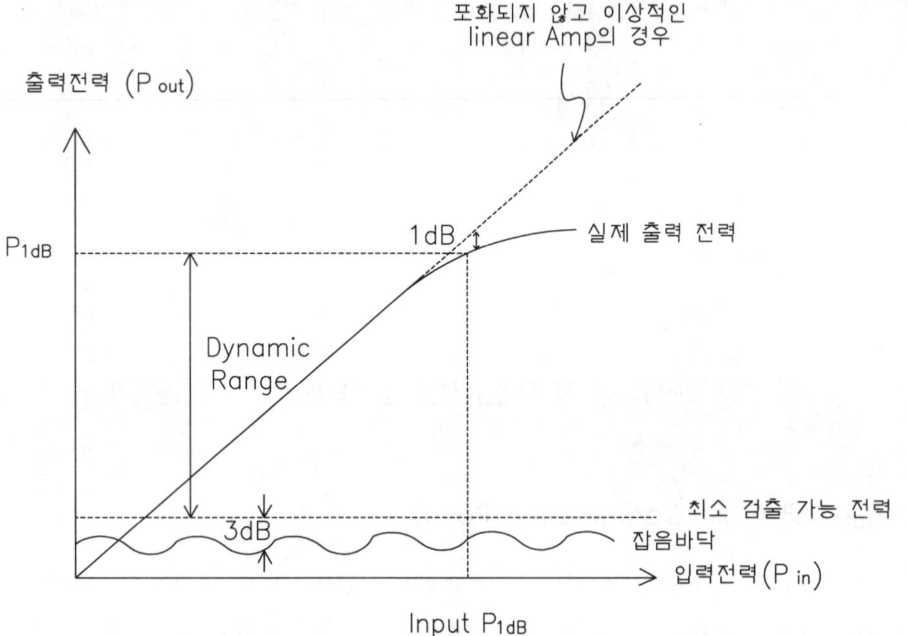


그림 3-96 Amplifier의 전력 특성 곡선

### 3) IMD(Intermodulation Distortion)

비선형 증폭기에 만일 주파수 $f_1$을 인가하면 출력에는 $2f_1$, $3f_1$, $4f_1$, … 등의 고조파(Harmonics)가 발생한다. 이와 비슷하게 증폭기에 여러 신호를 동시에 인가하면 이 신호들 간의 상호변조왜곡이 발생하는데 이를 IDM(Intermodulation Distortion)이라 한다. IMD는 출력이 매우 좁은 수동소자의 경우에 일부 나타나며 대부분 능동소자, 특히 증폭기의 경우에 많이 나타나며 이를 대폭 축소시킨 전력증폭기를 LPA(Linear Power Amplifier)라 한다.

## 4) IP3(Third Order Intercept Point)

IP3(3rd Order Intercept Point)는 Fundamental 출력전력과 IM3 성분이 포화되지 않고 계속 증가하여 두 전력점이 같아지는 지점을 말하며 선형성을 가늠하는 지표로 주로 사용된다. [그림 3-91]과 같이 출력전력이 점점 증가하면 IM3도 같이 증가하게 되는데 IM3 성분의 증가율이 Fundamental 신호의 전력 증가율 보다 높아 계속 전력이 증가하다 보면 Fundamental 성분과 IM3 성분이 같아지게 되는데 바로 이지점을 IP3라 한다. IM3는 Fundamental에 비해 빠르게 증가하는데 비선형 시스템에서 $x = a_1 \cos\omega_0 t + a_2 \cos\omega_2 t$라는 입력신호가 들어가면 출력 y는 $y = a + bx + cx^2 + dx^3 + \ldots.$ 처럼 무한승식으로 나온다. 여기서 1차 함수 항 $bx$가 곧 Fundamental Frequency 신호 출력이고 IM3는 3승항에서 나오는 신호이기 때문에 입력신호의 크기에 대해 3제곱의 기울기를 갖고 증가한다. 결국 dB 스케일 상에서 IM3는 Fundamental에 비해 3배의 기울기를 가지고 증가한다.

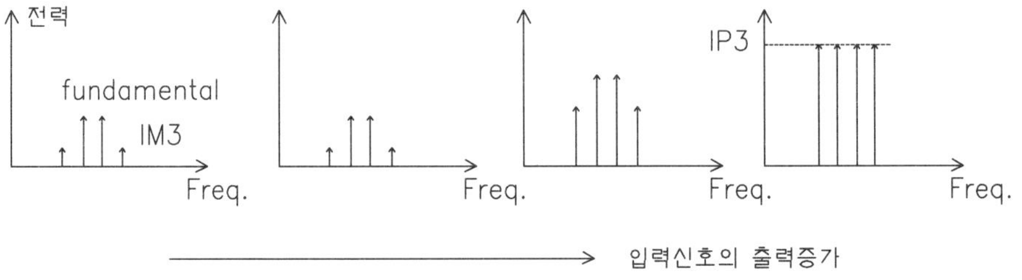


위의 그림은 입력전력이 증가할 때 출력전력과 IM3가 증가하는 형상을 dB 스케일로 나타낸 것이다.

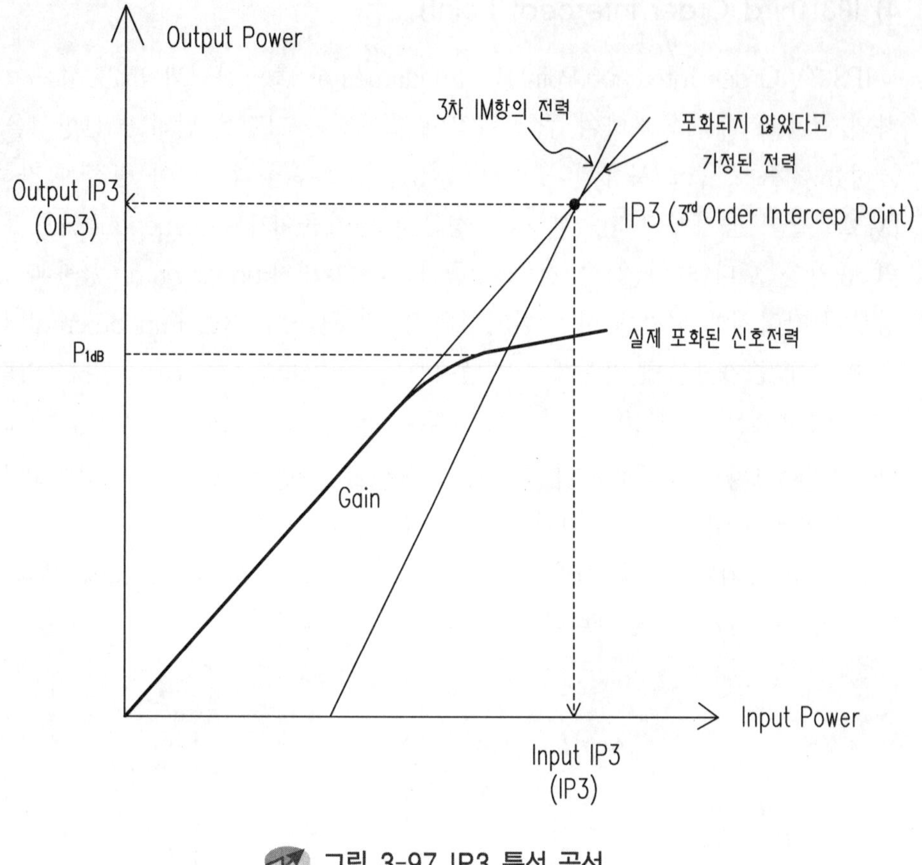


그림 3-97 IP3 특성 곡선

## 5) MMIC(Monolithic Microwave Integrated Circuit)

마이크로파 증폭기에 사용되는 능동소자는 주로 HBT(Hetrostructure Bipolar Transistor)나 MESFET(Metal Semiconductor Field Effect Transistor)가 사용되며, 이를 이용하여 입출력단에 정합회로를 구성하고 커패시터와 인덕터를 사용하여 마이크로스트립 선로상에서 MIC(Micro-wave Integrated Circuit) 형태로 구성한다. 최근에는 능동소자와 수동소자를 하나의 반도체 Die 위에서 일괄공정으로 제작하는 MMIC(Mono-lithic Integrated Circuit)형태로 발전하였다. MMIC는 고주파 시스템의 소형 경량화는 물론 사용부품의 수를 대폭 줄임으로써 생산 수율을 증가 시킬 수 있는 핵심기술이다. MMIC는 [그림 3-98]에 나타낸 바와 같이 반도체 기판 위에 수동소자와 능동소자 뿐 아니라 단위소자의 연결까지도 일괄 공정으로 동시에 제작하므로 종래의 고주파 회로기판에 비해 크기가 작고 신뢰성이 높으며 특성이 균일 한 특징을 가지고 있으나, 설계가 까다롭고 튜닝이 거의 불가능하며 제작기간이 매우 길다는 단점이 있다.

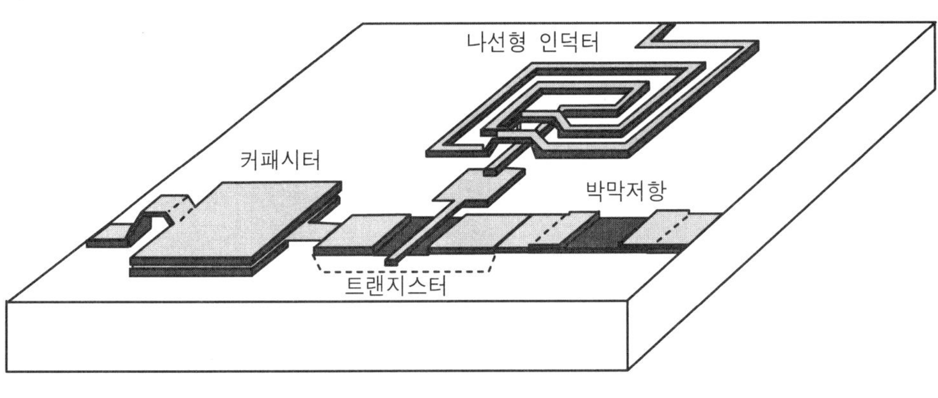


그림 3-98 MMIC 내부 개략도

다음의 Data sheet는 ED-3300N 모듈에 사용한 MMIC Amplifier의 사양을 나타낸 것이다.

# ECG003

**InGaP HBT Gain Block**

**The Communications Edge ™**

***Product Information***

## Product Features

- DC – 6 GHz
- +24 dBm P1dB at 1 GHz
- +39 dBm OIP3 at 1 GHz
- 20 dB Gain at 1 GHz
- 3.6 dB Noise Figure at 2 GHz
- SOT-89 Package
- Internally matched to 50 Ω

## Applications

- Mobile Infrastructure
- CATV / DBS
- W-LAN / ISM
- RFID
- Defense / Homeland Security
- Fixed Wireless

## Product Description

The ECG003 is a general-purpose buffer amplifier that offers high dynamic range in a low-cost surface-mount package. At 1000 MHz, the ECG003 typically provides 20 dB of gain, +39 dBm Output IP3, and +24 dBm P1dB.

The ECG003 consists of Darlington pair amplifiers using the high reliability InGaP/GaAs HBT process technology and only requires DC-blocking capacitors, a bias resistor, and an inductive RF choke for operation. The device is ideal for wireless applications and is available in a low-cost, surface-mountable SOT-89 package. All devices are 100% RF and DC tested.

The broadband MMIC amplifier can be directly applied to various current and next generation wireless technologies such as GPRS, GSM, CDMA, and W-CDMA. In addition, the ECG003 will work for other various applications within the DC to 6 GHz frequency range such as CATV and fixed wireless.

## Functional Diagram

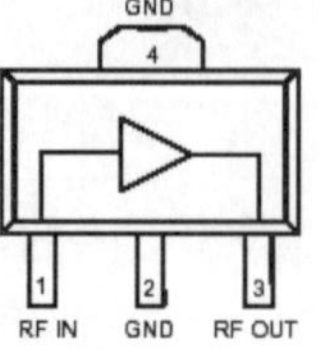


## Specifications [1]

| Parameter | Units | Min | Typ | Max |
|---|---|---|---|---|
| Operational Bandwidth | MHz | DC | | 6000 |
| Test Frequency | MHz | | 1000 | |
| Gain | dB | | 20 | |
| Output P1dB | dBm | | +24 | |
| Output IP3 [3] | dBm | | +39 | |
| Noise Figure | dB | | 3.5 | |
| Test Frequency | MHz | | 2000 | |
| Gain | dB | 18 | 19 | |
| Input Return Loss | dB | | 15 | |
| Output Return Loss | dB | | 10 | |
| Output P1dB | dBm | | +23 | |
| Output IP3 [2] | dBm | +34 | +36 | |
| Noise Figure | dB | | 3.6 | |
| Device Voltage | V | 6.7 | 7.2 | 7.6 |
| Device Current | mA | | 110 | |
| Output mismatch w/o spurs | VSWR | | 10:1 | |

1. Test conditions unless otherwise noted: 25° C, Supply Voltage = +9 V, $R_{bias}$ = 16 Ω, 50 Ω System.
2. 3OIP measured with two tones at an output power of +11 dBm/tone separated by 1 MHz. The suppression on the largest IM3 product is used to calculate the 3OIP using a 2:1 rule.

## Typical Performance [3]

| Parameter | Units | Typical | | | |
|---|---|---|---|---|---|
| Frequency | MHz | 500 | 900 | 1900 | 2140 |
| S21 | dB | 21 | 20 | 19 | 18.7 |
| S11 | dB | -19 | -18 | -16 | -15 |
| S22 | dB | -14 | -13 | -10 | -10 |
| Output P1dB | dBm | +24.4 | +24 | +23 | +22.5 |
| Output IP3 | dBm | +39 | +39 | +36 | +35 |
| Noise Figure | dB | 3.5 | 3.5 | 3.6 | 3.7 |

3. Test conditions: T = 25° C, Supply Voltage = +9 V, Device Voltage = +7.2V, $R_{bias}$ = 16Ω, 50 Ω System.

## Absolute Maximum Rating

| Parameter | Rating |
|---|---|
| Operating Case Temperature | -40 to +85 °C |
| Storage Temperature | -55 to +150 °C |
| Device Current | 160 mA |
| RF Input Power (continuous) | +10 dBm |
| Junction Temperature | +250° C |

## Ordering Information

| Part No. | Description |
|---|---|
| ECG003B | InGaP HBT Gain Block |
| ECG003B-PCB | 700 –2400 MHz Fully Assembled Eval. Board |

# ECG003

InGaP HBT Gain Block

**The Communications Edge ™**

*Product Information*

## Typical Device RF Performance (3)

Supply Bias = +9 V, $R_{bias}$ = 16 Ω, $I_{cc}$ = 110 mA

| Frequency | MHz | 100 | 500 | 900 | 1900 | 2140 | 2400 | 3500 | 5800 |
|---|---|---|---|---|---|---|---|---|---|
| S21 | dB | 21 | 21 | 20.4 | 19 | 18.7 | 18.2 | 17.4 | 14 |
| S11 | dB | -20 | -19 | -18 | -16 | -15 | -13 | -12 | -6 |
| S22 | dB | -15 | -14 | -13 | -10 | -10 | -8 | -7 | -3 |
| Output P1dB | dBm | +24.4 | +24.4 | +24 | +23 | +22.5 | +20.5 | +18.7 | 12 |
| Output IP3 | dBm | +38 | +39 | +39 | +36 | +35 | +34 | +31 | |
| Noise Figure | dB | 3.9 | 3.6 | 3.5 | 3.6 | 3.7 | 3.7 | 4.2 | |

1. Test conditions: T = 25° C, Supply Voltage = +9 V, Device Voltage = 7.2 V, Rbias = 16 Ω, Icc = 110 mA typical, 50 Ω System.
2. 3OIP measured with two tones at an output power of +11 dBm/tone separated by 1 MHz. The suppression on the largest IM3 product is used to calculate the 3OIP using a 2:1 rule.
3. Data is shown as device performance only. Actual implementation for the desired frequency band will be determined by external components shown in the application circuit. The performance data does not account for losses attributed to recommended input and output series resistances shown in the application circuit on page 3.

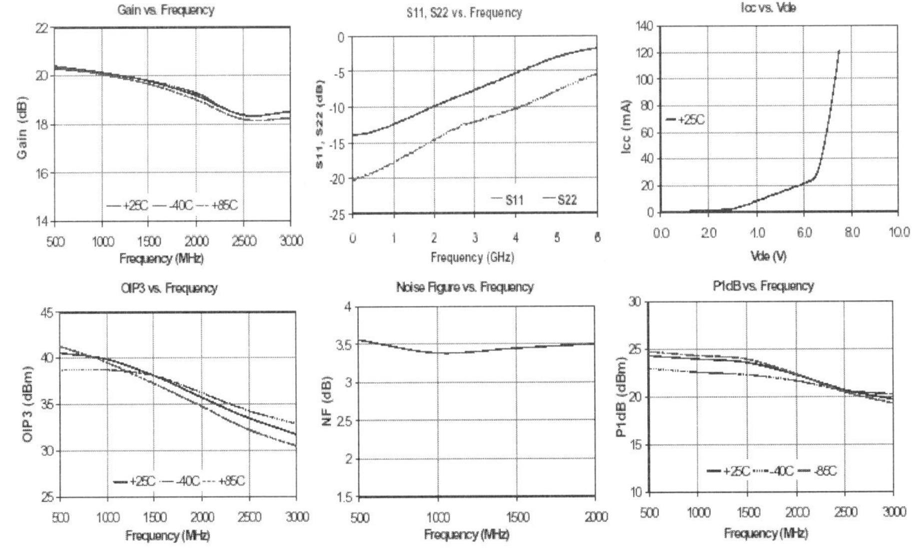


S-Parameters ($V_{device}$ = +7.2 V, $I_{CC}$ = 110 mA, T = 25°C, calibrated to device leads)

| Freq (MHz) | S11 (dB) | S11 (ang) | S21 (dB) | S21 (ang) | S12 (dB) | S12 (ang) | S22 (dB) | S22 (ang) |
|---|---|---|---|---|---|---|---|---|
| 50 | -20.36 | -0.18 | 20.46 | 177.69 | -23.19 | -0.38 | -13.95 | -2.86 |
| 500 | -19.29 | -24.13 | 20.19 | 157.68 | -23.08 | -2.33 | -13.44 | -35.26 |
| 1000 | -17.78 | -51.50 | 19.84 | 136.88 | -22.93 | -4.52 | -12.45 | -68.47 |
| 1500 | -16.23 | -75.63 | 19.40 | 117.06 | -22.61 | -7.13 | -11.26 | -97.26 |
| 2000 | -14.71 | -98.28 | 19.06 | 97.71 | -22.16 | -9.76 | -9.96 | -123.04 |
| 2500 | -13.16 | -118.71 | 18.65 | 78.13 | -21.61 | -13.40 | -8.82 | -145.90 |
| 3000 | -12.14 | -139.91 | 18.23 | 59.26 | -20.91 | -17.67 | -7.63 | -167.85 |
| 3500 | -11.24 | -161.53 | 17.77 | 40.27 | -20.11 | -23.92 | -6.59 | 171.00 |
| 4000 | -10.30 | 174.59 | 17.32 | 20.70 | -19.35 | -31.44 | -5.32 | 150.44 |
| 4500 | -9.20 | 147.71 | 16.71 | 0.41 | -18.62 | -41.28 | -4.19 | 128.81 |
| 5000 | -7.76 | 120.30 | 15.97 | -19.87 | -18.16 | -52.98 | -3.10 | 107.78 |
| 5500 | -6.63 | 92.76 | 14.85 | -40.81 | -18.05 | -66.03 | -2.28 | 87.09 |
| 6000 | -5.54 | 70.28 | 13.49 | -59.45 | -18.34 | -79.15 | -1.78 | 67.70 |

## 3. 측정장비

| 모듈명 | 품명 | 수량 |
|---|---|---|
| ED-4770 | Combo Tester | 1 |
| ED-3300A | VCO | 1 |
| ED-3300B | Detector | 1 |
| ED-3300C | Circulator | 1 |
| ED-3300N | MMIC Amplifier | 1 |
| 10dB Attenuator | 10dB | 1 |
| 20dB Attenuator | 20dB | 1 |
| Accessory | BNC-Banana | 1 |
| Accessory | Banana-Banana | 2 |
| Accessory | 50[Ω] Load | 1 |

## 4. 실험 방법

* 주의 : ED-3300A(VCO) 모듈과 ED-3300N(MMIC Amplifier)에 정격전압 보다 높은 전압이 가해질 경우 회로 고장의 원인이 되므로 특별히 주의한다.

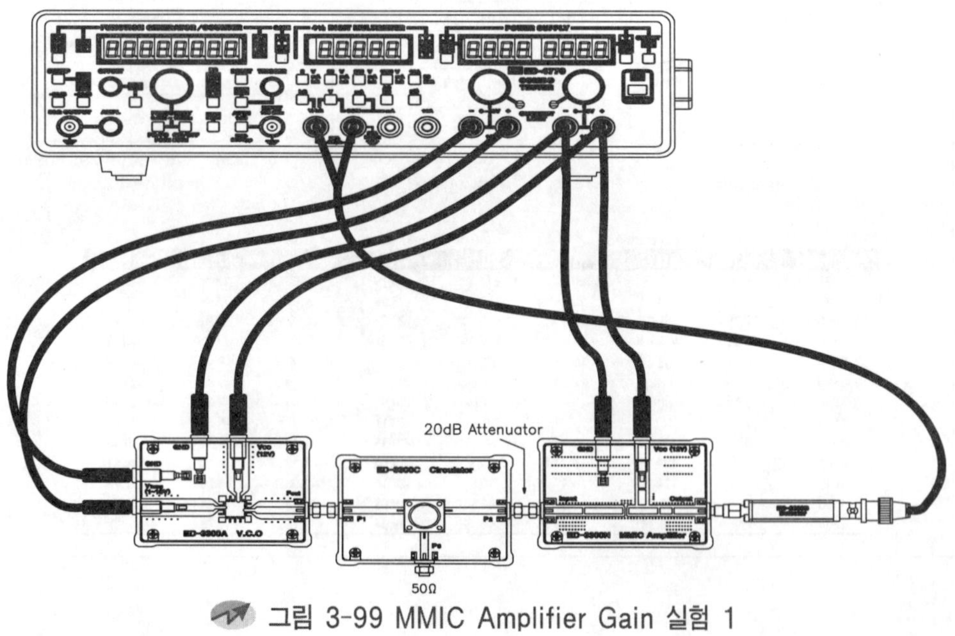


그림 3-99 MMIC Amplifier Gain 실험 1

① [그림 3-99]와 같이 회로를 연결한다.

② ED-3300A(VCO) 모듈에 동작 전원 $V_{CC}$와 튜닝전압 $V_{tune}$을 공급하기 위해 ED-4770 채널 1의 전압을 1[V]로 조정하고 채널 2의 전압을 12[V]로 조정한다.

③ ED-3300A(VCO) 모듈의 $V_{tune}$ 전압을 <표 3-24> 주파수값이 출력될 수 있도록 가변하면서 MMIC Amplifier Gain을 측정하기 위하여 MMIC Amplifier 출력단에 검출기와 전압계를 연결하여 결과를 <표 3-24> Gain 측정 1란에 기록한다($V_{tune}$ 전압은 <표 4-1>을 참조해서 조정한다.).

④ [그림 3-100]과 같이 회로를 연결한다.

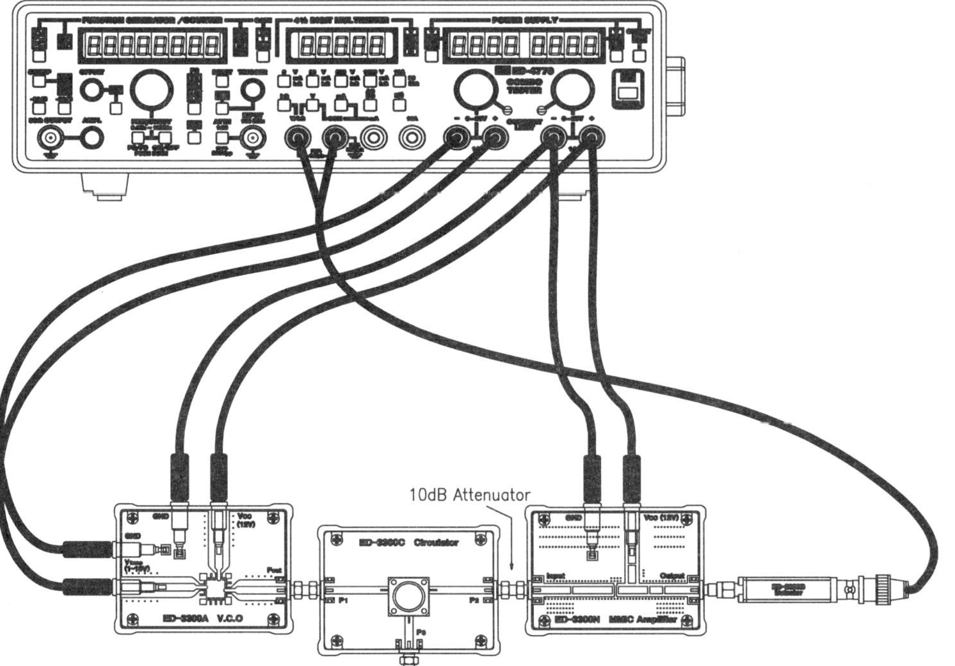


그림 3-100 MMIC Amplifier $P_{1dB}$ 실험 2

⑤ ED-3300A(VCO) 모듈에 동작 전원 $V_{CC}$와 튜닝전압 $V_{tune}$ 전원을 공급하기 위해 ED-4770 채널 1의 전압을 1[V]로 조정하고 채널 2의 전압을 12[V]로 조정한다.

⑥ ED-3300A(VCO) 모듈의 $V_{tune}$ 전압을 <표 3-24> 주파수값이 출력될 수 있도록 가변하면서 MMIC Amplifier Gain을 측정하기 위하여 MMIC Amplifier 출력단에 검출기와 전압계를 연결하여 결과를 <표 3-24> Gain 측정 2란에 기록한다($V_{tune}$ 전압은 <표 4-1>을 참조해서 조정한다.).

## 5. 측정결과

〈표 3-24〉 각 포트의 Gain 측정

| 주파수 〔GHz〕 | 입력 〔dBm〕 | Gain 측정 1 (10dB Att) | | | Gain 측정 2 (20dB Att) | | |
|---|---|---|---|---|---|---|---|
| | | 출력전압 〔V〕 | 출력 〔dBm〕 | Gain 〔dB〕 | 출력전압 〔V〕 | 출력 〔dBm〕 | Gain 〔dB〕 |
| 1.5 | | | | | | | |
| 1.6 | | | | | | | |
| 1.7 | | | | | | | |
| 1.8 | | | | | | | |
| 1.9 | | | | | | | |
| 2.0 | | | | | | | |

*참고 : 검출기의 최대측정범위를 고려하여 증폭기 입력단에 감쇠기를 연결하였다.
따라서, Gain[dB] = 출력[dBm] – 입력[dBm] + 감쇠기[dB]이다.

## 6. 검토사항

① 1.7~1.9GHz에서 측정된 결과 값으로부터 MMIC Amplifier의 평균 Gain을 구하시오.

② 위의 실험 과정 중 Attenuator의 값을 20[dB]에서 10[dB]로 바꾸었을 때 Gain이 변하는가? 만일 Gain이 변했다면 그 이유는?

③ 위의 $P_{1dB}$ 측정 실험 과정 중 Attenuator를 사용한 목적을 설명하시오

④ 증폭기의 $P_{1dB}$와 IP3에 대해서 설명하시오.

⑤ ED-3300N 모듈에 사용한 MMIC(ECG003)의 Data Sheet로부터 2.5[GHz]일 때 Return Loss, Gain 및 $P_{1dB}$를 구하시오.

⑥ 증폭기에 사용되는 여러 가지 능동소자에 대하여 알아보시오.

⑦ 실험 과정 중에서 ED-3300C(Circulator)의 역할은?

## 3 6.2 Patch Antenna 이론과 실습

### 1. 목적

ED-3300P(Patch Antenna) 모듈을 사용하여 안테나의 원리와 특성을 이해한다.

### 2. 이론

#### 1) 안테나

안테나는 무선통신에서 통신의 목적을 달성하기 위해 공간에 효율적으로 전파를 방사하거나 또는 송수신을 위해 전자파를 공간으로 보내거나 받기 위한 장치이다. 안테나라는 것은 곤충의 '촉각'이라는 뜻으로서, 전파를 잡는 촉각과 같은 작용을 한다는 데서 이 이름이 생겼다.

무선통신에서 신호가 전달되는 경로는 유선의 선로가 아닌 자유공간(free space)이다. 그러한 자유공간에 신호를 송신하고 수신하는 역할을 하는 최종단이 바로 안테나이다.

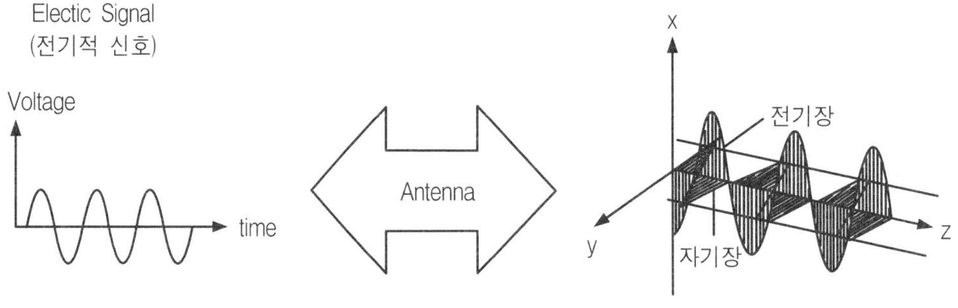


그림 3-101 안테나의 역할

전기적 신호는 도체를 통해 전하의 흐름으로 전달되기 때문에 특수한 경우를 제외하고 자유공간과 같은 부도체에선 전하가 흐르지 못한다. 하지만 전자기파는 오히려 도체를 통과하지 못하고 부도체에서 전계와 자계를 구성하면서 진행한다.

이렇게 전압·전류로 표현되는 전기적 신호와 전기장·자기장으로 표현되는 전자기파를 [그림 3-101]처럼 서로 변환해주는 역할을 하는 장치 그것이 바로 안테나이다. 안테나 외부의 전자기장의 변화와 안테나 도선상의 전기적 신호가 상호 연동함으로써 대기 중에 떠다니는 전자기파 신호를 전자기기가 감지하고 또 그 역도 가능할 수 있는 것이다.

## 2) 도선의 공진

매우 짧은 도선이라도 고주파전류가 흐르면 방사 효율에는 차이가 있으나, 전류의 세기에 비례하는 전자파가 방사된다. 문제는 "어떻게 도선에 최적의 전류를 흐르게 할 것인가"를 생각하는 것이다.

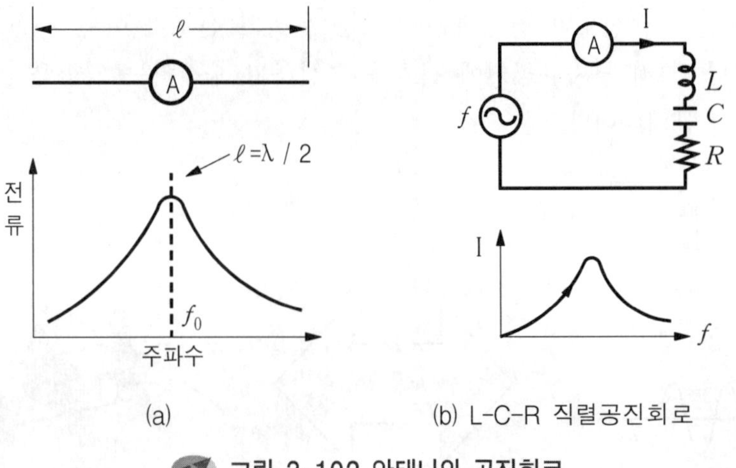


그림 3-102 안테나와 공진회로

[그림 3-102] (a)와 같이 적당한 길이 $l$인 직선 도선의 중앙에 고주파 전류계를 연결하고, 고주파 신호 발생기를 연결시킨다.

주파수를 낮은 주파수에 놓고 서서히 높게 하면 안테나에 전류가 흐르기 시작한다. 계속 주파수를 증가시켜 감에 따라 안테나 전류는 점점 증가하여 그림과 같이 특정 주파수 $f_0$에서 최대가 되며 그 이상 주파수를 높게 하면 반대로 전류는 감소해 간다.

주파수와 안테나 전류간의 관계는 그림 (b)의 LCR 직렬 공진특성과 매우 비슷하다는 것을 알 수 있다. 따라서 양단이 개방되어 있으며 중앙 급전되는 도선은 주파수 $f_0$에서 공진한다고 볼 수 있다. 이 때 도선 길이는 $f_0$의 파장의 약 1/2이 된다.

### 3) 직사각형 패치 안테나의 특성

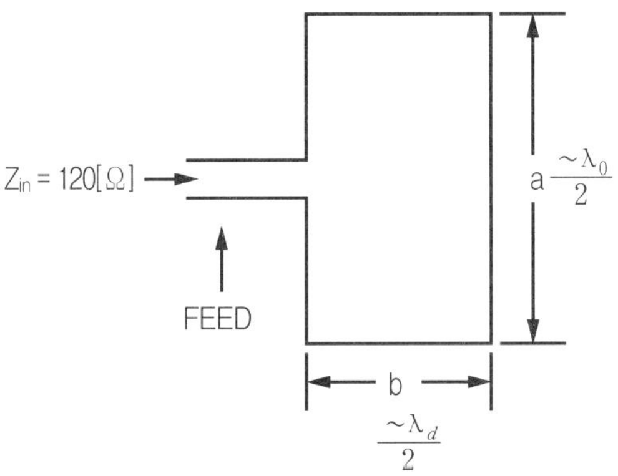


그림 3-103 기본적인 직사각형 마이크로스트립 안테나

[그림 3-103]은 기본적인 직사각형 마이크로스트립 패치 안테나의 크기를 나타내고 있다. 안테나의 컨덕턴스는 폭 a의 함수이며, 공진주파수는 길이 b의 함수이다. 길이 b는 다음과 같이 주어진다.

$$b \approx 0.49\lambda_d = 0.49\frac{\lambda_0}{\sqrt{\varepsilon_r}}$$

여기서, $\lambda_d$는 유전체 내에서의 파장

$\lambda_0$는 자유공간에서의 파장

$\varepsilon_r$은 기판의 비 유전율

이다.

유전율과 급전 인덕턴스의 변화 때문에 측정할 때는 정확한 패치의 길이를 정의해주는 것이 필요하다. [그림 3-104]는 패치 내부에 흐르는 전류와 그 주위에 전계를 도시하고 있다. 전계는 주로 급전선이 연결되어있는 패치의 가장

자리와 반대편 가장자리에 있다. 이러한 전계는 안테나의 방사 특성에 기인한다. [그림 3-104]와 같은 안테나로부터 방사된 파(wave)는 수평편파특성을 갖는다. 즉 수평 방향은 E-평면(x-y 평면), 수직방향은 H-평면(x-z 평면)이다.

패치 안테나의 두 가장자리 사이의 간격 b는 대략 유전체내에서의 반파장의 길이(0.49[$\lambda_d$])이다. 이것이 반대편 슬롯이 서로 역 위상으로 여기되는 안테나가 되는 이유이다. 그러나 두 개의 평행한 슬롯에 방사하는 전계는 안테나 소자의 법선 방향(broadside, 즉 y 방향)에서는 동 위상으로 되어 더해지게 된다.

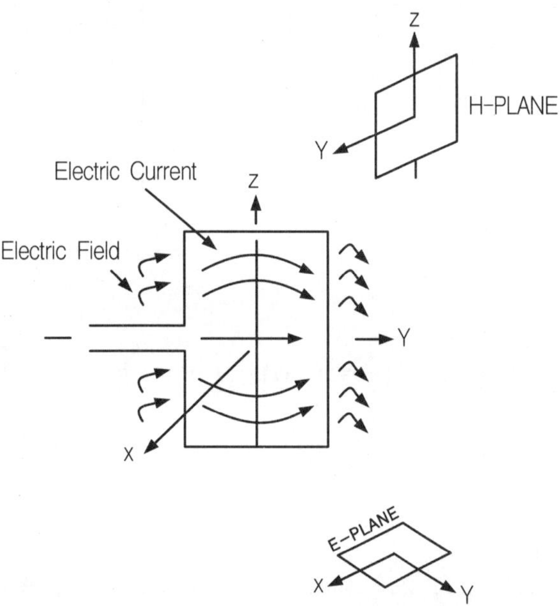


그림 3-104 전류분포와 주된 전계형태

### 4) 도파관 슬롯 2개가 배열된 경우의 방사패턴

직사각형 패치 안테나의 특성을 간단명료하게 계산할 수 있도록 해주는 유추법의 하나는 [그림 3-103]의 패치 안테나와 [그림 3-105]의 2-슬롯을 가진 도파관 슬롯 안테나를 비교하는 것이다.

[그림 3-105]의 2-슬롯 도파관 안테나는 [그림 3-103]의 패치 안테나와 본질적으로 등가이기 때문에 두 안테나의 방사패턴은 동일하게 나타날 것이다.

2-슬롯 도파관 안테나의 방사패턴을 이해하기 위해서는 [그림 3-106]과 같이 양 슬롯에서 방사되는 전계의 크기가 같도록 거리 b를 선택하였다는 점을 주목하여라. y축의 어떤 점에서도 각 슬롯간의 거리는 동일하게 된다.

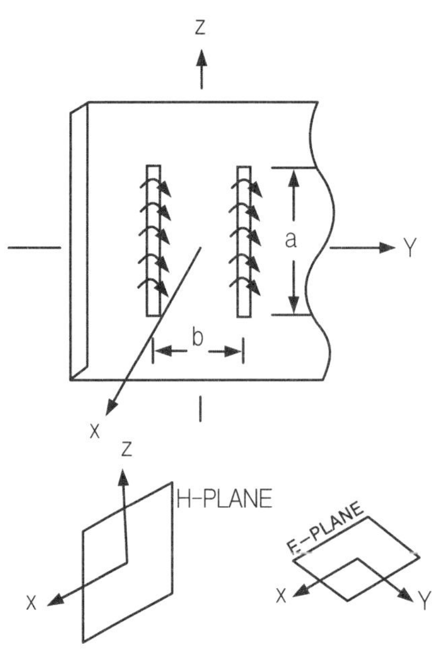


그림 3-105 도파관에서 두 개의 병렬 슬롯

그러므로 두 슬롯에 의한 전계는 원방계에서 동위상이 되어 더해지므로 최대로 방사하게 된다. 다른 방향에서는 두 슬롯간의 거리가 다르므로 동위상으로 완전하게 더해지지 않는다. 따라서 방사패턴은 y축 방향에서 최대 크기인 주엽(main lobe)을 갖게 될 것이다.

[그림 3-106]은 한 개의 슬롯을 3차원으로 도시한 그림이다. 이 그림에서 축과 각 $\phi$, $\theta$는 기본식의 변수로 사용되고 있다. 아래에 열거되어 있는 식 $F_{patch}(\phi)$와 식 $F_{patch}(\theta)$에서의 a와 b는 [그림 3-106]에 있는 패치의 폭 a와 길이 b에 관련된 값이다.

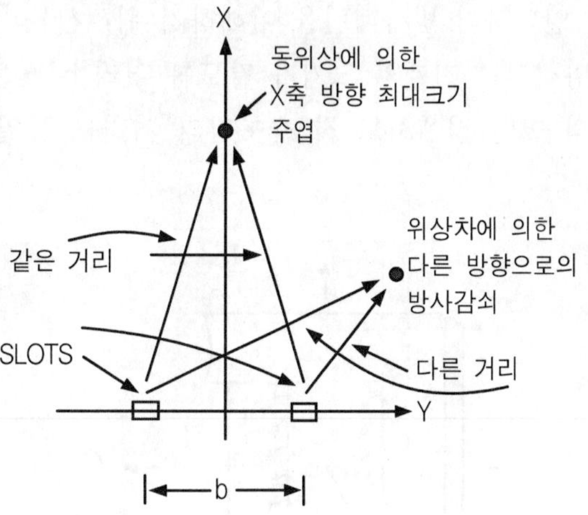


그림 3-106 직사각형 패치에서 E-평면 원방계 방사패턴의 해석

높이 h는 [그림 3-103]과 [그림 3-104]의 유전체기판의 두께에 관련된 값이다.

등 진폭, 동위상으로 여기되는 2개의 슬롯에 대한 E-평면의 방사패턴은 다음과 같은 식으로 주어진다.

$$F_{patch}(\phi) = \frac{\sin\left(\frac{\beta h}{2}\cos\phi\right)}{\frac{\beta h}{2}\cos\phi}\cos\left(\frac{\beta b}{2}\cos\phi\right)$$

여기서 h는 슬롯의 높이(패치 안테나의 기판의 두께와 같다)

b는 두 슬롯간의 거리(패치 안테나의 길이와 같다)

$\beta = \frac{2\pi}{\lambda}$ 이다.

H-평면 패턴은 아래와 같이 주어진다.

$$F_{patch}(\Theta) = \frac{\sin\left(\frac{\beta a}{2}\cos\Theta\right)}{\frac{\beta a}{2}\cos\Theta}\sin\Theta$$

여기서 a는 슬롯의 길이이다.

이론적으로는 E-평면 패턴과 H-평면 패턴이 [그림 3-108]과 같이 나타나야 한다.

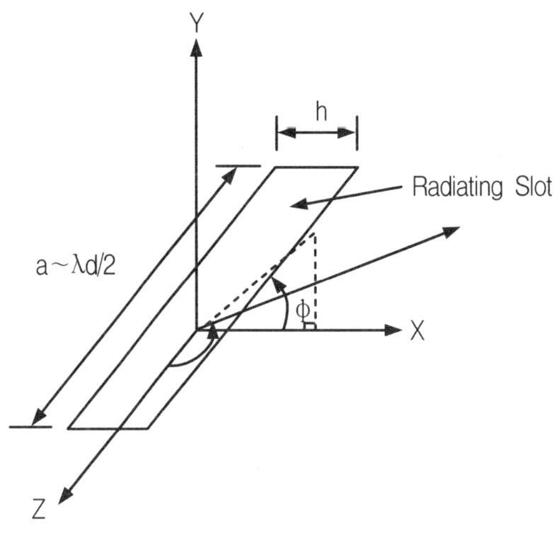


그림 3-107 방사슬롯의 E-평면과 H-평면 방사패턴 계산을 위한 형태

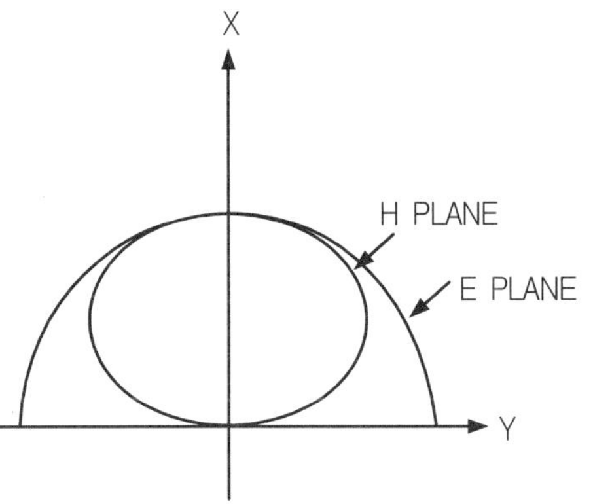


그림 3-108 같은 크기로 여기된 두 슬롯에 대한 이론적인 E-평면 H-평면 방사패턴($b = \lambda_d/2$ , 여기서 $\lambda_d < \lambda$ ).

## 5) 마이크로스트립 안테나의 입력 임피던스

2-슬롯 배열 안테나와 λ/2직사각형 패치 안테나의 입력 임피던스는 저항 성분(리액턴스 성분 "0") 이므로 좋은 방사 특성을 가진다. 입력 저항의 근사값은 아래와 같다.

$$R_{in} \approx \frac{60/\lambda_0}{a} = \frac{60/\lambda_0}{\lambda_0/2} = 120[\Omega]$$

여기서 a는 슬롯의 길이

$\lambda_0$는 자유 공간에서의 파장이다.

이상적으로 패치의 입력 임피던스는 약 120[Ω]이므로 마이크로스트립 선로와 동축 케이블 입력단의 임피던스는 120[Ω]이 되어야 한다. 그러나 안테나 실험 셋트에서 사용되는 50[Ω] 동축케이블로 연결하기 위해서 50[Ω] 마이크로스트립 선로가 사용된다.

50[Ω] 마이크로스트립 선로와 120[Ω] 패치 사이의 임피던스를 정합시키기 위해서는 [그림 3-109]와 같이 $\lambda/4$ 임피던스변환기를 사용한다. $\lambda/4$ 임피던스변환기는 협대역에서 임피던스 정합을 위한 유용한 기술이다. 임피던스 $Z_1$과 $Z_2$를 정합시키기 위한 $\lambda/4$ 임피던스변환기의 특성임피던스 $Z_L$은

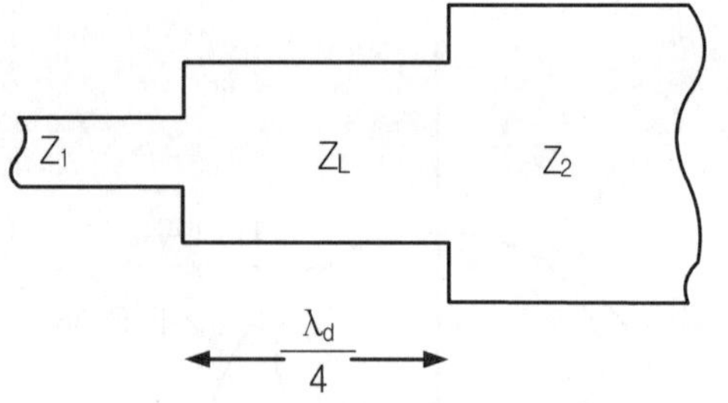


그림 3-109 정합 임피던스 $Z_1$, $Z_2$를 위한 임피던스 $Z_L$의 $\lambda/4$ 스터브

$Z_L = \sqrt{Z_1 Z_2} = \sqrt{(50)(120)} = 78[\Omega]$이다.

[그림 3-110]은 안테나 셋트에 들어있는 ED-3300P 단일 패치 안테나이다.

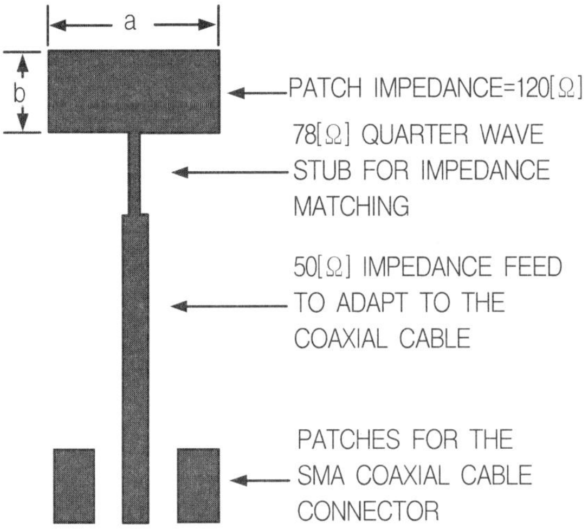

a
b
PATCH IMPEDANCE=120[Ω]
78[Ω] QUARTER WAVE STUB FOR IMPEDANCE MATCHING
50[Ω] IMPEDANCE FEED TO ADAPT TO THE COAXIAL CABLE
PATCHES FOR THE SMA COAXIAL CABLE CONNECTOR

그림 3-110 단일 패치안테나(단위 : mm)

## 3. 측정장비

| 모듈명 | 품명 | 수량 |
|---|---|---|
| ED-4770 | Combo Tester | 1 |
| ED-3300A | VCO | 1 |
| ED-3300B | Detector | 1 |
| ED-3300C | Circulator | 1 |
| ED-3300N | MMIC Amplifier | 1 |
| ED-3300P | Patch Antenna | 2 |
| ED-3300T | PIN Modulator | 1 |
| Accessory | Banana-Banana | 2 |
| Accessory | BNC-Banana | 1 |

## 4. 실험 방법

① [그림 3-111]과 같이 회로를 연결한다.

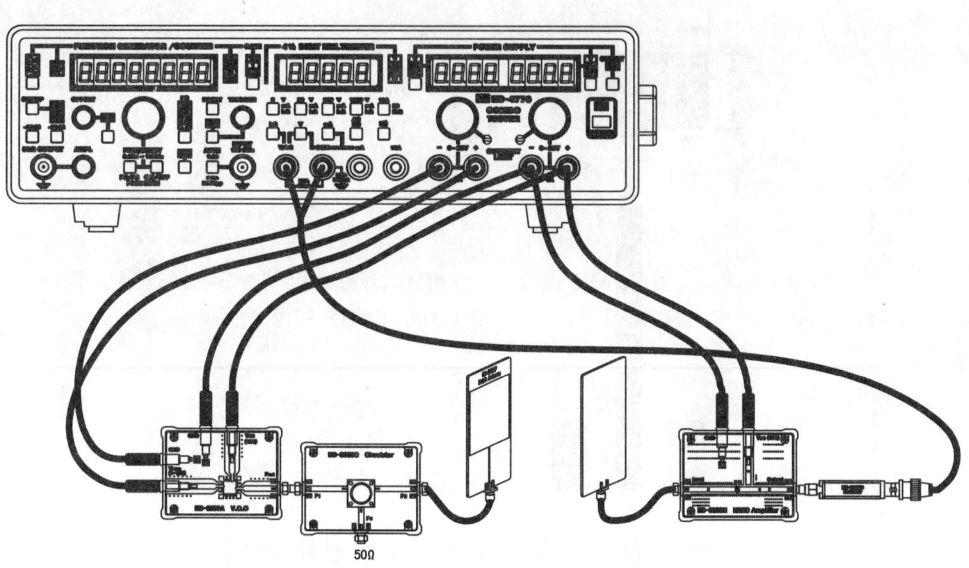


그림 3-111 Antenna 송수신 실험

② ED-3300A(VCO) 모듈에 동작 전원 $V_{CC}$와 튜닝전압 $V_{tune}$을 공급하기 위해 ED-4770 채널 1의 전압을 1[V]로 조정하고 채널 2의 전압을 12[V]로 조정한다.

③ ED-3300A(VCO) 모듈의 $V_{tune}$ 전압을 1.8[GHz]가 출력될 수 있도록 인가하고 패치 안테나를 측정하기 위해 수신측과 송신측의 거리를 <표 3-25>과 같이 변화시키면서 전압계에 나타난 결과를 <표 3-25>에 기록한다.

④ [그림 3-112]와 같이 회로를 연결한다.

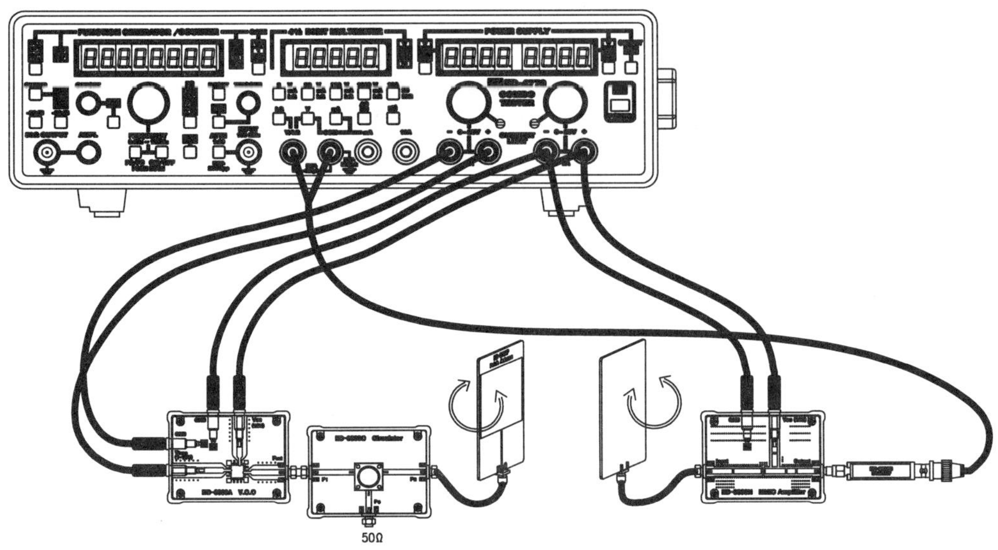
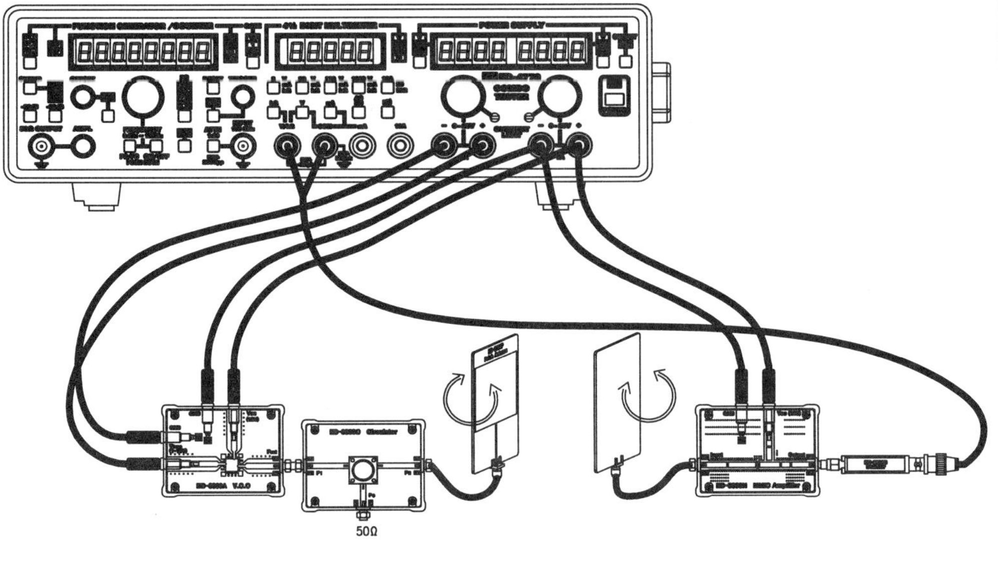


그림 3-112 Antenna 송수신 각도 변화에 따른 송수신 실험

⑤ ED-3300A(VCO) 모듈에 동작 전원 $V_{CC}$와 튜닝전압 $V_{tune}$을 공급하기 위해 ED-4770 채널 1의 전압을 1[V]로 조정하고 채널 2의 전압을 12[V]로 조정한다.

⑥ ED-3300A(VCO) 모듈의 $V_{tune}$ 전압을 1.8[GHz]가 출력될 수 있도록 인가하고 수신 패치 안테나의 각도를 <표 3-26>과 같이 변화시키면서 전압계에 나타난 결과를 <표 3-26>에 기록한다.
단, VCO = 1.8[GHz], 송수신 Antenna 거리는 1[m]로 고정한다.

⑦ 송신 패치 안테나의 각도를 <표 3-27>과 같이 변화시키면서 전압계에 나타난 결과를 <표 3-27>에 기록한다.
단, VCO=1.8[GHz], 송수신 Antenna 거리는 1[m]로 고정한다.

⑧ [그림 3-113]과 같이 회로를 연결하고 안테나는 서로 마주보도록 배치한다.

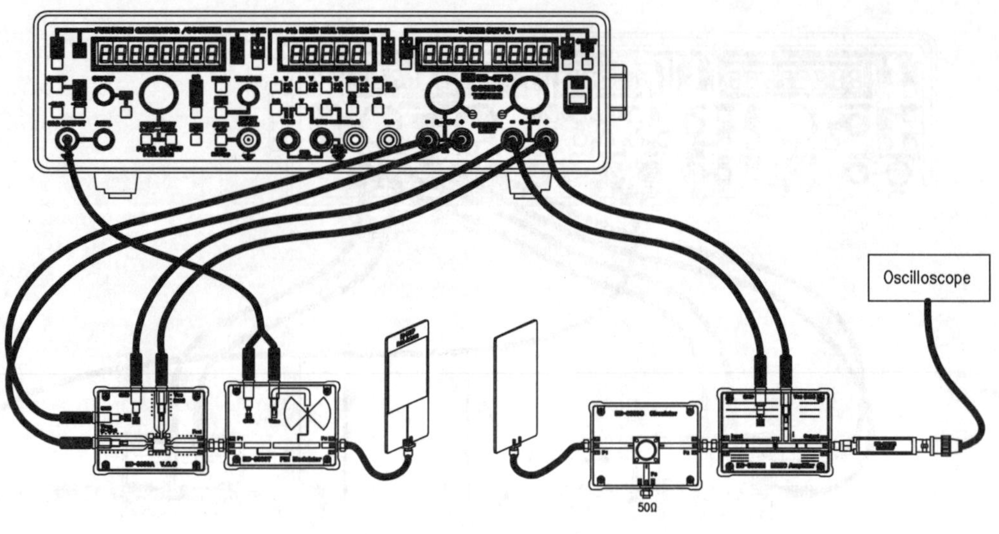


그림 3-113 Modulation 신호 송수신 실험

⑨ ED-3300A(VCO) 모듈의 $V_{tune}$ 전압을 1.8[GHz]가 출력될 수 있도록 인가하고, ED-3300T(PIN Modulator)에 <표 3-28>과 같이 $10V_{P-P}$ 구형파를 인가하고, 주파수를 변화시키면서 전압계에 나타난 결과를 오실로스코프로 관찰하고 <표 3-28>에 기록한다. 송신주파수가 수신주파수와 일치하는지 관찰하고 오실로스코프에 수신된 신호의 $V_{P-P}$ 값을 기록한다. 단, 송수신 Antenna 거리는 1[m]로 고정한다.

※위 실험은 PIN Modulator(ED-3300T)로 입력신호를 Modulation시켜 송신 안테나를 이용하여 수신측으로 전달한 후 수신된 신호를 MMIC Amp(ED-3300N)로 증폭하여 검출하기 위한 실험이다(PIN Modulator의 원리는 PIN 다이오드 스위치 단원에서 학습한 원리와 같다.).

## 5. 측정결과

〈표 3-25〉 안테나 수신 전압 측정

| Antenna 거리[m] | 0.5 | 0.6 | 0.7 | 0.8 | 0.9 | 1 | 1.1 |
|---|---|---|---|---|---|---|---|
| 수신 검출 전압[V] | | | | | | | |

〈표 3-26〉 수신 각도에 따른 안테나 수신 전압 측정

| 수신 Antenna 각도 | 0° | 15° | 30° | 45° | 60° | 75° | 90° |
|---|---|---|---|---|---|---|---|
| 수신 검출 전압(V) | | | | | | | |

〈표 3-27〉 송신 각도에 따른 안테나 수신 전압 측정

| 송신 Antenna 각도 | 0° | 15° | 30° | 45° | 60° | 75° | 90° |
|---|---|---|---|---|---|---|---|
| 수신 검출 전압(V) | | | | | | | |

〈표 3-28〉 수신 각도에 따른 Modulation 신호 수신 전압 측정

| PIN Modulator 주파수(Hz) | 1 | 10 | 100 | 1K |
|---|---|---|---|---|
| 수신 검출 전압(V) | | | | |

## 6. 검토사항

① <표 3-28>의 결과에서 Modulator 주파수 변화에 따라(Function Generator 구형파가 $L_o$ 구간) 검출 전압이 어떻게 변하는지 서술하시오.

② 안테나의 이득과 능동소자의 이득과의 차이를 설명하시오.

③ 마이크로파 안테나의 종류와 특징을 설명하시오.

④ <표 3-25>~<표 3-27>의 검출전압을 <표 4-2>를 이용하여 dBm으로 변환하고 수신단 증폭기의 이득을 고려하여 실제 수신된 신호를 계산하시오.

⑤ PIN Modulator의 원리에 대해서 설명하시오.

# 부록

## 1. VCO(UMS-2400-A16) 출력전력

〈표 1〉 VCO의 출력주파수와 출력전력

| 튜닝전압 (Vtune) | Power[dBm] | Frequency[GHz] |
|---|---|---|
| | 24℃일 때 | 24℃일 때 |
| 1.0 | 9.66 | 1.367 |
| 1.5 | 10.40 | 1.378 |
| 2.0 | 10.86 | 1.449 |
| 2.5 | 10.38 | 1.466 |
| 3.0 | 11.49 | 1.534 |
| 3.5 | 11.63 | 1.571 |
| 4.0 | 11.33 | 1.623 |
| 4.5 | 10.89 | 1.664 |
| 5.0 | 10.50 | 1,677 |
| 5.5 | 10.28 | 1.750 |
| 6.0 | 10.21 | 1.765 |
| 6.5 | 10.30 | 1.837 |
| 7.0 | 10.52 | 1.866 |
| 7.5 | 10.73 | 1.931 |
| 8.0 | 11.10 | 1.954 |
| 8.5 | 11.58 | 2.024 |
| 9.0 | 11.99 | 2.043 |
| 9.5 | 12.41 | 2.113 |
| 10.0 | 12.63 | 2.134 |

* 참고 : 부록에 표시된 각 부품의 특성값은 제작일, 온도 및 기타 환경에 따라 다소 차이가 있을 수 있습니다(1.8[GHz]일 때 6.2[V]).

VCO의 출력주파수와 출력전력(계속)

| 튜닝전압 (Vtune) | Power(dBm) | Frequency(GHz) |
|---|---|---|
| | 24℃일 때 | 24℃일 때 |
| 10.5 | 12.64 | 2.199 |
| 11.0 | 12.43 | 2.222 |
| 11.5 | 12.12 | 2.237 |
| 12.0 | 11.74 | 2.302 |
| 12.5 | 11.37 | 2.316 |
| 13.0 | 11.08 | 2.328 |
| 13.5 | 10.80 | 2.384 |
| 14.0 | 10.48 | 2.397 |
| 14.5 | 10.07 | 2.410 |
| 15.0 | 9.65 | 2.441 |
| 15.5 | 9.27 | 2.458 |
| 16.0 | 8.85 | 2.468 |

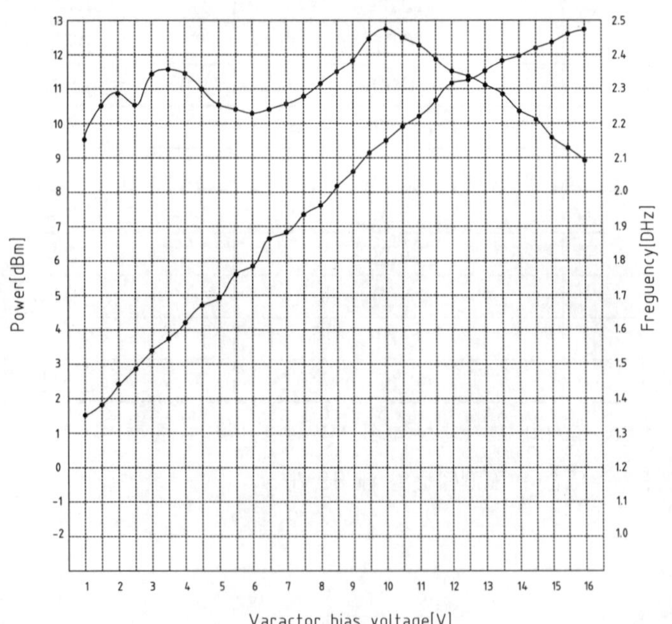

그림 1 VCO의 튜닝전압(Vtune) 대 출력전력과 출력주파수 그래프

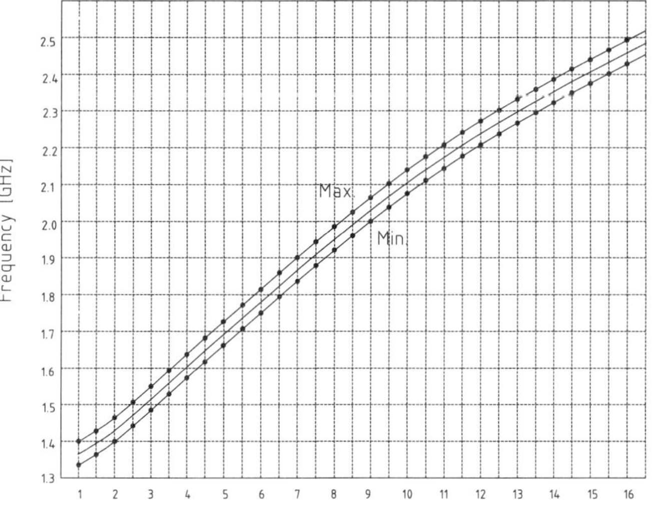


그림 2 VCO의 튜닝전압(Vtune) 대 출력주파수 오차

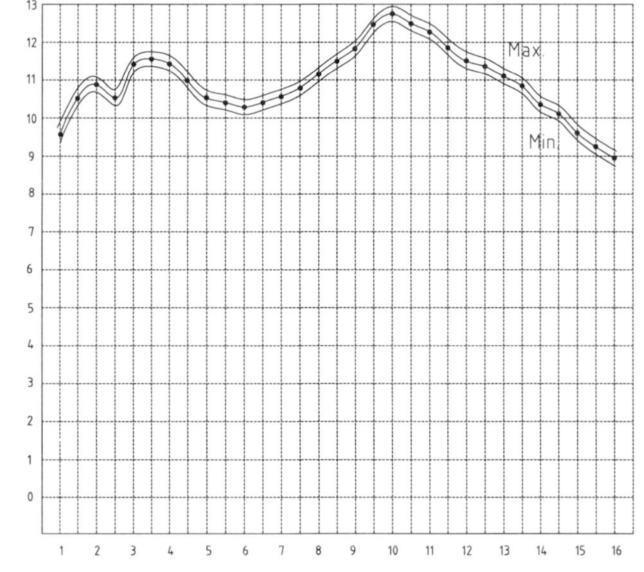


그림 3 VCO의 튜닝전압(Vtune) 대 출력전력 오차

## 2. 검출기의 특성

〈표 2〉 전력에 따른 Detector 검출 전압

| Power[dBm] ±0.3dB | Voltage[V] | Power[dBm] ±0.3dB | Voltage[V] |
|---|---|---|---|
| -30 | 0.00031 | -7 | 0.0726 |
| -29 | 0.00039 | -6 | 0.0872 |
| -28 | 0.00048 | -5 | 0.1 |
| -27 | 0.00059 | -4 | 0.125 |
| -26 | 0.00074 | -3 | 0.149 |
| -25 | 0.00121 | -2 | 0.176 |
| -24 | 0.00152 | -1 | 0.205 |
| -23 | 0.00180 | 0 | 0.239 |
| -22 | 0.00238 | 1 | 0.276 |
| -21 | 0.00297 | 2 | 0.303 |
| -20 | 0.00372 | 3 | 0.35 |
| -19 | 0.0051 | 4 | 0.40 |
| -18 | 0.00640 | 5 | 0.46 |
| -17 | 0.00801 | 6 | 0.525 |
| -16 | 0.01 | 7 | 0.599 |
| -15 | 0.0125 | 8 | 0.684 |
| -14 | 0.0155 | 9 | 0.781 |
| -13 | 0.0184 | 10 | 0.890 |
| -12 | 0.0223 | 11 | 0.990 |
| -11 | 0.0283 | 12 | 1.091 |
| -10 | 0.0339 | 13 | 1.202 |
| -9 | 0.0378 | 14 | 1.297 |
| -8 | 0.0459 | 15 | 1.401 |

* 참고 : 부록에 표시된 각 부품의 특성값은 제작일, 온도 및 기타 환경에 따라 다소 차이가 있을 수 있습니다.

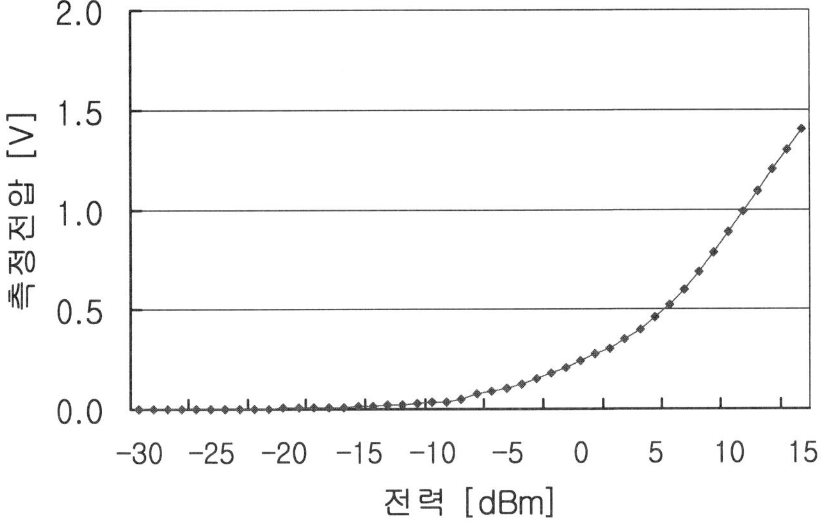


그림 4 Detector의 특성 그래프 Ⅰ

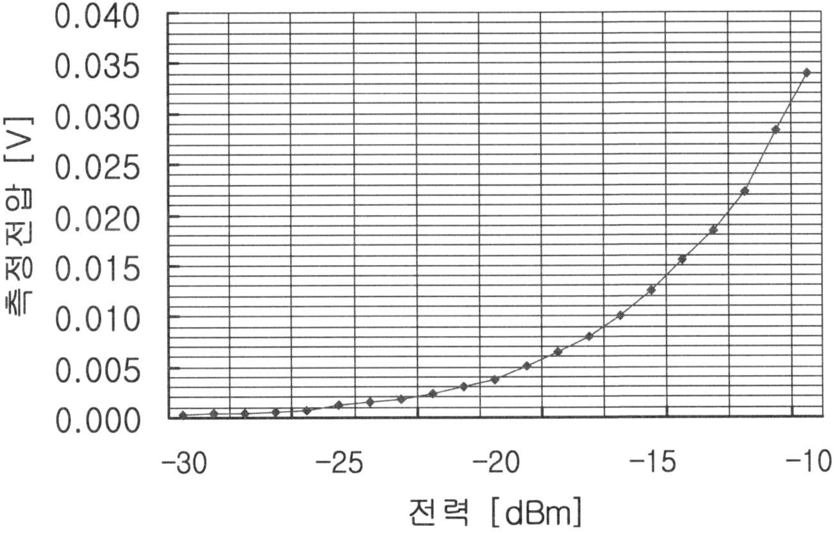


그림 5 Detector의 특성 그래프 Ⅱ

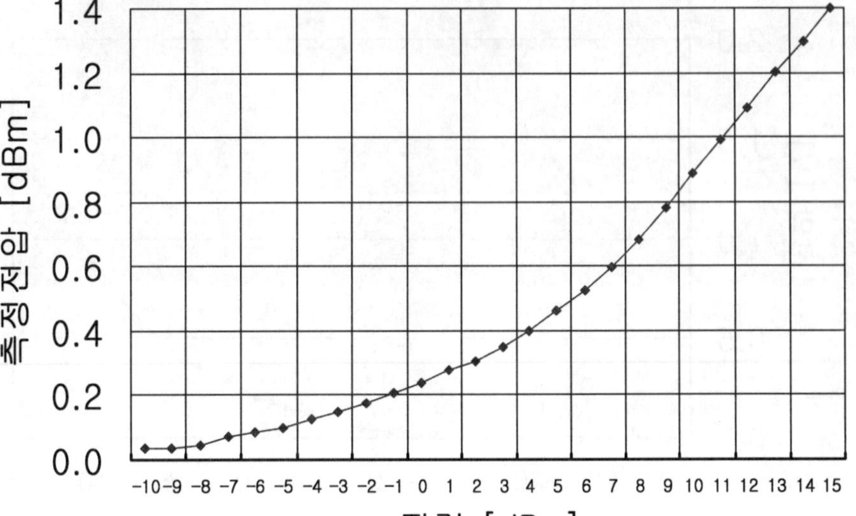


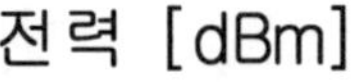 그림 6 Detector의 특성 그래프 Ⅲ

## 3. 국제표준단위(SI)의 접두어

〈표 3〉 국제 단위계 접두어

| 기호 | 접두어 | 명칭 | 배수율 |
|---|---|---|---|
| E | exa | 엑사 | $10^{18}$ |
| P | peta | 페타 | $10^{15}$ |
| T | tera | 테라 | $10^{12}$ |
| G | giga | 기가 | $10^{9}$ |
| M | mega | 메가 | $10^{6}$ |
| k | kilo | 킬로 | $10^{3}$ |
| h | hecto | 헥토 | $10^{2}$ |
| da | decca | 데카 | $10^{1}$ |
| d | deci | 데시 | $10^{-1}$ |
| c | centi | 센터 | $10^{-2}$ |
| m | milli | 밀리 | $10^{-3}$ |
| $\mu$ | micro | 마이크로 | $10^{-6}$ |
| n | nano | 나노 | $10^{-9}$ |
| p | pico | 피코 | $10^{-12}$ |
| f | femto | 펨토 | $10^{-15}$ |
| a | atto | 아토 | $10^{-18}$ |

## 4. 그리스 문자

〈표 4〉 그리스 문자

| 대문자 | 소문자 | 원어 | 명칭 |
|---|---|---|---|
| Α | α | Alpha | 알파 |
| Β | β | Beta | 베타 |
| Γ | γ | Gamma | 감마 |
| Δ | δ | Delta | 델타 |
| Ε | ε | Epsilon | 엡실런, 입실론 |
| Ζ | ζ | Zeta | 제타 |
| Η | η | Eta | 에타 |
| Θ | θ | Theta | 쎄타 |
| Ι | ι | Iota | 이오타 |
| Κ | κ | Kappa | 카파 |
| Λ | λ | Lambda | 람다, 라므다 |
| Μ | μ | Mu | 뮤 |
| Ν | ν | Nu | 뉴 |
| Ξ | ξ | Xi | 크자이, 크사이 |
| Ο | ο | Omicron | 오미크론 |
| Π | π | Pi | 파이, [pai] |
| Ρ | ρ | Rho | 로우 |
| Σ | σ | Sigma | 시그마 |
| Τ | τ | Tau | 타우 |
| Υ | υ | Upsilon | 웁실론 |
| Φ | φ | Phi | 파이, [fai] |
| Χ | χ | Chi | 카이 |
| Ψ | ψ | Psi | 프사이 |
| Ω | ω | Omega | 오메가 |

* 기호의 괄호 안은 공학도들이 국내에서 일반적으로 부르는 명칭입니다.
경우에 따라 다르게 발음되니 자세한 발음은 영어사전을 참조하세요.

## 5. 측정단위

전자계 측정에서 측정단위와 다른 단위로의 변환은 중요하다. 여기에 널리 사용되는 단위들을 소개한다.

① dB : 데시벨(dB : deci-Bell)은 두 전력의 비를 표시하는 무차원수로 다음과 같이 정의된다.

$$G_P = 10 \log_{10} \frac{P_1}{P_2} [dB]$$

두 개의 전력은 서로 상대적으로 $P_2$가 $P_1$보다 크면 [dB]는 양이고 그 반대면 음이다. 전압의 경우에 같은 저항에서 측정된다면 $P = V^2/R$이므로, 데시벨은 다음과 같이 된다.

$$G_V = 20 \log_{10} \frac{V_1}{V_2} [dB]$$

전압에 의한 dB는 두 전압이 같은 저항에 나타나지 않으면 의미가 없다.

② dBW : 1Watt에 대한 데시벨로서 1[W]의 기준전력 $P_1$에 대해 $P_2$의 전력을 표시하는 유용한 측정단위이다. 마찬가지로 $P_2$가 1[W]보다 낮으면 [dBW]는 음이다.

$$P_{G,dBW} = 10 \log_{10} \frac{P_{o,Watts}}{1\ Watt}$$

따라서 0[dBW] = 1[W]이다.

③ dBm : 1 milli Watt의 기준전력 $P_1$에 대해 $P_2$의 전력을 표시하는 유용한 측정단위이다. 마이크로파에서는 전력이 매우 낮으므로 [dBm]은 이 주파수 범위에서 매우 유용하다. 관습적으로 밀리는 소문자 [m]으로 메가는 대문자 [M]으로 표시한다.

$$P_{G,dBm} = 10 \log_{10} \frac{P_{o,Watts}}{0.001\ Watt}$$

따라서 0[dBm] = 1[mW]이며, $P_{G,dBm} = P_{G,dBW} + 30$이 성립한다.

④ dBf : 1femto Watt의 기준전력에 대한 전력을 표시하는 측정단위이다. 따라서 0[dBf] = 1[fW] = $10^{-15}$[W]이다.

⑤ dBV : 1Volt(실효값)에 대한 데시벨로서 1[V]의 기준전압에 대한 무차원 데시벨 전압비이다.

$$V_{dBV} = 20\log_{10} V_{volts,\ S}$$

따라서 0[dBV] = 1[V]이다.

⑥ dBmV : 1milli Volt(실효값)에 대한 데시벨로서 1[mV]의 기준전압에 대한 무차원 데시벨 전압비이다.

⑦ dBμV : 1micro Volt(실효값)에 대한 데시벨로서 1[μV]의 기존 전압에 대한 무차원 데시벨 전압비이다. 마이크로파 영역에서는, 보통 측정될 전력이 매우 낮기 때문에 사용되는 측정기는 종종 dBμV의 스케일을 갖는다.

⑧ μV/m : 이 단위(μV/m)는 전계의 세기를 나타내는 $10^{-6}$[V/m]의 단위이다.

⑨ dBμV/m : 단위 길이(m)당 1마이크로볼트 이상에서의 데시벨(dBμV/m)은 1[μV/m]에 대한 무차원 전계 세기의 비를 나타내는 데시벨 값으로, 이 단위는 종종 마이크로파 영역에서 필드의 세기를 측정하는 데 사용한다.

⑩ μV/m/[MHz] : 메가헤르츠에 대한 단위 길이(m)당 마이크로볼트(μV/m/MHz)는 광대역 전계의 세기 분포에 대한 $10^{-6}$[V/m]의 단위이다. 이것은 공간과 주파수에서 2차원의 분포를 나타낸다.

⑪ dBμV/m/MHz : 메가헤르츠에 대한 단위 길이(m)당 1마이크로볼트 이상에서의 데시벨(dBμV/m/MHz)은 무차원 1μV/m/MHz에 대한 광대역 전계세기의 분포비를 나타낸다.

⑫ μV/MHz : 대역폭에서 초와 메가헤르츠당 마이크로볼트(μV/MHz)는 주파수 영역에서 광대역 전압분포의 $10^{-6}$[V・s]의 단위이다. 이 단위의 사용은 전압이 대역폭에 고르게 분포되어 있다는 가정에 바탕을 두고 있다.

⑬ dBc : 첨자 c는 캐리어(carrier)를 나타낸다. 캐리어 대 스퓨리어스(spurious) 신호의 비를 나타낸다. 즉 비교되는 기준이 캐리어 신호이고 이에 대한 기타신호(고조파, 혼변조 신호, 잡음 등)와의 차이를 [dB]로 나타낸 값이다.

⑭ dBHz : 대역폭을 1[Hz]를 기준으로 데시벨로 표현한다.

$$dBHz = 10\log_{10}(\text{대역폭}_{Hz})$$

따라서 0[dBHz] = 1[Hz]이다.

⑮ dBi : 안테나의 절대이득을 나타내는 단위로 i는 등방성(isotropic)을 의미한다.

$$dBi = 10\log_{10}\frac{\text{임의의 안테나에서 최대 복사방향으로 일정거리에서 측정된 전력}}{\text{등방성 안테나의 일정거리에서 측정된 전력}}$$

⑯ dBd : 안테나의 이득을 완전 반파장 안테나(절대이득 2.15[dBi])와의 비로 나타내는 단위로서, 첨자 d는 dipole를 나타낸다.

⑰ dBm/Hz : 1[Hz] 당 전력밀도로 잡음전력 표현시의 단위이다.

⑱ dB/oct, dB/dec : /oct(octave)는 주파수비가 2배, /dec(decade)는 주파수가 10배임을 나타낸다. 예를 들어 -6[dB/oct]는 주파수가 2배 증가할 때마다 6[dB]의 감쇠를 의미하며, -10[dB/dec]는 주파수가 10배 증가할 때마다 10[dB]가 감쇠함을 의미한다. 주로 회로의 주파수 특성이 주파수에 따라 일정한 기울기를 갖고 변화할 때 이 기울기를 나타내는 데 많이 사용된다.

## 6. 각종 마이크로파 동축 커넥터

동축 케이블의 평균 원주길이는 전송선로내의 다중 모드 전파를 줄이고 불규칙적인 반사계수, 전력소모, 신호왜곡을 제거하기 위하여 한 파장 정도로 제한한다. 낮은 반사계수와 낮은 정재파비를 유지하기 위한 것이다. 정재파비가 크면 소자의 성능이 저하되고, 커넥터를 연결하여 측정할 때 오히려 정확성이 떨어지게 된다.

동축 선로의 특성 임피던스는 가운데 있는 유전체의 비유전율과 비투자율, 내경 a, 외경 b에 의해 결정된다.

특성 임피던스 $Z_0$는

$$Z_0 = 60\sqrt{\frac{\mu_r}{\varepsilon_r}}\ln\frac{b}{a}$$

이다.

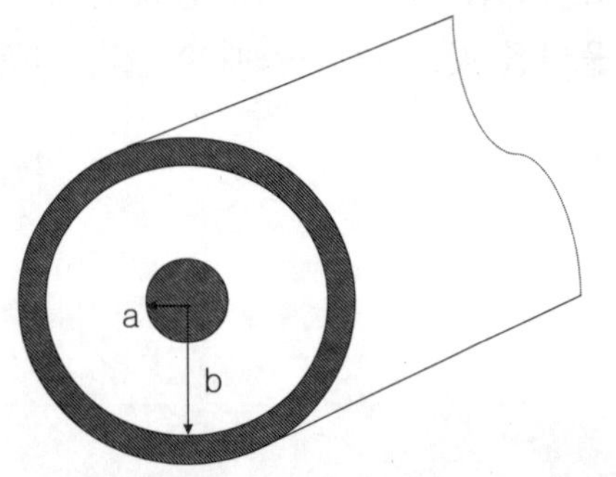


그림 7 동축 선로(▨ : 도체, ■ : 유전체)

동축 선로 간에 낮은 정재파비를 유지하면서 서로 연결하기 위한 도구가 동축 커넥터이다. 특히, 서로 다른 동축 선로 간을 연결해주고, 양단 사이에 긴 케이블이 없는 커넥터를 어댑터(adapter)라고 한다. 대부분의 동축 커넥터는 암·수 한 쌍으로 이루어져 있으며 암컷(female)을 플러그(plug) 수컷(male)을 잭(jack)이라 한다. 커넥터는 외부도체 안쪽에 중심 도체를 지지하는 유전체로 이루어져 있으며, 이 부분을 제외하고 나머지 부분은 거의 손실이 없는 공기로 채워져 있다. 중심도체를 지지하는 유전체의 유전율과 길이는 손실이 없고 반사가 생기지 않도록 결정된다.

동축 커넥터의 표준은 2차 세계대전 기간 중 정해졌으며, 이후 많은 변형과 새로운 설계방식이 제안되었고 발전되어 왔다. 마이크로파대에서는 주로 N, SMA 커넥터 등이 많이 사용된다. 다음은 여러 가지의 마이크로파용 동축 커넥터에 대한 간단한 설명이다.

### 1) APC−3.5(Amphenol Precision Connector−3.5mm)

원래 휴렛-패커드(Hewlett-Packard)사에서 개발했으나 현재는 암페놀(Amphenol)사에서 제작하고 있다. 이 커넥터는 다음 단과 계속하여 연결 가능하며 매우 낮은 정재파비를 갖고 있다. 50[Ω]의 암컷 혹은 수컷단은 반대 형태의 SMA 커넥터와 연결될 수 있다. APC-3.5 커넥터의 동작 주파수 범위는 34[GHz]이다.

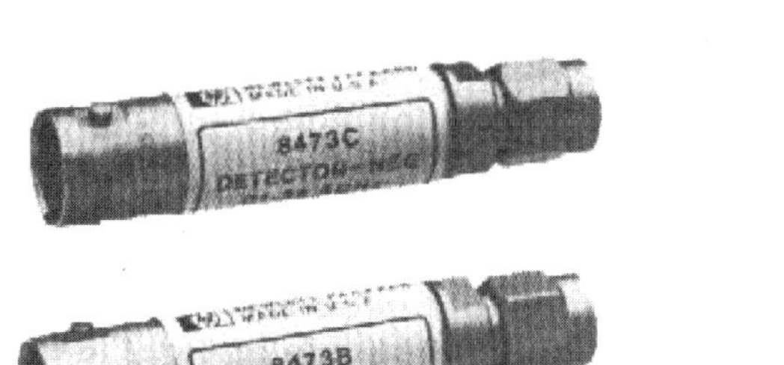


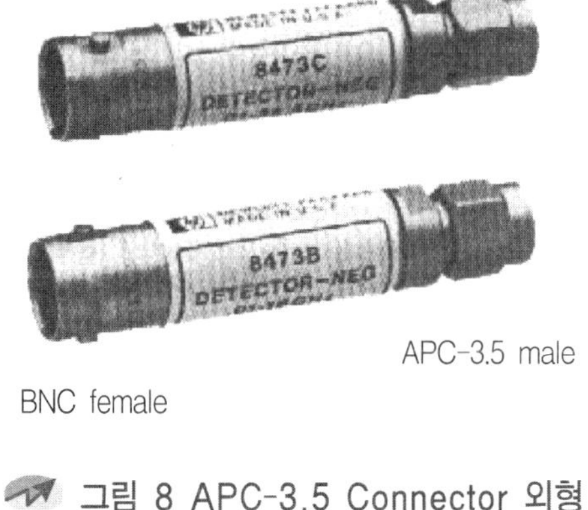


그림 8 APC-3.5 Connector 외형

### 2) APC−7(Amphenol Precision Connector−7mm)

1960년 중반 휴렛-패커드사에서 개발되었으나 현재는 암페놀사에서 개선, 제작하고 있다. 이 커넥터는 암 · 수 구분이 필요없이 연결 가능한 기계적 구조를 갖고 있으며, 매우 정밀한 50[Ω] 연결에 사용되고, 반복적으로 연결해도 전기적 특성이 거의 변하지 않는 커넥터이다. VSWR은 매우 낮으며 동작 주파수 범위는 1.02-18[GHz]이다. 모리(Maury) 마이크로웨이브사에서도 MPC

형의 커넥터를 제작, 생산하고 있다.

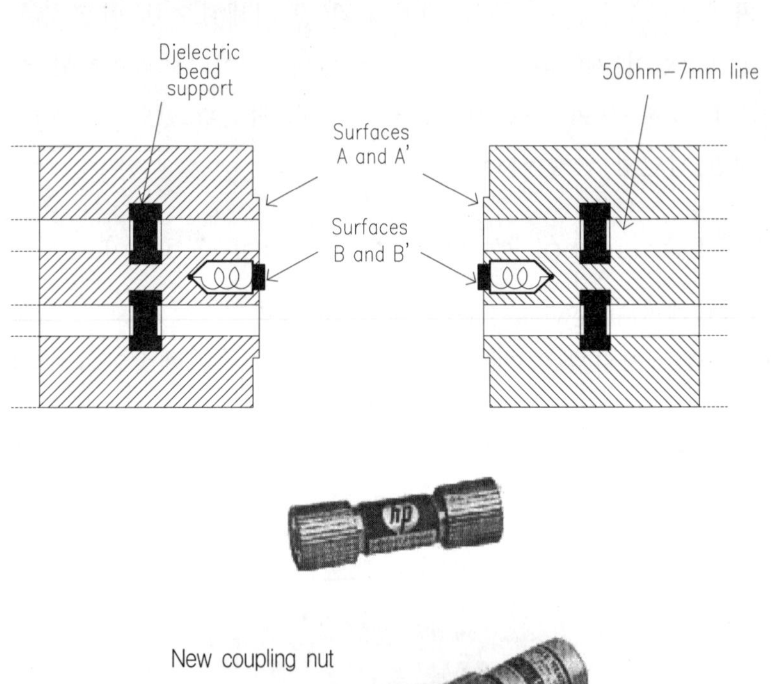


그림 9 특성 임피던스가 50[Ω]인 APC-7 커넥터

### 3) BNC(Bayonet Navy Connector)

원래 2차 세계대전 기간 중 군장비에의 응용을 목적으로 개발되었다. 4[GHz] 정도에서 매우 정밀한 특성을 갖고 있다. 4[GHz] 이상의 주파수에서는 전자파 에너지를 방출하는 경향이 있다. BNC는 직경이 6.35mm(0.25")까지의 유연성 케이블과 연결 사용 가능하며, 특성 임피던스는 50~75[Ω] 사이의 값을 갖는다. 1[GHz] 이하의 주파수 영역에서 가장 널리 사용되고 있는 커넥터이다. 소형, 경량, 신속 착탈식(Bayonet Lock Coupling)을 특징으로 하고 외경이 Φ3~Φ8 정도의 동축케이블 RG-55, 58/U에 적합한 동축 커넥터이다.

적합한 케이블 : MIL-C-39012, CEI 169-8, CECC 22120

응용분야 : 군사 및 공중무선통신장치, 무선전화기, 컴퓨터, 비디오통신 등

male

female

그림 10 BNC 커넥터

### 4) SMA(Sub-Miniature A)

원래 벤딕스-신텔라(Bendix-Sciltilla)사에서 설계하였지만 옴니-스펙트라(Omni-Spectra)사 등 여러 회사에 의해 제작되어 있다. SMA커넥터의 주요 응용부분은 마이크로 장비에 장착하는 것이다 고차 모드 때문에 24[GHz] 이상 대역에서는 거의 사용하지 않는다. 주로 저전력 회로에 사용되며 가장 널리 쓰이고 있다.

적합한 케이블 : MIL-C-39012, IEC 169-1

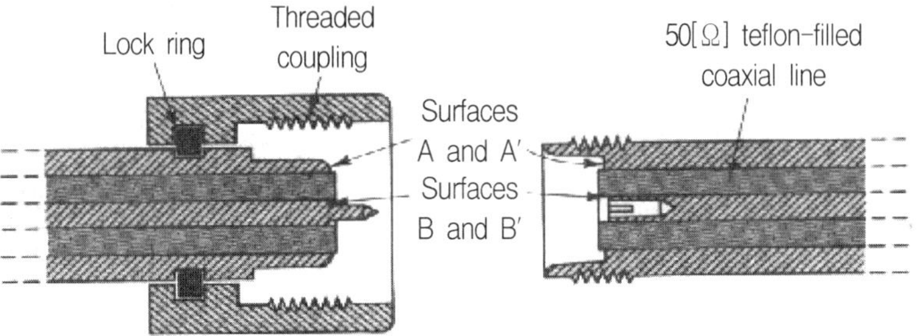


그림 11 테프론이 채워진 50[Ω] SMA

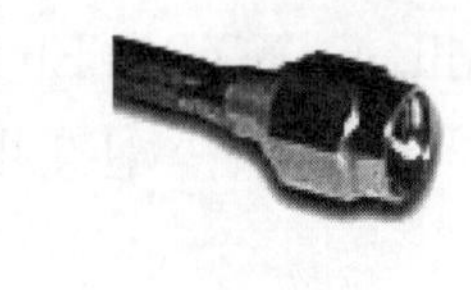

male female

그림 12 SMA 커넥터

### 5) SMB(Sub-Miniature B)

스프링으로 꼽아서 중앙을 일치시키는 방식이다. 50[Ω]과 75[Ω] 임피던스 양쪽 다 사용할 수 있다. 50[Ω]은 4[GHz]까지, 75[Ω]은 2[GHz]까지 사용할 수 있다. RF회로나 고속 디지털 신호에 사용되어 지고 있다. 특징은 초소형 동축 커넥터이고 snap-on coupling이며 무게가 가볍고 출력단 지름을 감소시킬 수 있다.

적합한 케이블 : MIL-C39012, MIL-c-39012/67-72

응용분야 : 비디오, IF 신호, 공중 또는 군용 통신, 미사일, 항공, 이동통신 시스템 등

그림 13 SMB 커넥터

### 6) SMC(Sub-Miniature C)

SMA보다 작으면서 특성 임피던스는 50[Ω]이다. 실렉트로(Sealectro)사에 의해 제작되었으며 직경이 3.17[mm](0.125[in]) 이하인 유연성 케이블과 접속하여 사용 가능하다. 동작주파수는 7[GHz](현재 10[GHz])까지이다. SMB 커넥터에 진동에 더 강하다.

특징은 초소형 동축 커넥터이고, Screw-on coupling, Low Weight, Reduced outline dimemsions

적합한 케이블 : MIL-C-39012

응용분야 : Civil & Military Telecommunication, Aeronautics, Missile, Edge mounting application

그림 14 SMC 커넥터

### 7) SMZ(Sub-Miniature Z)

75[Ω] 동축 커넥터이고, snap-on 결합(나사로 조이지 않고 바로 끼워서 연결되는 방식), 소형, 경량이다.

응용분야 : 공중 & 군용 통신, 항공, 이동통신 시스템 등

### 8) TNC(Threaded Navy Connector)

TNC(Threaded Navy Connector)는 나사선 BNC이다. 나사선의 기능은 더 높은 주파수에서의 방사를 줄이기 위한 것이다. 동작 주파수는 12[GHz]까지이다.

특성 : 좋은 RF성능, 고전력 레벨에 적합, 수명이 길고 강도가 높다.

적합한 케이블 : MIL-C-39012, ICE 169-17,

응용분야 : 항공전자공학, 컴퓨터 등

그림 15 TNC 커넥터

### 9) Type N

원래 2차 세계대전 중 군장비용으로 개발되었으며, 1~18[GHz] 범위에서 아직도 가장 널리 사용되고 있는 커넥터 중 하나이다. 50[Ω]이나 75[Ω] 커넥터가 있으며, VSWR은 극히 낮아 1.02 이하이다.

중간정도의 동축케이블에 적합한 나사 결합식이며 높은 내구성과 강도를 가진다. 고전력에 안정적이며 우수한 RF성능을 가진다. 정격전압이 500[V](실효치), 공칭 임피던스는 50[Ω]이다. 낮은 주파수에서는 75[Ω]의 케이블에 사용하여도 지장이 없다. 주로 RG-5.6.8.9/U 등의 케이블에 적합하며 MIL 기준에 준하고 있다.

적합한 케이블은 MIL-C-39012 / MIL STD 348-304

응용분야 : 무선통신 공중 또는 군용 무선통신장비, 비디오 통신, 컴퓨터 네트워, 산업 네트워 등

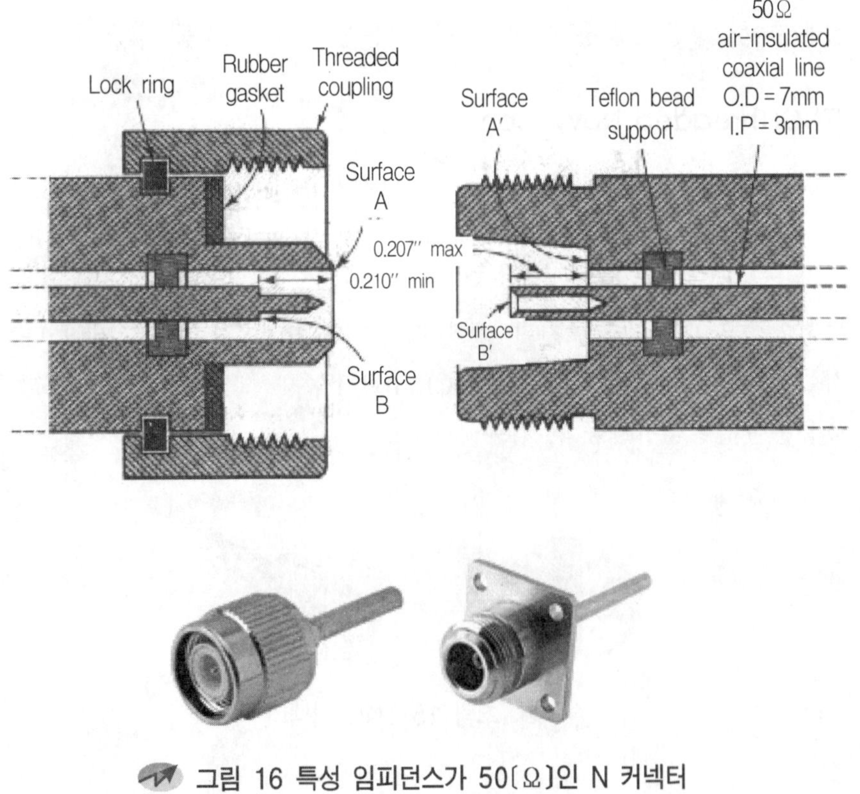


그림 16 특성 임피던스가 50[Ω]인 N 커넥터

## 10) MCX

SMB 보다 약 30% 정도 더 작고 6[GHz]까지 사용가능하다. 그리고 GPS, 셀룰라, 데이터 통신 같은 시스템에 사용되어진다.

75[Ω] MCX는 특히 비디오나 Telephony 분산노드에 사용된다.

특징 : push-pull snap-on mating

그림 17 MCX(male)

## 11) MMCX

셀룰러, 텔레콤, 무선 및 PCS 응용에 표준이 되고 있다. RG178/U, 316/U, 316DS, 179/U, semi-rigid 케이블 등에 사용, 일정한 힘으로 접속되어 있을 수 있고, 전기적 특성을 저하시키지 않으면서 회전이 가능하다.

그림 18 MMCX(male)

## 12) 7/16 DIN(Deutsche Industrie Normen

독일 산업 표준) 커넥터 : 나사로 죄는 형태이며, 암·수 모두 외부도체가 이중으로 죄어지는 동축 커넥터이다. 전송 시 높은 전력전달이 가능하고, 손실이 작다.

표준 : IEC 169-4, DIN 472223, 95250, CECC 22190

응용분야 : 기지국, 무선통신, 산업용 네트워크 등

그림 19 DIN(Deutsche Industrie Normen)

## 7. 어댑터(Adapter)

서로 임피던스는 같고 크기가 다른 동축 선로 간을 연결해주는 동축-동축 커넥터를 어댑터(adapter)라고 한다. 동축 선로 간의 변환지점에서 반사를 최소로 줄이는 것이 요구된다.

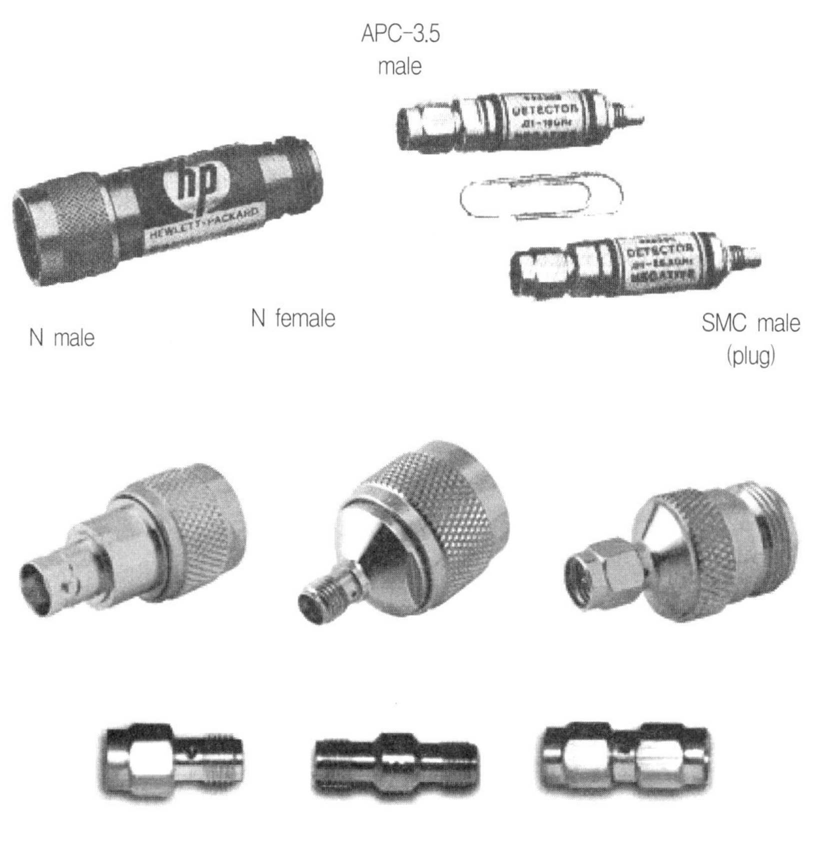


그림 20 표준 규격 어댑터(adapter)

## 8. 동축-마이크로스트립 커넥터

평면형 전송선로(주로 마이크로스트립 선로)로 구성된 회로 및 시스템의 상호연결 또는 측정을 위해서는 동축 선로와의 연결이 필요하다. 이와 같이 동축 선로와 평면형으로 구성된 마이크로스트립 선로를 연결하기 위해서는 또 다른 형태의 커넥터가 필요하다. 이러한 커넥터는 동축 선로와 마이크로스트립 선로의 특성임피던스는 같고 정재파비를 낮게 유지해야한다. 아래의 [그림 21]은 동축선로와 마이크로스트립 선로의 연결된 상태를 나타낸다. [그림 22]와 [그림 23]은 각각 SMA-마이크로스트립선로, N-마이크로스트립선로 커넥터의 외형이다.

스트립선로
동축 커넥터
스트립선로
동축 커넥터
접지면

(a) 평면도　　(b) 측면도

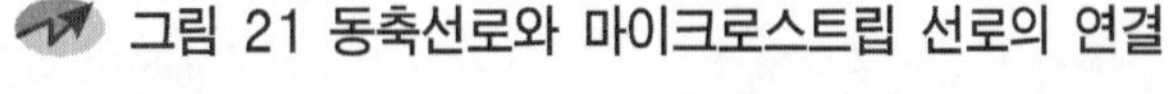

그림 21 동축선로와 마이크로스트립 선로의 연결

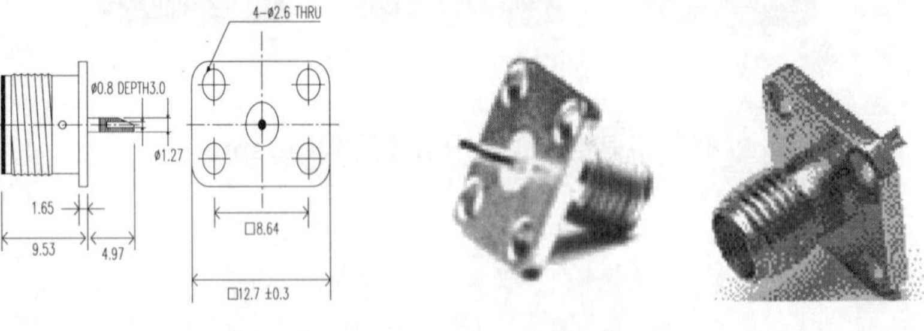


그림 22 SMA 커넥터(female)

male female

그림 23 N 커넥터

## 9. 표준 구형도파관의 규격

〈표 5〉 표준 구형도파관의 규격표

| BAND | Rccommended Frequency Range[GHz] | TE10Cutoff Frequency [GHz] | EIA Designation WR-XX | British WG | Inside Dimensions a*b[mm] |
|---|---|---|---|---|---|
| L | 1.12-1.70 | 0.908 | WR-650 | 6 | 165.10*82.55 |
| R | 1.70-2.60 | 1.372 | WR-430 | 8 | 109.22*54.61 |
| S | 2.60-3.95 | 2.078 | WR-284 | 10 | 72.14*34.04 |
| H | 3.22-4.90 | 2.590 | WR-229 | 11 | 58.17*29.08 |
| C | 3.95-5.85 | 3.152 | WR-187 | 12 | 47.55*22.15 |
| W | 5.85-8.20 | 4.301 | WR-137 | 14 | 34.84*15.80 |
| X | 7.05-10.0 | 5.259 | WR-112 | 15 | 28.50*15.80 |
| Ku | 8.20-12.4 | 6.557 | WR-90 | 16 | 22.86*10.16 |
| K | 9.84-15.0 | 7.880 | WR-75 | 17 | 19.05*9.53 |
| Ka | 12.4-18.0 | 9.486 | WR-62 | 18 | 15.80*7.90 |
| Q | 18.0-26.5 | 14.047 | WR-42 | 20 | 10.67*4.32 |
| U | 26.5-40.0 | 21.081 | WR-28 | 22 | 7.11*3.56 |
| V | 3.0-50.5 | 26.342 | WR-22 | 23 | 5.69*2.84 |
| E | 40.0-60.0 | 31.357 | WR-19 | 24 | 4.78*2.39 |
| W | 50.0-75.0 | 39.863 | WR-15 | 25 | 3.76*1.88 |
| F | 60.0-90.0 | 48.350 | WR-12 | 26 | 3.10*1.55 |
| D | 75.0-110.0 | 59.010 | WR-10 | 27 | 2.54*1.27 |
| G | 90.0-140.0 | 73.840 | WR-8 | - | 2.03*1.02 |
|  | 110.0-170.0 | 90.845 | WR-6 | - | 1.70*0.83 |
|  | 140.0-220.0 | 115.750 | WR-5 | - | 1.30*0.65 |

## 10. 표준 동축케이블의 규격

〈표 6〉 표준 동축케이블 규격표

| Cable Type | Impedance [Ω] | Center Conductor [mm] | Overall Diameter [mm] | Dielectric Diameter [mm] | Maximum Operating Voltage |
|---|---|---|---|---|---|
| RG-8/U | 52 | - | 10.287 | 7.239 | 5000 |
| RG-9/U | 50 | - | 10.795 | 7.239 | 5000 |
| RG-55/U | 54 | 0.813 | 5.486 | 2.946 | 1900 |
| RG-58/U | 50 | 0.965 | 4.953 | 2.946 | 1900 |
| RG-59/U | 75 | 0.584 | 6.147 | 3.708 | 2300 |
| RG-62/U | 93 | 0.635 | 6.147 | 3.708 | - |
| RG-71/U | 93 | 0.635 | 6.350 | 3.708 | - |
| RG-140/U | 75 | 0.635 | 5.918 | 3.708 | - |
| RG-141/U | 50 | 0.991 | 4.826 | 2.946 | 1900 |
| RG-142/U | 50 | 0.991 | 5.232 | 2.946 | 1900 |
| RG-174/U | 50 | 0.483 | 2.540 | 1.524 | 1500 |
| RG-178/U | 50 | 0.304 | 1.905 | 0.914 | 750 |
| RG-179/U | 75 | 0.304 | 2.286 | 1.524 | 750 |
| RG-180/U | 95 | 0.304 | 3.479 | 2.591 | 750 |
| RG-187/U | 75 | 0.304 | 2.794 | 1.524 | 1200 |
| RG-188/U | 50 | 0.508 | 2.794 | 1.524 | - |
| RG-195/U | 95 | 0.304 | 3.937 | 2.591 | 1500 |
| RG-196/U | 50 | 0.304 | 2.032 | 0.864 | - |
| RG-213/U | 50 | - | 10.287 | 7.239 | 5000 |
| RG-214/U | 50 | - | 10.795 | 7.239 | 5000 |
| RG-223/U | 50 | 0.813 | 5.232 | 2.946 | 1900 |
| RG-303/U | 50 | 0.991 | 4.826 | 2.946 | - |
| RG-316/U | 50 | 0.508 | 2.794 | 1.524 | - |
| RG-401 | 50 | - | 6.350 | 5.283 | - |
| RG-402 | 50 | - | 3.581 | 2.997 | - |
| RG-405 | 50 | - | 2.209 | 1.676 | - |

## 11. 도전율표(Conductivity)

여러 금속도체와 기타 중요한 물질의 도전율을 <표 7>에 나타내었다.

〈표 7〉 도전율표

| 도체명 | 도전율(mhos/m) |
|---|---|
| Silver | $6.17 \times 10^7$ |
| Copper | $5.80 \times 10^7$ |
| Gold | $4.10 \times 10^7$ |
| Chromium | $3.85 \times 10^7$ |
| Aluminum | $3.82 \times 10^7$ |
| Tungsten | $1.82 \times 10^7$ |
| Zinc | $1.67 \times 10^7$ |
| Brass | $1.50 \times 10^7$ |
| Nickel | $1.45 \times 10^7$ |
| Iron | $1.03 \times 10^7$ |
| Bronze | $1.00 \times 10^7$ |
| Platinum | $9.52 \times 10^6$ |
| Solder | $7.00 \times 10^6$ |
| Lead | $4.56 \times 10^6$ |
| Germanium | $2.20 \times 10^6$ |
| Steel(silicon) | $2.00 \times 10^6$ |
| Steel(stainless) | $1.10 \times 10^6$ |
| Mercury | $1.04 \times 10^6$ |
| Nichrome | $1.00 \times 10^6$ |
| Graphite | $7.00 \times 10^4$ |
| Silicon | $1.20 \times 10^3$ |
| Water(sea) | 3~5 |

## 12. 유전율표(Permitivity)

유전율이란 유전체, 즉 부도체의 전기적인 특성을 나타내는 중요한 특성값이다. 유전율은 직류전류에 대한 전기적 특성을 나타내는 것이 아니라 교류전류, 특히 교류 전자기파의 특성과 직접적인 관련이 있다. 유전율(ε)은 복소수로 정의되며, 아래와 같은 수식으로 나타낸다.

$\varepsilon=\varepsilon_0 \cdot \varepsilon_r$(단, 유전상수 $\varepsilon_0=8.854\times10^{-12}$[F/m])

$$=\varepsilon_0(\varepsilon_r' - j\varepsilon_r'')$$

단, $j=\sqrt{-1}$이다. 위의 수식에서 실제로는 비유전율($\varepsilon_r$) 값만을 특성 지표로 사용한다. 비유전율 이란 자유공간을 1로 기준하여 놓고 그에 비례한 각 유전체의 유전율을 의미하는 것이다.

유전율의 실수부($\varepsilon_r'$)는 전자파의 전파에 관련된 항목이며, 허수부($\varepsilon_r''$)는 손실과 관련된 항목이다. 손실이 없는 이상적인 유전체의 허수부는 '0'이다. 그리고 이 둘의 비, 즉 변위전류밀도에 대한 전도전류밀도의 비를 아래와 같이 정의한다. 손실 탄젠트(loss tangent)는

$$\tan\delta = \frac{\varepsilon_r''}{\varepsilon_r'}$$

이다. 실제 손실 탄젠트 값을 무시하고 쓰는 경우가 많기 때문에, 보통 유전율이라고 말하는 것은 비유전율($\varepsilon_r$)을 의미하며, 그 중에서도 주로 실수부인 유전상수($\varepsilon_r'$)를 지칭한다.

유전율이 높아지면 그 유전체 내에서 진행하는 전자기파의 파장(λ)이 비유전율 의 제곱근 값으로 나누어지는, 즉 관내파장($\lambda_g$ : guided wavelength)값을 가지기 때문에 회로의 구조 크기 자체에 결정적인 영향을 미치게 된다. 일반적으로 회로의 크기를 줄이는 가장 간단한 방법 중 하나가 기판이나 공진기로 사용되는 유전체를 보다 고유전율의 재질로 교체하는 것이다.

<표 4-8~10>에 여러 물질의 유전율을 나타내었으며, 위에 표시되어 있는 것은 비유전율의 실수부, 아래쪽에 있는 것은 비유전율의 허수부이다. 손실 탄젠트는 아래 표시된 수를 위에 표시된 수로 나눈 값이다.

〈표 8〉 유전율표 1

| 재질명 | 측정온도 | 측정 주파수 | | |
|---|---|---|---|---|
| | | 300MHz | 3[GHz] | 10[GHz] |
| FR4 | | | 4.6<br>0.0004 | |
| Silicon | | | | 11.9<br>0.0476 |
| Gallium arsenide(GaAs) | 22 | | | 13<br>0.078 |
| Teflon | | 2.1<br>0.0003 | 2.1<br>0.0003 | 2.08<br>0.0008 |
| Polystylene(sheet stock) | 25 | 5.75<br>0.0805 | | 5.51<br>0.085 |
| Polyethylene(pure) | 24 | | 2.25<br>0.0007 | 2.25<br>0.0009 |
| Ceramic | | | 5.6<br>0.02296 | |
| Porcelain(Wet process) | 25 | 5.75<br>0.0805 | | 5.51<br>0.085 |
| Porcelain(Dry process) | 25 | 5.02<br>0.049 | | 4.74<br>0.074 |
| Pyranol 1478 | 26 | 4.5<br>0.17 | 3.8<br>0.88 | |
| Quartz, fused | 25 | | 3.78<br>0.00023 | 3.78<br>0.0004 |
| Resin No. 90S | 25 | | 2.54<br>0.016 | 2.53<br>0.0145 |
| Rubber, pale crepe(Hevea) | 25 | | 2.15<br>0.0065 | |
| Sealing wax(Red Empress) | 25 | | 3.09<br>0.038 | |
| Gutta-Percha | 25 | 2.45<br>0.0275 | 2.4<br>0.0145 | 2.38<br>0.012 |
| Lucite HM-119 | 23 | | 2.57<br>0.0126 | 2.57<br>0.0082 |
| Mycalex 400(mica, glass) | 25 | | | 7.12<br>0.0235 |
| Neoprene compund (38% GN) | 24 | 4.24<br>0.27 | 4<br>0.135 | 4<br>0.105 |

〈표 9〉 유전율표 2

| 재질명 | 측정온도 | 측정 주파수 | | |
|---|---|---|---|---|
| | | 300MHz | 3[GHz] | 10[GHz] |
| Nylon 66 | 25 | | 3.03<br>0.039 | |
| Nylon 610 | | | 2.84<br>0.03408 | |
| Paper(Royalgray) | 25 | 2.75<br>0.18 | 2.7<br>0.15 | 2.62<br>0.105 |
| Paraffin 123degree ASTM | 25 | | 2.25<br>0.00045 | 2.24<br>0.0005 |
| Plexiglass | 27 | 2.66<br>0.165 | 2.6<br>0.015 | 2.59<br>0.0175 |
| Amber(fossil resin) | 25 | 2.6<br>0.0223 | 2.6<br>0.0234 | |
| Bakelite(no filler) | 24 | | 3.64<br>0.19 | 3.52<br>0.13 |
| Beewax(white) | 23 | | 2.35<br>0.012 | 2.35<br>0.0113 |
| Carbon tetrachloride | 25 | 2.17<br>0.0003 | 2.17<br>0.0008 | 2.17<br>0.0035 |
| Ethyl alcohol(absolute) | 25 | 22.3<br>6 | 6.5<br>1.65 | 1.7<br>0.1 |
| Fiberglass BK 174 (laminated) | 24 | 4.54<br>0.1 | 4.4<br>0.13 | 4.37<br>0.16 |
| Glass, phosphate (2% iron oxide) | 25 | 5.23<br>0.013 | 5.17<br>0.024 | 5<br>0.021 |
| Glass, lead-barium | 25 | 6.69<br>0.013 | | 6.64<br>0.047 |
| Glass, Pyrex | | | 4.82<br>0.026028 | |
| Shellac, natural XL (3.5% wax) | 28 | | 2.86<br>0.073 | |
| Styrofoam 103.7 | 25 | | 1.03<br>0.0001 | 1.03<br>0.00015 |
| Sulfur, sublimed | 25 | | 3.62<br>0.00015 | 3.58<br>0.00055 |
| Vaseline | 25 | | 2.16<br>0.0014 | 2.16<br>0.0022 |
| Alumina(99.5%) | | | | 9.5<br>0.00285 |
| Berylla | | | | 6.4<br>0.00192 |
| Titiana(D-100) | | | | 96<br>0.096 |
| Rexolite 1422 | | | 2.54<br>0.001219 | |

## ▸ 토양 / 물의 유전율표

〈표 10〉 유전율표 3(토양, 물의 특성)

| 재질명 | 측정온도 | 측정 주파수 | | |
|---|---|---|---|---|
| | | 300〔MHz〕 | 3〔GHz〕 | 10〔GHz〕 |
| Sandy soil(dry) | 25 | 2.55<br>0.025 | 2.55<br>0.016 | 2.53<br>0.0092 |
| Loamy soil(dry) | 25 | 2.47<br>0.016 | 2.44<br>0.0027 | 2.44<br>0.0034 |
| Clay soil(dry) | 25 | 2.38<br>0.048 | 2.27<br>0.034 | 2.16<br>0.028 |
| Water | 1.5 | 86.5<br>2.8 | 80.5<br>25 | 38<br>39 |
| | 25 | 77.5<br>1.25 | 76.7<br>12 | 55<br>30 |
| | 55 | 68<br>0.63 | 67.5<br>6 | 60<br>22 |
| | 85 | 57<br>0.42 | 56.5<br>3.1 | 54<br>14 |

## 13. 투자율(Permeability)

일반적으로 실제 자성체 해석이 아니라면, 금속류의 투자율은 입력할 필요가 없다. 특별한 경우가 아니라면 비투자율은 1로 놓는 것이 계산시간을 빠르게 만들어주지만, 자성체 영향을 관찰하고자 한다면 적은 투자율이라도 입력해야 한다. <표 11>에 각종 자성체의 대표적인 비투자율을 표기하였다. 투자율($\mu$)중에서 투자상수($\mu_0$)를 제외한 비투자율($\mu_r$)을 표기한 것이다.

$\mu = \mu_0 \cdot \mu r$(단, $\mu_0 = 4\pi \times 10^{-7}$[H/m])

〈표 11〉 투자율표

| | 재질명 | 비투자율($\mu r$) |
|---|---|---|
| Diamagnetic Material(반자성체) | Bismuth | 0.9999986 |
| | Paraffin | 0.99999942 |
| | Wood | 0.9999995 |
| | Silver | 0.99999981 |
| Paramagnetic Material(상자성체) | Aluminium | 1.00000065 |
| | Beryllinum | 1.00000079 |
| | Nickel Chloride | 1.00004 |
| | Manganese Sulphate | 1.0001 |
| Ferromagnetic Material(강자성체) | Nickel | 50 |
| | Cast Iron | 60 |
| | Cobalt | 60 |
| | Machine Steel | 300 |
| | Typical Frerrite | 1000 |
| | Transformer Iron | 3000 |
| | Silicon Ironb | 4000 |
| | Pure Iron | 4000 |
| | Mumetal | 20000 |
| | Supermalloy | 100000 |

## 14. Ferrite 소재

써큘레이터나 아이솔레이터의 전자파 흡수재질을 시뮬레이션하기 위해서는 Ferrite 소자의 재질 값이 필요하다. 여기 일반적으로 많이 사용되는 Ferrite 소자의 재질 값을 표시하였으나, 비선형 BH 커브특성까지 반영하기 위해서는 별도의 커브 모델링이 필요할 것이다.

〈표 12〉 Ferrite 소자의 특성표

| 재질명 | Trans-Tech # | 4πMs (G) | 4πMr (G) | △H (Oe) | 비유전율 | tanδ | Tc(℃) |
|---|---|---|---|---|---|---|---|
| Magnesium Ferrite | TT1-105 | 1750 | 1220 | 225 | 12.2 | 0.00025 | 225 |
| Magnesium Ferrite | TT1-390 | 2150 | 1288 | 540 | 12.7 | 0.00025 | 320 |
| Magnesium Ferrite | TT1-3000 | 3000 | 2000 | 190 | 12.9 | 0.0005 | 240 |
| Nickel Ferrite | TT2-101 | 3000 | 1853 | 350 | 12.8 | 0.0025 | 585 |
| Nickel Ferrite | TT2-113 | 500 | 140 | 150 | 9 | 0.0008 | 120 |
| Nickel Ferrite | TT2-125 | 2100 | 1426 | 460 | 12.6 | 0.001 | 560 |
| Lithium Ferrite | TT73-1700 | 1700 | 1139 | < 400 | 16.1 | 0.0025 | 460 |
| Lithium Ferrite | TT73-2200 | 2200 | 1474 | < 450 | 15.8 | 0.0025 | 520 |
| Yttrium Garnet | G-113 | 1780 | 1277 | 45 | 15 | 0.0002 | 280 |
| Aluminum Garnet | G-610 | 680 | 515 | 40 | 14.5 | 0.0002 | 185 |

# 15. S(산란 : scattering) 파라미터

보통의 4 단자(2 포트) 회로망의 경우, 낮은 주파수에서는 전압과 전류를 쉽게 측정할 수 있으므로 회로망 이론에 따라 Z, Y, H 및 ABCD 파라미터 등으로 해석한다. 예를 들어 Z(임피던스) 파라미터의 $Z_{11}$의 경우 출력을 개방하고 입력단의 전류에 대한 전압의 비로서 결정한다. 그러나 마이크로파 주파수에서는 단락이나 개방회로 구현이 어렵고, 회로단자에서의 전압과 전류의 측정이 어렵기 때문에 이와 같은 파라미터의 사용이 불가능하다. 이러한 문제를 해결하기 위한 새로운 방법으로 S 파라미터가 사용된다. 주파수가 높아지면 진행파와 반사파의 전력과 위상을 직접 측정하는 것이 더 용이하므로 전압과 전류보다는 신호의 흐름과 직접 관련이 있는 S 파라미터를 사용한다. S 파라미터의 변수는 입사파와 반사파의 전력이다.

[그림 24]와 같은 2 포트 회로에서 입사파와 반사파를 아래와 같이 정의한다.

$a_1$ : 포드 1의 진행파 $\sqrt{전력}$

$b_1$ : 포트 1의 반사파 $\sqrt{전력}$

$a_2$ : 포트 2의 진행파 $\sqrt{전력}$

$b_2$ : 포트 2의 반사파 $\sqrt{전력}$

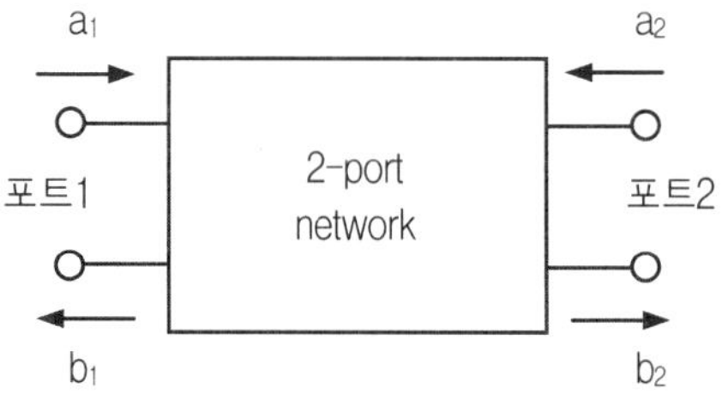


그림 24 2 포트 회로에서 입사파와 반사파

수식으로 나타내면,

$b_1 = S_{11}\ a_1 + S_{12}\ a_2$

(포트 1에서의 반사파($b_1$) =
포트 1에서의 진행파($a_1$)가 반사($S_{11}$)되는 신호
+포트 2의 진행파($a_2$)가 회로를 거쳐 역방향으로 전달($S_{12}$)되는 신호)

$b_2 = S_{21}\ a_1 + S_{22}\ a_2$

(포트 2에서의 반사파($b_2$) =
포트 1의 진행파($a_1$)가 회로를 거쳐 전달($S_{21}$)되는 신호
+포트 2에서의 진행파($a_2$)가 반사($S_{22}$)되는 신호)

이다.

이것을 행렬로 나타내면 다음과 같다.

$$\begin{bmatrix} b_1 \\ b_2 \end{bmatrix} = \begin{bmatrix} S_{11} & S_{12} \\ S_{21} & S_{22} \end{bmatrix} \begin{bmatrix} a_1 \\ a_2 \end{bmatrix}$$

$$[S] = \begin{bmatrix} S_{11} & S_{12} \\ S_{21} & S_{22} \end{bmatrix}$$

$S_{11} = \left.\dfrac{b_1}{a_1}\right|_{a_2=0}$ : 출력이 정합됐을 때 입력 반사계수

$S_{21} = \left.\dfrac{b_2}{a_1}\right|_{a_2=0}$ : 출력이 정합됐을 때 순방향 전송계수

$S_{22} = \left.\dfrac{b_2}{a_2}\right|_{a_1=0}$ : 입력이 정합됐을 때 출력 반사계수

$S_{12} = \left.\dfrac{b_1}{a_2}\right|_{a_1=0}$ : 입력이 정합됐을 때 역방향 전송계수

단, $a_2 = 0$(또는 $a_1 = 0$)이라는 의미는 포트 2(또는 1)에 무반사 종단(50[Ω] 정합)을 연결하여 정합시킴으로써 포트 2(또는 1)의 반사신호를 없앴다는 것을 의미한다.

각 S 파라미터의 의미를 다시 한 번 정리하면 아래와 같다.

- $S_{11}$ : 입력 포트의 자체 반사값이다. 포트 2의 입사신호가 없을 때 포트 1에서 입력하고 돌려받은 값이므로 결국 입력단에서 반사된 값을 의미한다.
- $S_{21}$ : 입력 포트 대 출력포트의 비이다. 포트 2의 입사신호가 없을 때 포트 1에서 포트 2까지 신호가 얼마나 전송되는가를 평가한다.
- $S_{22}$ : 출력 포트의 자체 반사값이다. 포트 1의 입사신호가 없을 때 포트 2에서 입력하고 돌려받은 값이므로 결국 출력단에서 반사된 값을 의미한다.
- $S_{12}$ : 출력포트 대 입력포트의 비이다. 포트 1의 입사신호가 없을 때 포트 2에서 포트 1까지 역방향으로 신호가 얼마나 전송되는가를 평가한다.

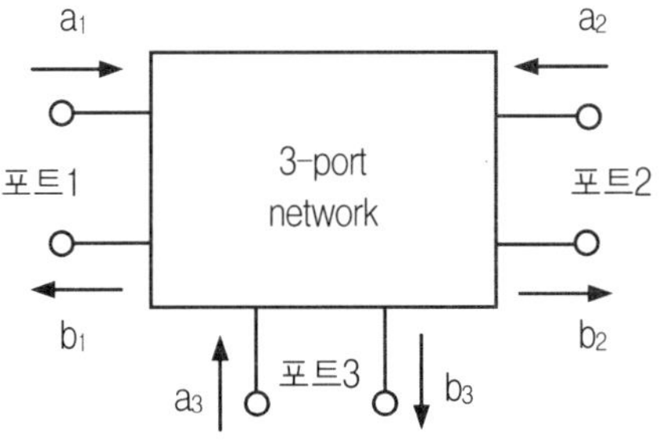


그림 25 3 포트 회로에서 S-Parameter

[그림 4-25]와 같은 3 포트 회로인 경우 S-Parameter는

$$[S] = \begin{bmatrix} S_{11} & S_{12} & S_{13} \\ S_{21} & S_{22} & S_{23} \\ S_{31} & S_{32} & S_{33} \end{bmatrix}$$

과 같다.

어느 경우라도 아래의 예와 같이 아래첨자의 첫 번째는 출력, 두 번째는 입력이다.

$S_{32}$ : 포트 2에서 입사한 신호가 포트 3으로 전달되는 계수

참고로, 필터나 결합기 같은 수동회로에서는 가역성이 성립한다. 즉 $S_{11} = S_{22}$, $S_{21} = S_{12}$이다.

마이크로파 회로에서 S-파라미터는 가장 중요한 결과라고 해도 과언이 아

니다. 거의 모든 마이크로파 장비나 부품의 규격은 S-파라미터를 기준으로 만들어져 있기 때문에, 특성을 잘 이해하고 그래프를 잘 판독할 수 있어야 한다. S-파라미터 값은 복소수이며 크기만을 표시할 때는 대부분 dB 단위로 나타내며, 입사파와 반사파가 $\sqrt{전력}$으로 정의되기 때문에 $20 \cdot \log_{10}$를 취한다. dB 단위에서 0[dB]란 입력신호와 출력된 신호가 같다는 것을 의미하며, 회로에 능동소자가 추가되어 증폭이 되지 않는 한 S-파라미터의 dB값은 0보다 낮은 음의 값으로 내려가는 것이 정상이다.

## 16. 전송선로에 따른 임피던스의 변화

부하저항 $Z_L$의 측정은 전압 반사계수 $\Gamma$를 결정하여 알 수 있다.
방법은 방향성 결합기를 사용한 반사손실 측정과 동일하다.
반사계수 $\Gamma$와 부하저항 $Z_L$의 관계는

$$\Gamma = \frac{Z_L - Z_0}{Z_L + Z_0} \qquad Z_L = Z_0 \frac{1+\Gamma_L}{1-\Gamma_L}$$

이므로

부하저항 $Z_L = R(>Z_o)$일 때 $R = Z_0 \frac{1+\Gamma_L}{1-\Gamma_L}$ 이다.

$Z_L = R(<Z_0)$일 때

$R = Z_o \frac{1-|\Gamma_L|}{1+|\Gamma_L|}$ 이다.

단, $|\Gamma_L|$는 반사계수의 크기이다.

$R>Z_0$일 때 부하에서 반사하는 신호의 위상 변화는 없으나, $R<Z_0$일 때는 π 또는 180°의 위상차가 생긴다는 것에 주목하라. 반사파는 입사하는 신호에 위상이 반전되어 반사계수가 (-)가 된다. 즉 $Z_L = 100[\Omega]$일 때 $\Gamma_L = 0.333\cdots$이고, $Z_L = 25[\Omega]$일 때 $\Gamma_L = -0.333\cdots$이다.

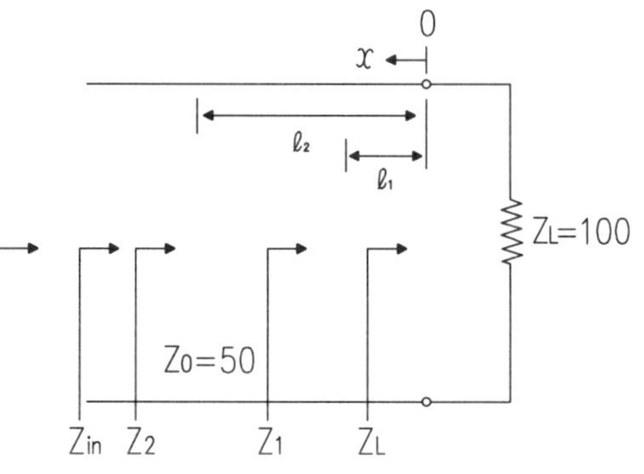

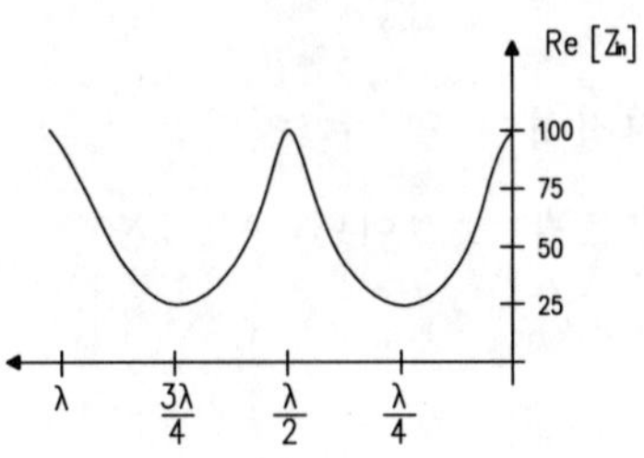


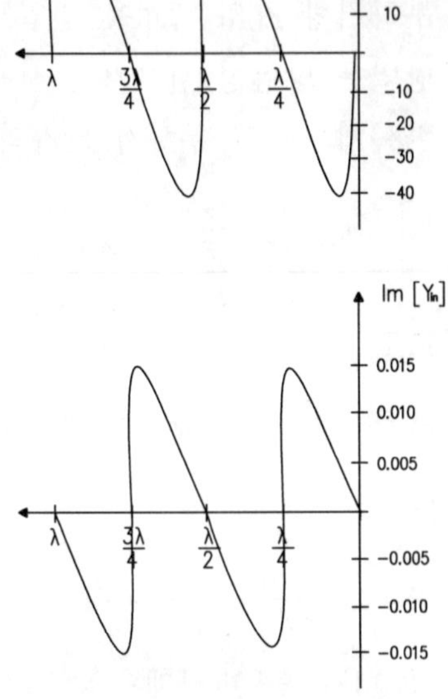


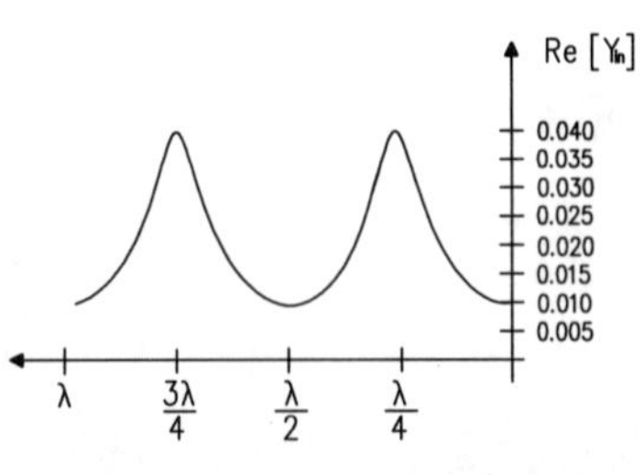


**그림 26 부하가 100[Ω]일 때 선로길이에 따른 임피던스와 어드미턴스의 변화**

부하저항 $Z_L$이 100[Ω]일 때 전송선로를 연결해 보자. 이때 임피던스는 전송선로의 길이에 따라 아래와 같이 크게 달라진다.

$$Z_{in} = Z_0 \frac{Z_L + jZ_o \tan(\beta\ell)}{Z_o + jZ_L \tan(\beta\ell)}$$

단, $Z_o$는 선로의 특성임피던스이고, $\beta = \frac{2\pi}{\lambda}$이다.

선로의 길이가 $x$ 방향으로 $\ell_1$, $\ell_2$로 늘어 날 때 임피던스도 $Z_1$, $Z_2$로 바뀌게 되며 [그림 26]과 같이 다양한 값을 갖는다. 단, 이러한 임피던스와 어드미턴스의 변화 패턴은 $\frac{\lambda}{2}$마다 반복된다.

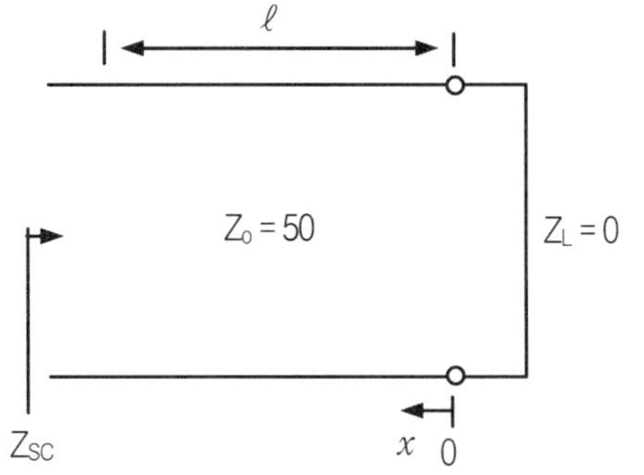


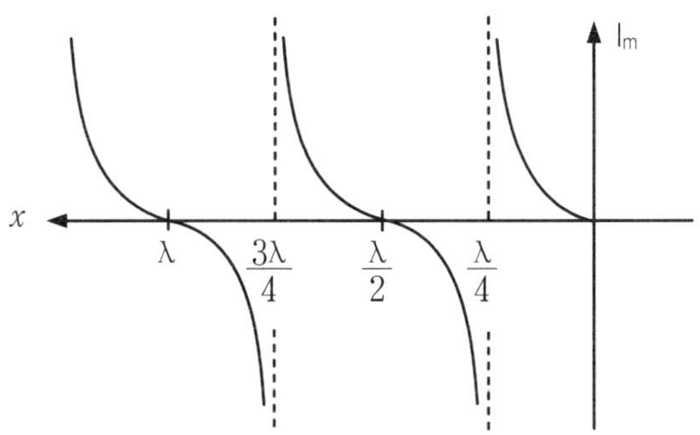


그림 27 부하가 Short일 때 선로길이에 따른 임피던스의 변화

부하가 단락($Z_L$부 = 0)일 때 임피던스는

$$Z_{SC} = jZ_o \tan(\beta \ell)$$

이며, 길이에 따른 임피던스 변화는 [그림 27]과 같다. 선로의 길이가 $0 \sim \frac{\lambda}{4}$일 때는 인덕터가 되고, $\frac{\lambda}{4} \sim \frac{\lambda}{2}$일 때는 커패시터가 되며 이와 같은 현상이 계속 반복된다.

부하가 개방($Z_L = \infty$)일 때 임피던스는

$$Z_{SC} = jZ_o \tan(\beta \ell)$$

이며, 길이에 따른 임피던스 변화는 [그림 28]과 같다.

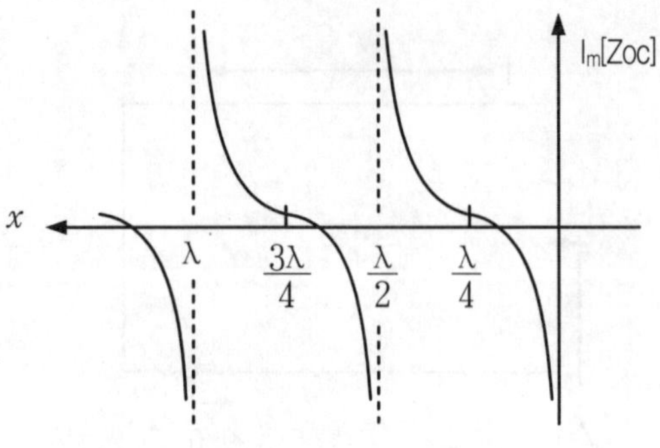


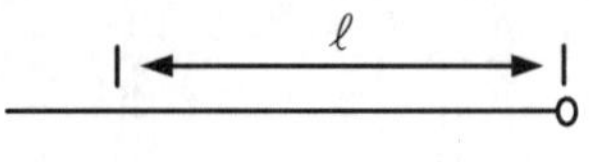


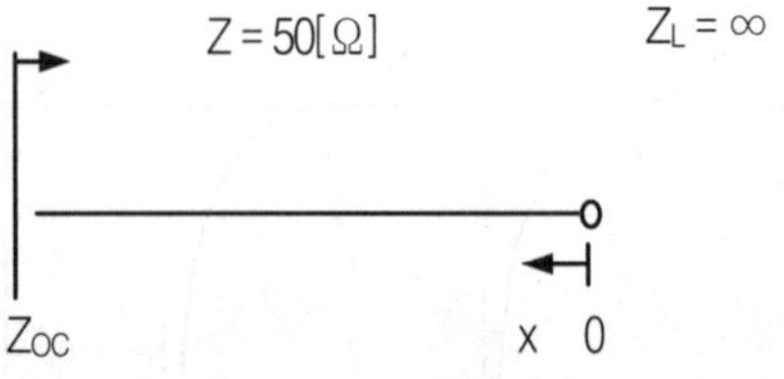


그림 28 부하가 Open일 때 선로길이에 따른 임피던스의 변화

# 17. 반사계수와 기타 변환표

〈표 13〉 반사계수와 기타 변환표

| Γ | VSWR | Retune Loss(dB) | TRANSMITTED POWER(%) | REFLECTED POWER(%) | Γ | VSWR | Retune Loss(dB) | TRANSMITTED POWER(%) | REFLECTED POWER(%) |
|---|---|---|---|---|---|---|---|---|---|
| 1.00 | ∞ | 0.00 | 0.00 | 100.00 | 0.49 | 2.922 | 6.20 | 75.99 | 24.01 |
| 0.99 | 199.00 | 0.09 | 1.99 | 98.01 | 0.48 | 2.846 | 6.38 | 76.96 | 23.04 |
| 0.98 | 99.000 | 0.18 | 3.96 | 96.04 | 0.47 | 2.774 | 6.56 | 77.91 | 22.09 |
| 0.97 | 65.667 | 0.26 | 5.91 | 94.09 | 0.46 | 2.704 | 6.74 | 78.84 | 21.16 |
| 0.96 | 49.000 | 0.35 | 7.84 | 92.16 | 0.45 | 2.636 | 6.94 | 79.75 | 20.25 |
| 0.95 | 39.000 | 0.45 | 9.75 | 90.25 | 0.44 | 2.571 | 7.13 | 80.64 | 19.36 |
| 0.94 | 32.333 | 0.54 | 11.64 | 88.36 | 0.43 | 2.509 | 7.33 | 81.51 | 18.49 |
| 0.93 | 27.571 | 0.63 | 13.51 | 86.49 | 0.42 | 2.448 | 7.54 | 82.36 | 17.64 |
| 0.92 | 24.000 | 0.72 | 15.36 | 84.64 | 0.41 | 2.390 | 7.74 | 83.19 | 16.81 |
| 0.91 | 21.222 | 0.82 | 17.19 | 82.81 | 0.40 | 2.333 | 7.96 | 84.00 | 16.00 |
| 0.90 | 19.000 | 0.92 | 19.00 | 81.00 | 0.39 | 2.279 | 8.18 | 84.79 | 15.21 |
| 0.89 | 17.182 | 1.01 | 20.79 | 79.21 | 0.38 | 2.226 | 8.40 | 85.56 | 14.44 |
| 0.88 | 15.667 | 1.11 | 22.56 | 77.44 | 0.37 | 2.175 | 8.64 | 86.31 | 13.69 |
| 0.87 | 14.385 | 1.21 | 24.31 | 75.69 | 0.36 | 2.125 | 8.87 | 87.04 | 12.96 |
| 0.86 | 13.286 | 1.31 | 26.04 | 73.96 | 0.35 | 2.077 | 9.12 | 87.75 | 12.25 |
| 0.85 | 12.333 | 1.41 | 27.75 | 72.25 | 0.34 | 2.030 | 9.37 | 88.44 | 11.56 |
| 0.84 | 11.500 | 1.51 | 29.44 | 70.56 | 0.33 | 1.985 | 9.63 | 89.11 | 10.89 |
| 0.83 | 10.765 | 1.62 | 31.11 | 68.89 | 0.32 | 1.941 | 9.90 | 89.76 | 10.24 |
| 0.82 | 10.111 | 1.72 | 32.76 | 67.24 | 0.31 | 1.899 | 10.17 | 90.39 | 9.61 |
| 0.81 | 9.526 | 1.83 | 34.39 | 65.61 | 0.30 | 1.857 | 10.46 | 91.00 | 9.00 |
| 0.80 | 9.000 | 1.94 | 36.00 | 64.00 | 0.29 | 1.817 | 10.75 | 91.59 | 8.41 |
| 0.79 | 8.524 | 2.05 | 37.59 | 62.41 | 0.28 | 1.778 | 11.06 | 92.16 | 7.84 |
| 0.78 | 8.091 | 2.16 | 39.16 | 60.84 | 0.27 | 1.740 | 11.37 | 92.71 | 7.29 |
| 0.77 | 7.696 | 2.27 | 40.71 | 59.29 | 0.26 | 1.703 | 11.70 | 93.24 | 6.76 |
| 0.76 | 7.333 | 2.38 | 42.24 | 57.76 | 0.25 | 1.667 | 12.04 | 93.75 | 6.25 |
| 0.75 | 7.000 | 2.50 | 43.75 | 56.25 | 0.24 | 1.632 | 12.40 | 94.24 | 5.76 |
| 0.74 | 6.692 | 2.62 | 45.24 | 54.76 | 0.23 | 1.597 | 12.77 | 94.71 | 5.29 |
| 0.73 | 6.407 | 2.73 | 46.71 | 53.29 | 0.22 | 1.564 | 13.15 | 95.16 | 4.84 |
| 0.72 | 6.143 | 2.85 | 48.16 | 51.84 | 0.21 | 1.532 | 13.56 | 95.59 | 4.41 |
| 0.71 | 5.897 | 2.97 | 49.59 | 50.41 | 0.20 | 1.500 | 13.98 | 96.00 | 4.00 |
| 0.70 | 5.667 | 3.10 | 51.00 | 49.00 | 0.19 | 1.469 | 14.42 | 96.39 | 3.61 |
| 0.69 | 5.452 | 3.22 | 52.39 | 47.61 | 0.18 | 1.439 | 14.89 | 96.76 | 3.24 |
| 0.68 | 5.250 | 3.35 | 53.76 | 46.24 | 0.17 | 1.410 | 15.39 | 97.11 | 2.89 |
| 0.67 | 5.061 | 3.48 | 55.11 | 44.89 | 0.16 | 1.381 | 15.92 | 97.44 | 2.56 |
| 0.66 | 4.882 | 3.61 | 56.44 | 43.56 | 0.15 | 1.353 | 16.48 | 97.75 | 2.25 |
| 0.65 | 4.714 | 3.74 | 57.75 | 42.25 | 0.14 | 1.326 | 17.08 | 98.04 | 1.96 |
| 0.64 | 4.556 | 3.88 | 59.04 | 40.96 | 0.13 | 1.299 | 17.72 | 98.31 | 1.69 |
| 0.63 | 4.405 | 4.01 | 60.31 | 39.69 | 0.12 | 1.273 | 18.42 | 98.56 | 1.44 |
| 0.62 | 4.263 | 4.15 | 61.56 | 38.44 | 0.11 | 1.247 | 19.17 | 98.79 | 1.21 |
| 0.61 | 4.128 | 4.29 | 62.79 | 37.21 | 0.10 | 1.222 | 20.00 | 99.00 | 1.00 |
| 0.60 | 4.000 | 4.44 | 64.00 | 36.00 | 0.09 | 1.198 | 20.92 | 99.19 | 0.81 |
| 0.59 | 3.878 | 4.58 | 65.19 | 34.81 | 0.08 | 1.174 | 21.94 | 99.36 | 0.64 |
| 0.58 | 3.762 | 4.73 | 66.36 | 33.64 | 0.07 | 1.151 | 23.10 | 99.51 | 0.49 |
| 0.57 | 3.651 | 4.88 | 67.51 | 32.49 | 0.06 | 1.128 | 24.44 | 99.64 | 0.36 |
| 0.56 | 3.545 | 5.04 | 68.64 | 31.36 | 0.05 | 1.105 | 26.02 | 99.75 | 0.25 |
| 0.55 | 3.444 | 5.19 | 69.75 | 30.25 | 0.04 | 1.083 | 27.96 | 99.84 | 0.16 |
| 0.54 | 3.348 | 5.35 | 70.84 | 29.16 | 0.03 | 1.062 | 30.46 | 99.91 | 0.09 |
| 0.53 | 3.255 | 5.51 | 71.91 | 28.09 | 0.02 | 1.041 | 33.98 | 99.96 | 0.04 |
| 0.52 | 3.167 | 5.68 | 72.96 | 27.04 | 0.01 | 1.020 | 40.00 | 99.99 | 0.01 |
| 0.51 | 3.082 | 5.85 | 73.99 | 26.01 | 0.00 | 1.000 | ∞ | 100.00 | 0.00 |
| 0.50 | 3.000 | 6.02 | 75.00 | 25.00 | | | | | |

# 18. 마이크로파 부품의 기호

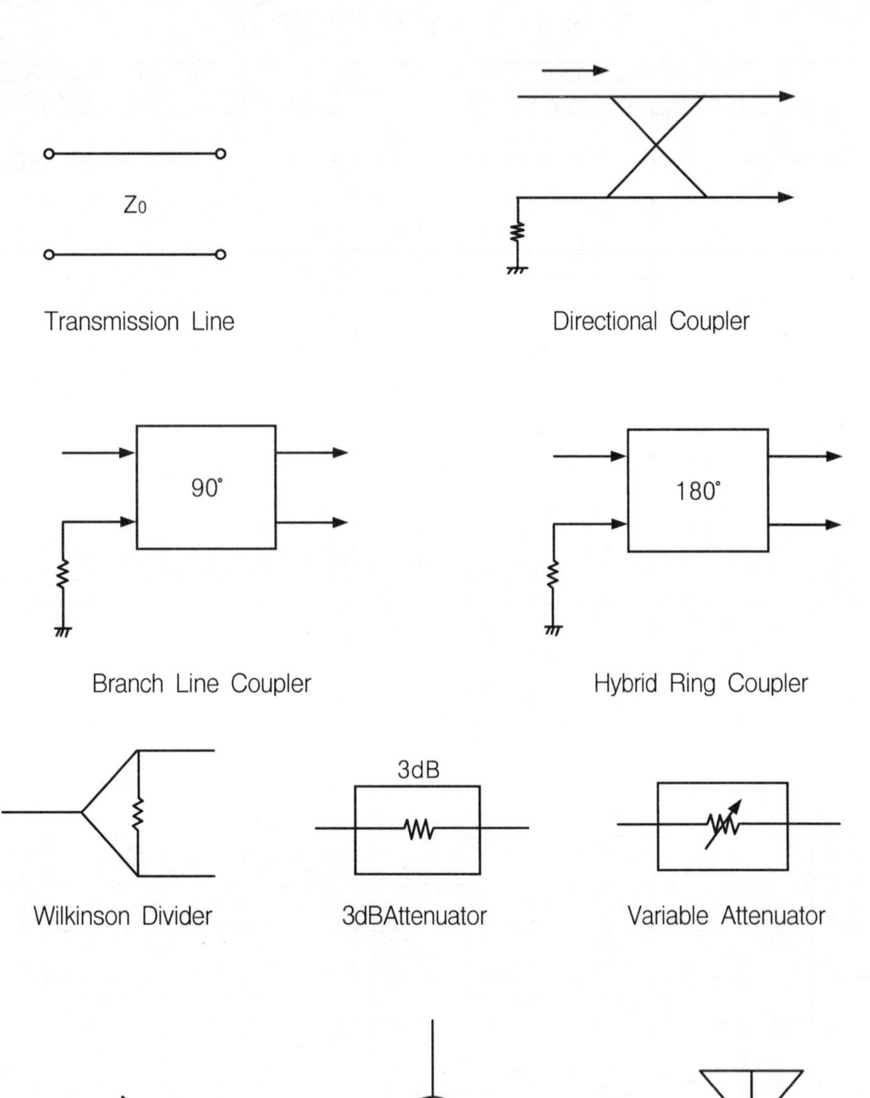

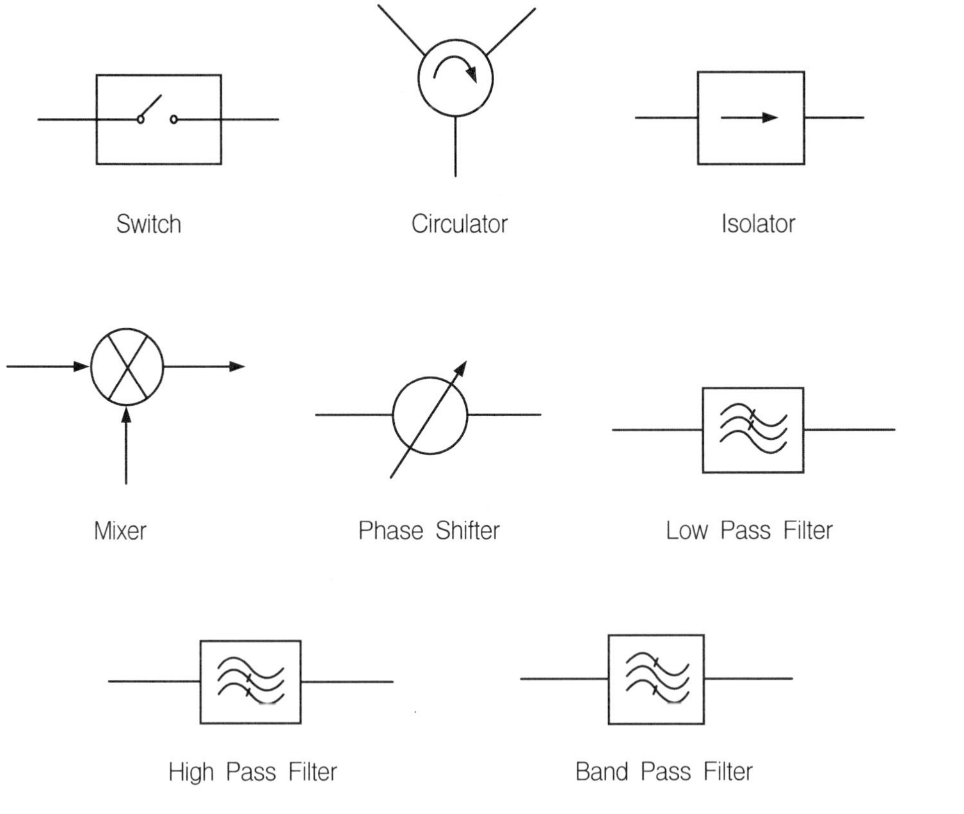
Switch
Circulator
Isolator
Mixer
Phase Shifter
Low Pass Filter
High Pass Filter
Band Pass Filter

# 마이크로스트립라인 실습

지 은 이 | 조영송 · 양기덕

펴 낸 이 | 김형근

펴 낸 곳 | 도서출판 기한재

주 소 | 경기도 파주시 교하읍 문발리 535-11
(파주출판문화정보산업단지)

전 화 | 031)955-0900~2

팩 스 | 031)955-0100

등 록 | 1990년 3월 15일 제2-968호

발 행 | 2011년 3월 25일 1판 2쇄

정 가 | 11,000원



Published by Kihanjae Co.
ISBN 978-89-7018-528-6
http://www.kihanjae.com
E-mail : kihanjae@hanmail.net